北京科技大学公共管理学科建设系列丛书

# 大数据背景下
# 大气环境质量特征
# 与管理政策研究

AIR QUALITY CHARACTERISTICS ANALYSIS AND
MANAGEMENT POLICIES EVALUATION:
UNDER THE BACKGROUND OF BIG DATA

肖翠翠 著

中国财经出版传媒集团

经济科学出版社
Economic Science Press

图书在版编目（CIP）数据

大数据背景下大气环境质量特征与管理政策研究 /
肖翠翠著. -- 北京：经济科学出版社，2021.12
　　ISBN 978-7-5218-3264-8

　　Ⅰ.①大… Ⅱ.①肖… Ⅲ.①大气环境-环境质量-
研究-中国②大气环境-环境政策-研究-中国 Ⅳ.
①X51②X-012

中国版本图书馆CIP数据核字（2021）第252349号

责任编辑：朱明静
责任校对：王京宁
责任印制：王世伟

**大数据背景下大气环境质量特征与管理政策研究**
肖翠翠 著
经济科学出版社出版、发行　新华书店经销
社址：北京市海淀区阜成路甲 28 号　邮编：100142
总编部电话：010-88191217　发行部电话：010-88191522
网址：www.esp.com.cn
电子邮箱：esp@esp.com.cn
天猫网店：经济科学出版社旗舰店
网址：http://jjkxcbs.tmall.com
北京季蜂印刷有限公司印装
710×1000　16 开　15 印张　260000 字
2021 年 12 月第 1 版　2021 年 12 月第 1 次印刷
ISBN 978-7-5218-3264-8　定价：68.00 元
（图书出现印装问题，本社负责调换。电话：010-88191510）
（版权所有　侵权必究　打击盗版　举报热线：010-88191661
QQ：2242791300　营销中心电话：010-88191537
电子邮箱：dbts@esp.com.cn）

# 前　言

　　环境质量的持续改善事关公众健康及其幸福指数，事关全面建成小康社会与美丽中国的实现。《"十三五"生态环境保护规划》中提出对大气环境质量改善的关键性指标要求，环境质量改善的目标导向要求提升环境监管的精细化水平，实现分地区、分行业的差异化管理并实施精准治理。生态环境部部长黄润秋在《2021年全国生态环境保护工作会议上的工作报告》中指出，坚持突出精准治污、科学治污、依法治污，深入打好污染防治攻坚战。自2013年以来，我国开始发布城市空气质量和重点污染源主要污染物排放实时数据，但是如何运用这些数据为大气污染控制管理及决策提供科学的依据是近年来环境保护领域的重要议题。

　　本书基于生态环境部[①]空气质量实时监测平台发布的空气质量数据及各省（区、市）污染源在线监测平台发布的大气污染源排放在线监测数据，获取了京津冀及周边地区31个城市[②]171个空气质量监测站点空气质量数据及包括国控污染源监测点在内的1107家大气污染源排放在线监测的小时浓度数据，建立了空气质量季节指数、空气质量人口暴露度、空气质量小时均值变化等指标，进

---

　　① 2018年3月，十三届全国人大一次会议表决通过了关于国务院机构改革方案的决定，批准成立中华人民共和国生态环境部，不再保留环境保护部。由于政策及数据的延续性，原则上，包含2018年及以后的数据时，本书将该数据发布主体称为生态环境部；涉及2018年之前的数据时，称为环境保护部。

　　② 31个城市分别为北京、天津、石家庄、唐山、廊坊、保定、沧州、衡水、邢台、邯郸、太原、阳泉、长治、晋城、晋中、济南、淄博、济宁、德州、聊城、滨州、莱芜、泰安、菏泽、郑州、开封、安阳、鹤壁、新乡、焦作、濮阳。

一步分析了可吸入颗粒物（PM2.5）、细颗粒物（PM10）、二氧化硫（$SO_2$）、氮氧化物（$NO_x$）、臭氧（$O_3$）（日最大八小时 90 分位数）的时空变化、人口暴露程度以及空气质量不同污染物之间的相关性等特征，为不同城市空气质量画像提出了新的指标。另外，本书结合经济、人口等数据，研究了工业污染源排放强度、污染源排放浓度强度、大气排放重点企业分布密度等污染特征，为京津冀及周边地区大气污染传输通道城市空气质量改善、污染源监管决策、企业层面排放技术水平革新等提供诊断技术和方法。

研究结果表明，2015~2018 年京津冀及周边地区城市空气质量（air quality index，AQI）指数明显改善，尤其是 PM2.5 和 PM10 污染总体改善非常显著，但是仍未达到国家二级标准，超标现象仍然普遍存在，臭氧（$O_3$）恶化明显，京津冀及周边地区城市空气质量治理任重道远。空气质量各污染物指标具有明显的季节特征和小时变化特征，其中 PM2.5、PM10、$SO_2$、$NO_x$ 等冬季效应明显，$O_3$ 则具有明显的夏季效应。结合人口暴露情况的空气质量分析结果发现，北京城六区人群集中，空气质量人口暴露程度最高，沧州、濮阳、安阳、晋城、邢台、新乡、廊坊等城市空气质量人口暴露程度高于京津冀及周边其他城市平均值及全国平均水平。针对空气质量变化的时空分布特征，实施大气污染防治的精准控制及精细化管理非常重要。

从工业污染源排放特征来看，阳泉、太原、长治、邢台、邯郸、鹤壁等城市单位工业产值污染物（$SO_2$、烟尘）排放强度及工业污染源浓度排放强度（$SO_2$、$NO_x$、烟尘）等均高于京津冀及周边 31 个城市平均水平，工业排放量大，污染严重，排放技术水平有较大的提升空间，是京津冀及周边地区重点控制的对象。北京无论是工业 $SO_2$、烟尘，还是 $NO_x$，其单位工业产值的排放强度和污染源浓度排放强度均是最低值，北京的工业污染控制从本地化角度来说已经很难削减，建议加强京津冀及周边大气污染传输通道城市间[①]的协作，进一步完

---

① 京津冀及周边大气污染传输通道城市包括北京、天津、石家庄、唐山、廊坊、保定、沧州、衡水、邢台、邯郸、太原、阳泉、长治、晋城、晋中、济南、淄博、济宁、德州、聊城、菏泽、郑州、开封、安阳、鹤壁、新乡、焦作、濮阳。其中"2"指北京、天津，"26"为提及的其他城市。

善大气污染联防联控机制。

　　此外，本书建立了大气污染防治政策措施的评估方法及指标体系，并对包括大气污染防治强化督查政策、淘汰老旧车辆等在内的典型政策措施的成本有效性进行了评估。大气污染防治强化督查专项政策对降低"2+26"城市污染物浓度、改善空气质量起到了明显效果，尤其是对PM10和SO$_2$两种污染物浓度的降低有明显促进作用。淘汰老旧车辆政策的成本有效性较高，政策制定应考虑到政策的成本有效性，采用多样化的政策手段减少大气污染排放。

# 目　录

第一章　绪　论 ································································· 1

　第一节　研究背景 ···················································· 1

　第二节　研究意义 ···················································· 3

　第三节　研究目标及方法 ········································· 6


第二章　文献综述 ······················································ 10

　第一节　大数据在环境管理中的应用研究 ················ 10

　第二节　大气污染协同控制方面的研究 ··················· 15


第三章　京津冀地区经济环境现状分析 ····················· 18

　第一节　京津冀地区社会经济现状 ························· 18

　第二节　京津冀地区大气环境质量及污染物排放现状 ·············· 25

　第三节　本章小结 ················································ 30


第四章　数据清洗及分析方法 ··································· 32

　第一节　研究区域和范围 ······································ 32

　第二节　数据来源 ··············································· 32

　第三节　数据清洗方法及流程 ································ 34

**第五章　大气环境质量特征分析** ··········· 44

　　第一节　分析指标 ··········· 44

　　第二节　全国地级城市大气环境质量总体状况 ··········· 46

　　第三节　京津冀及周边地区空气质量时空分布特征 ··········· 52

　　第四节　空气质量影响因素 ··········· 73

　　第五节　本章小结 ··········· 87

**第六章　京津冀及周边地区工业大气污染源排放特征** ··········· 89

　　第一节　分析指标 ··········· 89

　　第二节　京津冀及周边地区污染源空间分布特征 ··········· 91

　　第三节　工业污染源时间变化分析 ··········· 98

　　第四节　工业污染源行业特征 ··········· 100

　　第五节　京津冀及周边城市大气污染及排放特征聚类结果 ··········· 123

　　第六节　本章小结 ··········· 126

**第七章　重点城市行业污染源排放特征分析** ··········· 128

　　第一节　企业排放数据有效率分析 ··········· 128

　　第二节　案例城市企业排放数据超标情况分析 ··········· 133

　　第三节　案例城市企业排放浓度数据统计情况 ··········· 142

**第八章　京津冀及周边地区大气污染排放控制政策评估案例分析** ····· 169

　　第一节　环境政策分析理论基础 ··········· 169

　　第二节　大气污染防治重要政策 ··········· 173

　　第三节　大气污染排放控制政策评估指标体系 ··········· 182

　　第四节　大气污染防治强化督查政策效果评估 ··········· 182

　　第五节　北京市淘汰高污染老旧车辆成本效益分析 ················ 190

　　第六节　本章小结 ································· 196

第九章　结论与建议 ································· 197

　　第一节　研究结论 ································· 197

　　第二节　展望及建议 ······························ 199

附　录 ········································· 203

参考文献 ········································· 215

# 第一章 绪 论

## 第一节 研究背景

### 一、城市大气环境质量改善压力大，管理部门考核问责制度日趋严格

目前，我国城市大气环境污染呈现区域型、复合型、压缩型、结构型等特征，大气环境空气质量管理的控制目标由排放总量控制转变为关注排放总量与环境质量改善相协调。与巨大的环境空气质量改善压力对应的是，国家、省、区、市各级日趋严格的考核问责制度。自 2015 年《中华人民共和国环境保护法》实施后，地方政府和环保部门的生态环境和资源保护职责强化，对党政领导干部的生态环境损害责任追究坚持依法依规、客观公正、权责一致、终身追究的原则。习近平总书记多次强调："绿水青山就是金山银山""保护生态环境就是保护生产力，改善生态环境就是发展生产力""我们要像保护眼睛一样保护自然和生态环境，推动形成人与自然和谐共生新格局"。[①]

党的十九大要求着力解决突出环境问题，提高污染排放标准，强化排污者责任，构建政府为主导、企业为主体、社会组织和公众共同参与的环境治理体系。近年来各省区市出台的《政府环境保护目标责任制工作实施方案》《环境保护责任制考核办法》等一系列政策文件从考核、问责等环节明确各级领导责任及奖惩机制，严格监管，进而促使环保责任落实到位。地方政府负责的严格考

---

① 习近平在"领导人气候峰会"上的讲话［EB/OL］. 中华人民共和国中央人民政府网，http://www.gov.cn/xinwen/2021–04/22/content_5601526.htm，2021–04–22.

核机制促使生态环境主管部门必须创新管理思路和管理方式，为大气环境质量持续改善注入新动力。

## 二、环境质量改善目标导向要求提升环境监管的精细化水平

环境质量的持续改善事关公众健康及其幸福指数，事关全面建成小康社会与美丽中国的实现。顺应污染防治攻坚战由"坚决打好"向"深入打好"的重大转变，要保持攻坚力度，延伸攻坚深度，拓展攻坚广度，抓紧研究提出深入打好污染防治攻坚战的顶层设计，推动出台相关指导意见，更加突出精准、科学、依法治污，解决群众身边突出的生态环境问题。

大数据作为新的思维方式和技术手段，能在较短时间内迅速获取海量数据并进行分析，能够有效处理多来源、多类型、多尺度的数据，在生态环境领域受到广泛关注，有助于政府管理决策部门掌握城市大气污染的产生、排放、流动等全过程信息，提高环境监管的精细化水平和环境管理的定量化水平。但是，大数据分析方法与技术在中国仍处于起步阶段，探索大数据技术在生态环境领域的应用对生态环境精准监管和综合决策具有重要意义，大数据的方法与技术在环境领域中的应用为环境管理逐渐向网络化和智能化转变创造了良好的技术环境，成为辅助各级主管部门决策的有力工具。

## 三、政府、企业环境信息公开为环境管理科学决策提供了大数据分析的基础

近年来，国家出台多条政策鼓励实施大数据战略以及"互联网+"行动计划。《促进大数据发展行动纲要》《生态环境监测网络建设方案》《生态环境大数据建设总体方案》等文件相继颁布，为运用大数据技术对城市空气质量及污染源开展数据挖掘和数据分析提供了政策土壤。

《促进大数据发展行动纲要》强调要加强顶层设计和统筹协调，大力推动政府信息系统和公共数据互联开放共享，加快政府信息平台整合，消除信息孤岛，推进数据资源向社会开放，增强政府公信力，着力推进数据汇集和发掘，深化大数据在各行业创新应用，促进大数据产业健康发展，打造精准治理、多方协作的社会治理新模式。2015年国务院办公厅印发的《生态环境监测网络建设方

案》提出各级各类监测数据系统互联共享，监测与监管协同联动的目标，建立统一的环境质量监测网络，建立生态环境监测数据集成共享机制。《生态环境大数据建设总体方案》提出，要实现生态环境综合决策科学化。将大数据作为支撑生态环境管理科学决策的重要手段，实现"用数据决策"。利用大数据支撑环境形势综合研判、环境政策措施制定、环境风险预测预警、重点工作会商评估，提高生态环境综合治理科学化水平，实现生态环境监管精准化。充分运用大数据提高环境监管能力，助力简政放权，健全事中事后监管机制，实现"用数据管理"。利用大数据支撑法治、信用、社会等监管手段，提高生态环境监管的主动性、准确性和有效性。

近十几年来，我国开始发布主要城市的空气质量日报，各类统计年鉴也积累了较多城市经济、社会、环境数据，污染源排放企业也陆续采用污染源自动监测系统，并明确了国家重点监控企业污染源自动监测数据有效性的要求。自2013年以来，我国开始发布城市空气质量和重点污染源主要污染物排放实时数据，为大气环境质量及污染源排放时空分布及监管决策研究提供了数据支撑。大数据、"互联网 +"等信息技术已成为推进环境治理体系和治理能力现代化的重要手段，要加强生态环境大数据综合应用和集成分析，为生态环境保护科学决策提供有力支撑。

## 第二节　研究意义

### 一、是生态环境大数据应用和大气污染防治管理科学决策相结合的现实需求

《环境保护部关于印发〈生态环境大数据建设总体方案〉的通知》强调：党中央、国务院高度重视大数据在推进生态文明建设中的地位和作用。习近平总书记明确指出，要推进全国生态环境监测数据联网共享，开展生态环境大数据分析。李克强总理强调，要在环保等重点领域引入大数据监管，主动查究违法违规行为。国务院《促进大数据发展行动纲要》等文件要求推动政府信息系统

和公共数据互联共享，促进大数据在各行业创新应用；运用现代信息技术加强政府公共服务和市场监管，推动简政放权和政府职能转变；构建"互联网+"绿色生态，实现生态环境数据互联互通和开放共享。"①

《环境保护部关于印发〈生态环境大数据建设总体方案〉的通知》中提出，大数据、"互联网+"等信息技术已成为推进环境治理体系和治理能力现代化的重要手段，要加强生态环境大数据综合应用和集成分析，为生态环境保护科学决策提供有力支撑。②

在这一背景下，本书结合生态环境部及各地方环保部门发布的海量空气质量及污染源在线监测数据，对京津冀地区大气环境质量及工业污染排放特征进行分析，识别大气污染传输通道城市空气质量时空分布特征，挖掘重点行业企业污染排放特征和规律，为大气污染源排放监管提供了诊断方法和依据，是生态环境大数据分析和大气污染防治管理决策相结合的现实需求。

## 二、是京津冀及周边地区协同控制及精准化管理的必然要求和迫切需要

京津冀地区是我国大气污染防治重点区域。2013 年，习近平总书记提出推动京津冀协同发展，2015 年 4 月中共中央政治局审议通过的《京津冀协同发展规划纲要》指出，推动京津冀协同发展是一个重大国家战略。在生态环境保护方面，应打破行政区域限制，加强生态环境保护和治理，扩大区域生态空间。《京津冀及周边地区落实大气污染防治行动计划实施细则》要求京津冀地区大幅度削减二氧化硫（$SO_2$）、氮氧化物（$NO_x$）、烟粉尘、挥发性有机物排放总量。本书获取海量大气环境质量监测数据及污染源在线监测数据，运用数据挖掘、数据统计、数据分析等方法，以京津冀大气污染传输通道空气质量及大气污染源排放实时监测数据为基础，通过对京津冀重点行业大气污染源排放特征和规律的分析，提出大气污染源排放精准化管理的诊断方法和指标体系，为京津冀地区大气污染协同治理机制提供了依据，为污染源差异化管理、精准治理提供方法和决策支持。

---

①② 引自环境保护部网站 2016 年 3 月 8 日印发的《环境保护部关于印发〈生态环境大数据建设总体方案〉的通知》。

### 三、为京津冀大气污染排放控制及监管决策提供事实依据和诊断方法

本书通过识别京津冀地区大气污染时空分布特征及重点行业大气污染源的排放特征和规律，并识别气象等自然因素以及工业固定源等对大气污染排放的影响，为大气污染排放控制政策制定、评估提供辅助决策支持。本书对大气环境质量数据进行评估，可以识别大气环境质量特征和时空分布规律，通过对大气污染源排放数据的统计分析，可以发现环境监测数据造假、违法偷排等环境监管漏洞，为精准打击违法违规行为提供诊断依据。排污许可证制度、企业环境信用评级、环保督查制度、环保领跑者制度等环境管理新政的实施和推广，离不开对大气环境质量及污染源排放数据的分析评估。污染源排放监测数据的达标和超标情况为环保督查发现违法排放提供了有力证据，依托大气污染源排放监测数据情况确定企业的排污量、核定企业排污许可等，是许可证制度顺利实施的前提。通过分析相同行业中不同企业的大气污染物排放情况，识别相同行业间不同企业的排放水平差异，通过政策鼓励、提升标准，推动环境管理模式从"底线约束"向"底线约束"与"先进带动"并重转变，为推行"环保领跑者"等制度提供技术方法和政策支持。

### 四、为京津冀及周边地区"2+26"城市全面降低区域污染排放负荷提供管理和决策支持

如何全面降低区域污染排放负荷是京津冀及周边地区大气环境质量改善的重点和难点。《京津冀大气污染防治强化措施（2016~2017年）》及《京津冀及周边地区2017年大气污染防治工作方案》强调，京津冀及周边地区大气污染治理应全面加大化解过剩产能力度，提前完成化解过剩产能任务。本书识别出京津冀及周边地区大气环境质量的时空分布特征，并对京津冀地区大气污染重点监控企业的排放强度和排放特征进行分析，从宏观社会经济尺度及微观污染源排放尺度重点分析经济、社会、气象、工业排放等因素对大气环境质量的影响。从行业层面来说，通过分析重点行业企业的污染物排放情况，识别重点行业企业的排放技术水平差异，识别行业排放"黑名单"，树立行业排放标杆，为降低

区域污染排放负荷、实现企业减排技术升级改造等提供事实依据。

总之，本书将以大气环境质量数据与大气污染源排放在线监测数据为基础，重点对京津冀地区空气质量与污染源时空分布特征及重点行业企业等大气污染排放规律进行识别，从中发现趋势、找准问题、把握规律，实现环保部门"用数据说话，用数据管理，用数据决策"，为政府层面空气质量及污染源管理决策、企业层面排放技术水平革新等提供决策支持。

# 第三节　研究目标及方法

## 一、研究目标

开展生态环境大数据分析评估研究有助于提升各级政府部门管理能力与科学决策水平。本书基于生态环境部空气质量实时监测平台发布的空气质量数据及各省市污染源在线监测平台发布的大气污染源排放在线监测数据，分析了京津冀及周边地区 31 个城市 [①]171 个空气质量监测站点的 PM2.5、PM10、$SO_2$、$NO_x$、$O_3$ 等空气质量数据及 1 107 个包括国控污染源监测点在内的大气污染源排放的 $SO_2$、$NO_x$、烟尘在线监测的小时浓度数据，运用数据挖掘、数据统计分析等方法工具，分析了包括大气污染传输通道"2+26"城市在内的 31 个城市的大气环境质量及污染排放时空分布特征，建立空气质量季节指数、空气质量人口暴露度、空气质量小时均值变化等指标，进一步分析了 PM2.5、PM10、$SO_2$、$NO_2$、$O_3$（日最大八小时 90 分位数）的时空变化、人口暴露程度以及空气质量不同污染物之间的相关性等特征，为城市空气质量画像提出了新的指标。另外，研究结合经济、人口等数据，研究了工业污染源排放强度、污染源排放浓度强度、大气排放重点企业分布密度等污染特征，挖掘出重点行业的污染排放特征

---

① 31 个城市分别为北京、天津、石家庄、唐山、廊坊、保定、沧州、衡水、邢台、邯郸、太原、阳泉、长治、晋城、晋中、济南、淄博、济宁、德州、聊城、滨州、莱芜、泰安、菏泽、郑州、开封、安阳、鹤壁、新乡、焦作、濮阳。"2+26"个城市分别为北京、天津、石家庄、唐山、廊坊、保定、沧州、衡水、邢台、邯郸、太原、阳泉、长治、晋城、晋中、济南、淄博、济宁、德州、聊城、滨州、菏泽、郑州、开封、安阳、鹤壁、新乡、焦作、濮阳。其中，"2"指北京、天津，26 为提及的其他城市。

和规律，从成本效益的角度，建立大气污染防治政策评估的指标体系，以大气污染防治强化督查、淘汰老旧车辆等京津冀典型政策措施为案例进行成本有效性分析，为京津冀及周边地区大气污染传输通道城市空气质量改善、污染源监管决策、企业层面排放技术水平革新等提供诊断技术和方法，为京津冀地区大气污染防治提供政策决策支持，实现环保部门"用数据说话，用数据管理，用数据决策"，为京津冀及周边地区大气污染传输通道城市实施精准化、综合性治理提供了决策支持。

## 二、研究创新点

本书的研究创新点主要有以下几个方面。

（1）运用 R 语言、Stata、Origin 等分析工具，分析了京津冀及周边地区包括大气污染传输通道城市在内的 1 107 个大气重点排放源超过 37 123 000 条在线监测数据和 5 536 320 条空气质量监测数据，分析了京津冀及大气污染传输通道城市在内的 31 个城市的大气污染排放特征。

（2）提出空气质量数据和污染源数据清洗、分析的工具和方法，构建城市空气质量和污染源排放特征分析的指标体系和方法。

（3）提出空气质量季节指数、空气质量人口暴露度、空气质量小时均值等指标，进一步分析了 PM2.5、PM10、$SO_2$、$NO_2$、$O_3$（日最大八小时 90 分位数）的时空变化、人口暴露程度以及空气质量不同污染物之间的相关性等特征，为城市空气质量画像提出了新的指标。

（4）结合经济、人口等数据，提出工业污染源排放强度、污染源排放浓度强度、大气排放重点企业分布密度等污染特征分析指标，识别超标企业超标情况，挖掘出重点行业的污染排放特征和规律，为污染源监管提供依据。

## 三、研究方法及技术路线

本书的主要研究方法包括文献研究、统计分析、回归分析、实地调研以及案例实证、政策评估研究等，根据研究内容选择相应的研究方法，研究技术路线如图 1-1 所示。

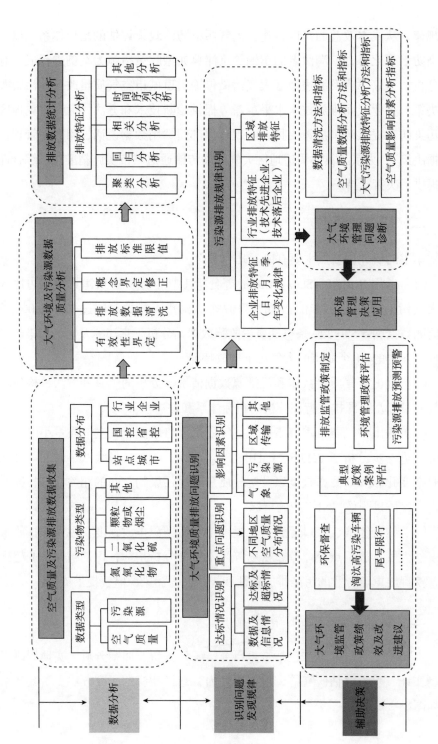

图 1.1　研究技术路线

（1）大气污染管理控制政策及影响因素识别：主要采用文献研究、专家咨询、社会调查等方法，分析影响大气环境质量的关键因素。

（2）大气污染排放时空分布特征及重点行业企业污染源排放特征分析：基于数据挖掘所得的大量排放数据，采用 R 语言、Python 等分析工具进行数据有效性的筛选，并采用 Stata、Eviews、SPSS 等统计学工具对污染源排放数据进行相关分析、时间序列分析、回归分析、聚类分析等。

（3）典型行业和城市实地调研和案例实证：对案例城市和典型行业展开实地调研，识别大气污染传输通道城市空气质量影响因素，验证京津冀地区重点城市及行业污染排放特征和统计分析结果，建立污染源排放诊断工具，为大气污染排放控制管理提供辅助决策服务。

（4）大气污染排放控制政策评估指标体系及案例研究：结合污染源排放特征和规律，运用污染源排放诊断的工具，结合公共政策评估和设计的理论方法，建立一套大气污染排放控制政策评估的指标体系，对大气污染防治强化督查、淘汰老旧车辆等新时期典型的大气污染防治政策措施进行评估，利用成本效益分析等方法，对政策效果的成本有效性进行分析和验证。

# 第二章 文献综述

## 第一节 大数据在环境管理中的应用研究

2008 年 9 月，《自然》（*Nature*）杂志推出了"大数据"（big data）专刊，关注如何处理正在产生的洪水般的大量数据，从互联网技术、网络经济学、超级计算、环境科学、生物医药等多个方面分析了大数据带来的挑战（杨善林和周开乐，2015）。计算社区联盟（computing community consortium）于 2008 年发布了大数据报告《大数据计算：创造商业、科学和社会的革命性突破》（*Big-Data Computing: Creating Revolutionary Breakthroughs in Commerce, Science, and Society*），总结了大数据的相关技术和应用及其面临的挑战，并给出了政府投资的行动建议（杨善林和周开乐，2015）。《科学》（*Science*）杂志也在 2011 年 2 月推出"数据处理"（dealing with data）专刊，指出了大数据带来的挑战与机遇并存。2011 年 6 月，麦肯锡公司在其发布的大数据报告中指出大数据时代已经到来，并详细分析了大数据的影响、关键技术和应用领域等。2012 年 3 月 29 日，奥巴马政府推出了"大数据研究和发展倡议"（big data research and development initiative），这标志着大数据研究和发展已经成为美国的国家发展战略。2012 年 5 月，联合国"全球脉动"（global pulse）倡议项目也发布了专题报告，旨在尽可能具体和公开地界定发展大数据面临的挑战，并给出方法建议以解决其中的问题。

美国奥巴马政府将"大数据"概念全面引入公共行政领域，大大提升了政府在公共安全、应急管理、环境保护等领域的决策效率（刘叶婷和唐斯斯，2014）。大数据技术是否能改进公共决策成为国内外学术界研究热点，也是各级政府关心的重要问题。大数据对政府决策影响的核心在于运用大数据理念创新决策机制，实现"数据驱动决策"（刘叶婷和唐斯斯，2014），作者从政府治理理念、政府治理范式、政府社会管理三个方面分析了大数据对政府治理所带来的影响，他们认为随着政府治理环境的改变，政府治理范式在不断发展创新。大数据被认为是继互联网革命之后的又一次技术革命。技术是政府治理的要素之一，技术变革是政府治理现代化的重要推动力量。对于政府来说，技术变革既可以带来治理手段的创新，也可能推动治理机制的创新，最终变革政府治理范式；同时，对大数据时代政府治理可能面临的数据治理难、数据匮乏、数据驱动力不足、公众参与悖论等挑战进行了分析，大数据对政府决策的影响，其核心在于运用大数据理念和意识创新决策机制，实现"数据驱动决策"。

胡税根等（2015）提出基于大数据的智慧公共决策特征研究，认为智慧公共决策模式越来越趋于智能化、透明化和精准化。在大数据发展的时代背景下，如何利用现代信息技术有效应对和解决不断变化、日益复杂的经济社会问题，是当代公共管理者面临的难题。"决策"（decision-making）一词作为管理学的术语，最早出现于 20 世纪 30 年代的美国管理学文献之中。美国学者斯蒂芬·罗宾斯（Stephen Robbins，1997）在其《组织行为学》中提出，决策就是决策者"在两个或多个方案中进行选择"。戴维·米勒（2002）认为，决策"是一个有理性的行动主体对某种外界挑战作出的果断的反应"。赫伯特（Herbert，1957）提出，"管理就是决策"。在大数据时代，决策需要从传统的依靠直觉判断和主观经验的模式向大数据驱动决策模式转变，实现政府治理的现代化，提高决策科学化水平。我国工业和信息化部电信研究院在《大数据白皮书（2014年）》中将大数据定义为："大数据是具有体量大、结构多样、时效强等特征的数据；处理大数据需采用新型计算架构和智能算法等新技术；大数据的应用强调以新的理念应用于辅助决策、发现新的知识，更强调在线闭环的业务流程优化。"耶鲁大学教授艾斯蒂（Esty，2006）指出，"数据驱动决策"，将使政府更高效、开放和负责，更多地在事实基础上作出判断，而不是主观判断或者受利益集团干扰进行决策。基于大数据的智慧公共决策也开始成为世界各国政府管理现代化发展的一项重要选择。

黄璜和黄竹修（2015）认为，正如数字时代涌现的许多新词一样，对大数据的认识也处于流变中。最初人们主要着眼于大数据作为数据集的基本特征，认为是具有规模性（volume）、多样性（variety）和高速性（velocity）特点（简称"3V"）的数据集。在科学研究、互联网、医疗、电信、金融等领域中，大数据的数据规模通常至少在拍字节（PB）级，也即100万吉字节（GB）。在3V基础上，IBM、SAS等产业领袖还概括了精确性、可变性和复杂性等特征。在公共决策过程中，互联网已经成为主要的政策议程来源之一，一些起初并不起眼的小事件可能在网络中演变成大事件。这种现象并非源于物理介质上的复杂性，归根到底是因为互联网数据之间存在着意义上的关联性，从而体现出大数据的价值。

国外发达国家较早地将"大数据"运用到环境监测领域，如美国、日本、德国等均形成了对河流水质、空气质量的全天候在线监测网络（Borgman et al.，1996）。发达国家的环境管理体系不是单纯地将监测数据存储在数据库中，而是利用大数据技术将其运用到环保监管及监测预警中，大大提高了管理的效率和准确度（常杪等，2015；Patel et al.，2013）。20世纪80年代以来，环境信息技术得到了飞速发展，环保部门开展了多种环境质量监测工作、生态环境调查工作及污染源管理工作，积累了大量数据，包括污染源数据和环境质量数据。环境大数据即把大数据的核心理念和关键技术应用到环境领域，对海量环境数据进行采集、整合、存储、分析与应用等（常杪等，2015）。在环境领域，可利用物联网技术将感知到的环境监测、环境管理数据通过处理和集成，再运用合适的数据分析方法进行分析整理后，将分析结果展现给环境用户，指导治理方案的制定，并根据监测到的治理效果动态更新方案。环境大数据的应用，对于政府、企业和公众都有重要意义。

海勒布斯特等（Hellebust et al.，2010）运用实时监测数据，测量了当地爱尔兰科克港地区8种空气质量参数（包括 NO、$O_3$、$NO_2$、$SO_2$、PM2.5等污染物）的污染状况，并运用主成分分析（PCA）和正矩阵分解（PMF）方法来推断PM2.5的主要来源贡献，研究确定并定量分析了爱尔兰科克港地区PM2.5污染的三个主要来源组为公路运输（19%）、家用固体燃料燃烧和燃油（14%）、包括发电厂在内的家用和工业锅炉（包括发电厂）（31%）。奥斯汀等（Austin et al.，2013）收集美国全球健康研究所（global health institute，HEI）空气质量数据库中的数据，对美国 2003~2008 年 109 个空气质量在线监测点 PM2.5 的排放情况进行了分析，识别不同地理位置的气候和地形条件对空气质量的影响，通过聚类分析方法，对 PM2.5 的排放状况按照地理位置、人口密度和与主要排放源的接近程度进行了验证和表征，确定了 31 个聚类类别，为大气污染物在线监测数据分析提供了一种新方法。普罗普尔等（Propper et al.，2015）运用加州空气资源局（ARB）统计的 1990~2012 年 7 种有毒污染物的排放环境浓度和排放趋势，表明这些大气有毒污染物的传播与大多数已知癌症风险存在相关关系，实施空气有毒物质控制措施（尤其是 DPM）将继续大大降低加利福尼亚居民的癌症风险，通过成本效益分析的方法评估了柴油颗粒物政策控制有效性。

　　大数据技术手段在国内环境管理领域的应用也逐渐兴起。自 2013 年以来，我国开始发布环境质量实时数据，数据量级达到了 PB 级别，而且还在以每年数百太字节（TB）的速度在增加。北京大学统计科学中心（2017）运用环境保护部发布的空气质量及污染源排放数据分析了空气质量时空分布特征，评估了全国重点城市空气质量状况。北京大学统计科学中心联合北京大学光华管理学院自 2010 年起开始利用环境保护部发布的空气质量数据，分别对北京城区、京津冀地区、京津冀及周边大气污染传输通道城市等的空气污染状况进行分析，从统计学的视角解读不同地区的空气质量状况。也有较多学者从计量经济学角度对不同区域间空气质量的相互影响进行分析，如刘海猛等（Liu et al.，2017）利用 2014 年中国 289 个城市的空气质量指数（AQI）作为大气污染的衡量指标，估计了自然和人为因素对 289 个地级市大气污染的贡献和空间溢出效应。王依樊（2017）选取 2009~2014 年京津冀地区十三个城市数据并采用探索性空间数据分析法，发现雾霾污染在空间上具有相关性，空间上的邻接性对雾霾污染产生正向的显著影响。刘华军（2017）等利用双变量 Moran'I 指数揭示雾霾污染与其影响因素之间的空间相关性，研究发现，城市雾霾污染之间存在普遍的动态关联关系且呈现出联系紧密、稳定性强、带有明显特征的多线程复杂网络结构形态。

　　国内环境领域大数据的应用研究主要集中于环境质量时空特征、影响因素、污染源解析等方面。王运刚（音译）等（Wang Y.G. et al.，2014）利用中国环境保护部发布的小时数据，分析了 2013 年 3 月至 2014 年 2 月中国 31 个省会城市 PM2.5、PM10、CO、$SO_2$、$NO_2$ 和 8 小时 $O_3$ 的时空变化特征。结果表明，冬季煤炭燃烧和生物质燃烧的影响较大。中国的空气污染是由多种污染物引起的，不同地区、不同季节的差异很大。宋从波等（Song et al.，2017）研究了来自中国 1 300 多个国家空气质量监测点的 3 年时间序列（2014 年 1 月至 2016 年 12 月）的空气污染物浓度数据，包括颗粒物（PM2.5 和 PM10）和气态污染物（$SO_2$、$NO_2$、CO 和 $O_3$），从人口加权平均的角度分析了中国空气污染的严重性和区域分布特征。米卡莱等（Mikalai et al.，2016）运用皮尔森相关分析等方法分析了中国甘肃地区 PM2.5 和 PM10 污染的相关性。胡建林等（Hu et al.，2014）运用长三角地区空气质量数据，不但分析了颗粒物污染的分布特征，而且分析了风速等自然因素对于颗粒物污染的影响。国内有关大气污染源在线监测及排放数据分析方面的研究主要集中于空气质量实时数据的应用和行业污染源管理绩效等方面（刘树成，2012；李丽，2006；江珂和滕玉华，2014），有关污染源监测数据统计及分析结果的研究较少，尤其是缺乏利用污染源实时监测数据对不同区域、行业污染排放特征的分析研究。李月燕（音译）和常杪等（Li & Chang et al.，2017）收集了 2014 年 4 月~2015 年 4 月北京市 5 个站点的 PM2.5 的小时排放数据，并对 PM2.5 的排放规律进行分析，识别了 PM2.5 及其微量元素排放的五个主要来源。刘海猛等（Liu et al.，2017）利用 2014 年中国 289 个城市的空气质量指数（AQI）作为大气污染的衡量指标，以 14 个自然和社会经济因素作为解释变量，对 AQI 的空间分布和变化规律进行分析。梁等（Liang et al.，2016）以 PM2.5 为主要研究对象，以 2013~2015 年的空气质量实时数据为基础，对北京、上海等城市 PM2.5 的污染状况及影响因素进行分析，为中国大气污染的预防和治理提供了实证依据。

北京大学统计科学中心与北京大学光华管理学院利用环境保护部发布的空气质量在线监测数据，于不同年份分别评估了京津冀等区域重点城市空气质量及 PM2.5 污染状况，并形成了《2013~2016 北京区域污染状况评估报告》《中国五城市空气污染状况之统计学分析》《京津冀 2013~2016 年区域污染状况评估》等系列报告。上海青悦环境对中国 31 个省（区、市）的空气质量发布系统的信息公开情况进行调研，并成立青悦开放环境数据中心，对省级空气质量监测点的密度、空气质量发布情况进行了评估。

随着信息技术的发展，面对海量的环境质量数据，传统的政策分析技术已无法满足大数据的处理需求，将环境政策的影响和效果进行定量化分析，并建立政策与环境质量定量关系的研究尚不足。因此，大数据背景下对环境政策手段进行量化分析，并在此基础上建立环境政策与环境质量改善之间的量化关系模型非常必要。

## 第二节　大气污染协同控制方面的研究

2010 年以来，雾霾等区域性重污染天气问题引发了社会的广泛关注，人们意识到这不是一个城市可以孤立解决的问题，跨区域联防联控机制成为大气环境质量协同改善的重要切入点，是京津冀地区大气污染防治的焦点问题。柴发合等（2013，2014）认为，随着我国大气区域性复合型污染特征日益明显，光化学烟雾、区域性大气灰霾频繁发生，区域整体环境质量恶化，严重威胁群众健康，影响环境安全。2010 年环境保护部等九大部委联合出台的《关于推进大气污染联防联控工作改善区域空气质量的指导意见》中要求"到 2015 年，建立大气污染联防联控机制，形成区域大气环境管理的法规、标准和政策体系"。并从控制目标协同性、政策措施协同性、控制技术协同性以及区域管理协同性四个方面，提出了基于不同视角下的四种大气污染协同控制模式及四种模式的发展建议。宁淼等（2012）分析了欧盟、美国与中国区域大气污染联防联控管理模式，并总结出两种联防联控的模式：第一种，纵向机构的管理模式，即设定自上而下的机构层级通过行政手段实现区域合作；第二种，横向机构的协作模式，即自发行动签订减排协议通过利益协商实现区域合作。他们认为，纵向机构的管理模式有利于区域空气质量管理机制和环保工作的长效化、制度化。但是短期内以最小制度成本取得最优治理效果的方式是行政区之间的合作、协同努力解决跨界污染是更为有效的方式。牛桂敏（2014）对京津冀大气污染联防联控提出了建设性意见，她认为京津冀协同发展国家战略为京津冀联手治霾提供了难得的战略机遇，尽管目前京津冀地区主要排放源存在较大差异，但大气污染的复合型污染特征亟须通过全面系统地深化区域联防联控的机制、目标、措施和手段，来推进京津冀大气污染联防联控向纵深发展。吴丹和张世秋（2011）提出了中国大气污染控制策略与改进方向，他们研究认为，中国目前区域复合污染现象突出，现行大气环境质量管理制度安排无法反映这种复合型污染形势的变化。传统污染控制策略的存在很大程度的局限性，单纯以主要污染物减排量作为最终控制目标缺乏有效性，单一指标控制和属地管理模式使得区域总体和长期控制成本高昂。因此，在大气污染控制决策过程中应尽快把目标从减少污染物排放转变为减少环境损害，换句话说，应在成本有效的情景下提高环境质量效益，污染控制应从单一污染物控制转向多种污染物控制，应该基于共同发展、区域联防联控的原则，建立基于区域大气环境管理的生态补偿机制。

2013 年 9 月国务院印发的《大气污染防治行动计划》中强调建立京津冀域大气污染防治协作机制，由区域内省级人民政府和国务院有关部门参加，协调解决区域突出环境问题，同年，环境保护部、国家发展和改革委员会、工业和信息化部、财政部等发布《京津冀及周边地区落实大气污染防治行动计划实施细则》，提出到 2017 年，北京市、天津市、河北省细颗粒物（PM2.5）浓度在 2012 年基础上下降 25% 左右，山西省、山东省下降 20%，内蒙古自治区下降 10%。其中，北京市细颗粒物年均浓度控制在 60 微克 / 立方米左右。

尽管目前对京津冀协同治理等方面的研究取得了较大进展，但是前期研究仍然停留在定性层面，有学者提出大数据时代京津冀大气污染联防联控的思路。刘俊岩（2017）认为，应依据环保大数据在大气污染防治管理创新中标准、共享、开放、融合等特点，重构大数据环境下大气污染治理机制，建立京津冀横向生态补偿机制。崔伟（2016）认为，大数据时代快速的信息与数据的传播渠道和处理方式，为京津冀区域内的大气污染问题带来了智慧治理的机遇，可以实现治理机制长效化，但在目前的区域大气污染智慧治理过程中，还存在着数据挖掘能力不足、数据传递效率不高、数据技术和人才欠缺等困境，应用大数据转变行政决策方式，构建政府主导下的多元治理主体，重构大数据环境下大气污染治理机制和完善大数据人才培养和跨越式发展机制。亦有学者从京津冀协同发展的视角下对区域治理模式提出建议。例如朱京安和杨梦莎（2016）认为，京津冀等地区大气污染呈现出区域群落污染效应，以行政区划为主的属地治理模式收效甚微，区域治理理论可用于指导大气污染区域治理机制的建立，在区域治理理念指导下，京津冀地区大气污染区域治理应当加强区域间协同合作，建立由政府、企业、公共机构、公众等多元主体参与的治理机构，并综合运用法律、市场、公众参与等多元治理手段，实现从"地方"到"区域"、"从管理"到"治理"的转变。但文献调研发现，目前尚缺少运用实时数据分析的方法从系统视角对京津冀地区的环境管理政策与污染源排放的现状进行定量化分析。因此，运用海量数据分析统计的方法，可以定量化分析污染源排放状况，有助于建立京津冀地区大气污染源排放与决策调控体系，实现污染源的精准溯源。

# 第三章　京津冀地区经济环境现状分析

## 第一节　京津冀地区社会经济现状

### 一、北京

#### 1. 行政区划和人口

北京市现划分为 4 个功能区，16 个区县。其中，首都功能核心区包括东城区和西城区；城市功能拓展区包括海淀区、朝阳区、丰台区和石景山区；城市发展新区包括通州区、顺义区、大兴区、昌平区和房山区；生态涵养发展区包括门头沟区、平谷区、怀柔区、密云县和延庆县。

2016 年北京市全市常住人口 2 172.9 万人，比 2015 年末增加 2.4 万人。其中，常住外来人口 807.5 万人，占常住人口的比重为 37.2%。常住人口中，城镇人口 1 879.6 万人，占常住人口的比重为 86.5%。常住人口出生率 9.32‰，死亡率 5.20‰，自然增长率 4.12‰。常住人口密度为每平方千米 1 324 人，比 2015 年末增加 1 人。年末全市户籍人口 1 362.9 万人，比 2015 年末增加 17.7 万人。北京市 2012~2016 年常住人口增量及增速如图 3-1 所示。①

---

① 本章资料来源于《北京市 2016 年国民经济与社会发展统计公报》《北京统计年鉴 2016》。

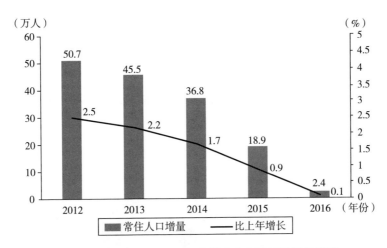

**图 3-1　北京市 2012~2016 年常住人口增量及增长速度**

资料来源:《北京市 2016 年国民经济和社会发展统计公报》。

2. 经济状况

"十二五"期间,北京市经济高速发展,第一产业、第二产业和第三产业生产总值均呈上升趋势（见表 3-1）。2015 年,北京市地区生产总值为 23 014.6 亿元,比 2005 年增长 330.5%。2015 年第一产业、第二产业和第三产业生产总值分别为 140.2、4 542.6、18 331.7 亿元,2005~2010 年北京市地区生产总值变化情况如表 3-1 所示。

表 3-1　　　　　　　　2011~2015 年北京市地区生产总值情况

| 年份 | 地区生产总值（亿元） | 第一产业（亿元） | 第二产业 | | | 第三产业（亿元） | 人均地区生产总值（元/人） |
|---|---|---|---|---|---|---|---|
| | | | 工业（亿元） | 建筑业（亿元） | 总计（亿元） | | |
| 2011 | 16 251.9 | 134.4 | 3 048.8 | 703.7 | 3 678.0 | 12 439.5 | 81 658 |
| 2012 | 17 879.4 | 148.1 | 3 294.3 | 765.0 | 3 962.6 | 13 768.7 | 87 475 |
| 2013 | 19 800.8 | 159.6 | 3 566.4 | 831.6 | 4 292.6 | 15 348.6 | 94 648 |
| 2014 | 21 330.8 | 159.0 | 3 746.8 | 902.7 | 4 544.8 | 16 627.0 | 99 995 |
| 2015 | 23 014.6 | 140.2 | 3 710.9 | 961.9 | 4 542.6 | 18 331.7 | 106 497 |

资料来源:《北京统计年鉴 2016》。

工业生产总值占地区生产总值的比重整体上呈下降趋势，2015年工业比重为19.7%，比2011年下降2.8个百分点。可见，为了进一步改善北京市环境质量，进一步提高工业污染源的环境准入门槛，对北京市总体经济发展影响较小。

北京市2012~2016年地区生产总值及增速如图3-2所示。2016年规模以上工业重点监测行业增加值增长速度如表3-2所示。

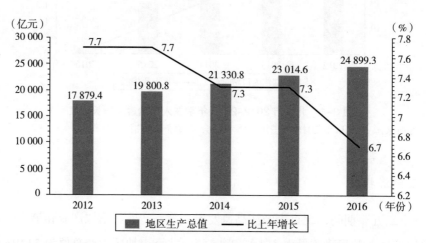

**图3-2　北京市2012~2016年地区生产总值及增长速度**
资料来源：《北京市2016年国民经济和社会发展统计公报》。

表3-2　　　　2016年规模以上工业重点监测行业增加值增长速度　　　　单位：%

| 指　标 | 比2015年增长 | 比重 |
|---|---|---|
| 规模以上工业增加值 | 5.1 | 100.0 |
| 其中：石油加工、炼焦和核燃料加工业 | −11.0 | 2.3 |
| 化学原料和化学制品制造业 | 2.7 | 2.2 |
| 医药制造业 | 8.5 | 8.8 |
| 非金属矿物制品业 | 14.9 | 2.2 |
| 通用设备制造业 | 1.0 | 3.7 |
| 专用设备制造业 | −8.8 | 3.7 |
| 汽车制造业 | 25.6 | 23.6 |
| 铁路、船舶、航空航天和其他运输设备制造业 | −7.0 | 1.5 |
| 电气机械和器材制造业 | −1.8 | 4.1 |

| 指　标 | 比 2015 年增长 | 比重 |
|---|---|---|
| 计算机、通信和其他电子设备制造业 | 1.0 | 8.0 |
| 仪器仪表制造业 | −2.3 | 2.2 |
| 电力、热力生产和供应业 | 1.0 | 17.9 |

资料来源:《北京市 2016 年国民经济和社会发展统计公报》。

## 二、天津

### 1. 行政区划和人口

天津市土地总面积 11 916.9 平方千米,其中,农用地面积 7 097.7 平方千米,占全市土地总面积的 59.6%。天津市现辖 16 个区,包括滨海新区、和平区、河北区、河东区、河西区、南开区、红桥区、东丽区、西青区、津南区、北辰区、武清区、宝坻区、静海区、宁河区、蓟州区。

截至 2016 年末,天津市全市常住人口 1 562.12 万人,比 2015 年末增加 15.17 万人;其中,外来人口 507.54 万人,增加 7.19 万人,占常住人口增量的 47.4%。常住人口中,城镇人口 1 295.47 万人,城镇化率为 82.93%;65 岁及以上人口 156.09 万人,占 10.0%。常住人口出生率 7.37‰,死亡率 5.54‰,自然增长率 1.83‰。年末全市户籍人口 1 044.40 万人。[①]

### 2. 经济状况

2016 年,天津市生产总值(GDP)17 885.39 亿元,按可比价格计算,比 2015 年增长 9.0%。其中,第一产业增加值 220.22 亿元,增长 3.0%;第二产业增加值 8 003.87 亿元,增长 8.0%;第三产业增加值 9 661.30 亿元,增长 10.0%。天津市 2012~2016 年全市生产总值变化趋势如图 3-3 所示。

---

① 本节资料来源于《天津市 2016 年国民经济与社会发展统计公报》《天津统计年鉴 2016》。

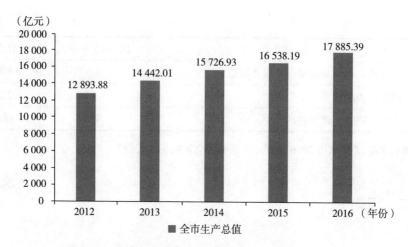

**图 3-3　天津市 2012~2016 年全市生产总值变化情况**
资料来源:《2016 年天津市国民经济和社会发展统计公报》。

从《2016 年天津市国民经济和社会发展统计公报》数据发现（见表 3-3），天津市平板玻璃、生铁、粗钢等产品产量比 2015 年下降。供给侧结构性改革初现成效。钢铁行业"去产能"提前完成 370 万吨粗钢产能年度压减任务，生铁、粗钢、平板玻璃等产量分别下降 15.0%、11.5% 和 1.5%。

表 3-3　　　　　　　　　　　2016 年天津市主要工业产品产量

| 产品名称 | 单位 | 产量 | 比 2015 年增长（%） |
|---|---|---|---|
| 天然原油 | （万吨） | 3 273.26 | −6.4 |
| 精制食用植物油 | （万吨） | 747.75 | −1.9 |
| 服装 | （亿件） | 2.85 | 19.2 |
| 汽油 | （万吨） | 229.06 | −6.8 |
| 水泥 | （万吨） | 788.61 | 1.4 |
| 平板玻璃 | （万重量箱） | 3 094.19 | −1.5 |
| 生铁 | （万吨） | 1 660.77 | −15.0 |
| 粗钢 | （万吨） | 1 798.93 | −11.5 |
| 钢材 | （万吨） | 8 667.05 | 5.5 |

资料来源:《2016 年天津市国民经济和社会发展统计公报》。

## 三、河北

### 1. 行政区划和人口

河北省全省辖 11 个地级市，47 个市辖区、19 个县级市、96 个县、6 个自治县（合计 168 个县级行政区划单位）。2015 末，全省常住人口 7 424.92 万人，比 2010 年增加 231.32 万人，年均增加 46.26 万人，年平均增长 0.64%。2015 年，全省人口出生率为 11.35‰，出生人口 84.04 万人；人口死亡率为 5.79‰，死亡人口 42.87 万人；人口自然增长率为 5.56‰。[①]

### 2. 经济状况

2016 年，河北省生产总值为 29 806.1 亿元，比 2015 年增长 6.8%。其中，第一产业增加值 3 439.4 亿元，增长 2.5%；第二产业增加值 14 388.0 亿元，增长 4.7%；第三产业增加值 11 978.7 亿元，增长 11.2%。第一产业增加值占全省生产总值的比重为 11.5%，第二产业增加值比重为 48.3%，第三产业增加值比重为 40.2%。2011~2015 年河北省地区生产总值变化情况如图 3-4 所示。

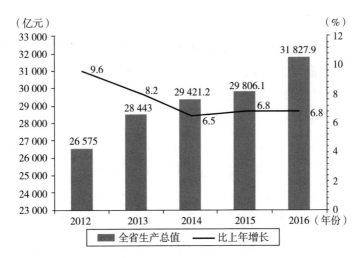

**图 3-4 河北省 2012~2016 年全省生产总值变化情况**

资料来源：《2016 年河北省国民经济和社会发展统计公报》。

---

[①] 本节资料来源于《河北省 2016 年国民经济与社会发展统计公报》《河北统计年鉴 2016》。

2016 年河北省第一产业增加值 3 492.8 亿元，增长 3.5%；第二产业增加值 15 058.5 亿元，增长 4.9%；第三产业增加值 13 276.6 亿元，增长 9.9%。第一产业增加值占全省生产总值的比重为 11.0%，第二产业增加值比重为 47.3%，第三产业增加值比重为 41.7%，比 2016 年提高 1.5 个百分点（见图 3-5）。

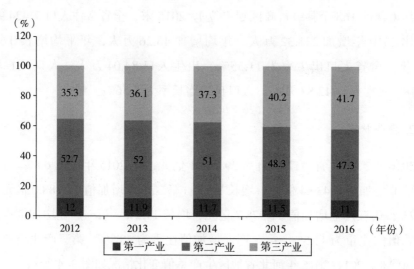

**图 3-5　河北省 2012~2016 年三次产业增加值比重**

资料来源：《2016 年河北省国民经济和社会发展统计公报》。

河北省规模以上工业中，装备制造业增加值比 2015 年增长 10.2%，占规模以上工业的比重为 26.0%，比 2015 年提高 1.4 个百分点，比钢铁工业高 0.5 个百分点；钢铁工业增加值下降 0.2%，占规模以上工业的比重为 25.5%，比 2015 年下降 0.5 个百分点；石化工业增加值增长 4.9%；医药工业增加值增长 5.4%；建材工业增加值增长 3.2%；食品工业增加值增长 3.2%；纺织服装业增加值增长 6.3%。六大高耗能行业中煤炭开采和洗选业下降 8.9%，石油加工、炼焦及核燃料加工业下降 3.6%，黑色金属冶炼及压延加工业下降 2.5%，化学原料及化学制品制造业增长 11.5%，非金属矿物制品业增长 4.5%，电力、热力的生产和供应业增长 8.4%。河北省 2016 年主要工业产品产量及增速如表 3-4 所示。

表 3-4　　　　　　　　2016 年河北省主要工业产品产量及增速

| 产品名称 | 比 2015 年增长（%） | 产量 |
|---|---|---|
| 化学纤维（万吨） | 0.7 | 61.8 |
| 生铁（万吨） | 1.6 | 18 398.4 |
| 粗钢（万吨） | 2.3 | 19 260.0 |
| 钢材（万吨） | 3.5 | 26 150.4 |
| 铁合金（万吨） | 25.7 | 26.7 |
| 水泥（万吨） | 9.0 | 9 861.2 |
| 平板玻璃（万重量箱） | −6.5 | 10 383.3 |

资料来源：《2016 年河北省国民经济和社会发展统计公报》。

## 第二节　京津冀地区大气环境质量及污染物排放现状

### 一、京津冀地区"十二五"减排目标及完成情况

"十二五"期间，京津冀地区 $SO_2$、$NO_x$ 等主要污染物排放总量均有所下降，并且均超额完成了《"十二五"节能减排综合性工作方案》中要求的地区大气污染物减排的目标（见表 3-5），但是京津冀三地减排潜力和减排成本有所差异，这就为京津冀地区跨区域排污权交易打下了良好的基础。

表 3-5　　　　　京津冀地区三地"十二五"减排目标及完成情况

| | 2010 年排放量 | | 2015 年排放量 | | 累计削减比例 | | "十二五"目标 | | 目标完成率 | |
|---|---|---|---|---|---|---|---|---|---|---|
| | $SO_2$（万吨） | $NO_x$（万吨） | $SO_2$（万吨） | $NO_x$（万吨） | $SO_2$（%） | $NO_x$（%） | $SO_2$（%） | $NO_x$（%） | $SO_2$（%） | $NO_x$（%） |
| 北京 | 10.44 | 19.77 | 7.12 | 13.76 | 31.81 | 30.39 | 13.40 | 12.30 | 237.00 | 247.00 |
| 天津 | 23.8 | 34 | 18.6 | 24.7 | 21.90 | 27.50 | 9.40 | 15.20 | 240.00 | 180.00 |
| 河北 | 143.8 | 171.3 | 110.8 | 135.1 | 22.90 | 21.10 | 12.70 | 13.90 | 180.31 | 151.80 |

资料来源：《中国环境统计年鉴 2016》。

## 二、京津冀地区环境质量现状

2016 年北京市环境空气中主要污染物年平均浓度全面下降，$SO_2$、$NO_2$、PM2.5 和 PM10 年平均浓度值分别为 10 微克 / 立方米、48 微克 / 立方米、73 微克 / 立方米和 92 微克 / 立方米，比 2015 年分别下降 28.6%、4.0%、9.9% 和 9.8%。北京市 2016 年空气质量优良天数增加，2013~2016 年北京市空气质量各级别天数变化情况如图 3-6 所示。

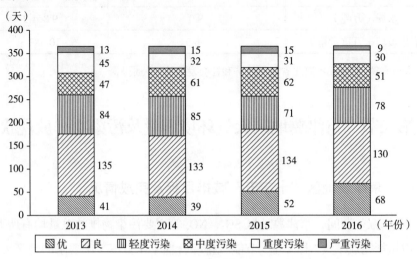

图 3-6　2013~2016 年北京市空气质量各级别天数
资料来源：《2016 年北京市环境状况公报》。

2016 年天津市二氧化硫（$SO_2$）年均浓度为 21 微克 / 立方米，低于国家年平均浓度标准（60 微克 / 立方米）；二氧化氮（$NO_2$）年均浓度为 48 微克 / 立方米，超过国家年平均浓度标准（40 微克 / 立方米）0.2 倍；可吸入颗粒物（PM10）年均浓度为 103 微克 / 立方米，超过国家年平均浓度标准（70 微克 / 立方米）0.47 倍；细颗粒物（PM2.5）年均浓度为 69 微克 / 立方米，超过国家年平均浓度标准（35 微克 / 立方米）0.97 倍；一氧化碳（CO）24 小时平均浓度第 95 百分位数为 2.7 毫克 / 立方米，低于 24 小时平均浓度标准（4 毫克 / 立方米）；臭氧（$O_3$）日最大 8 小时平均浓度第 90 百分位数为 157 微克 / 立方米，低于日最大 8 小时平均浓度标准（160 微克 / 立方米）。

自 2013 年国家实行《环境空气质量标准》（GB3095-2012）以来，主要污染物浓度总体呈现下降趋势。与 2013 年相比，2016 年 $SO_2$、$NO_2$、PM10、PM2.5、CO 分别下降 64.4%、11.1%、31.3%、28.1%、27.0%，$O_3$ 上升 4.0%。2013~2016 年天津市 $NO_x$ 和 $SO_2$ 排放浓度变化情况如图 3-7 所示。

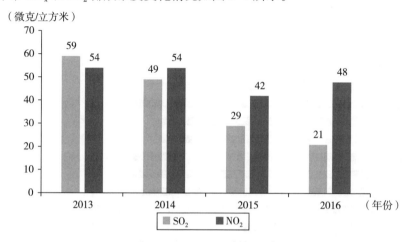

**图 3-7 2013~2016 年天津市 $NO_x$ 和 $SO_2$ 排放浓度变化情况**

资料来源：《2016 年天津市环境状况公报》。

2016 年天津市空气质量达标天数 226 天，占全年天数的 61.7%，较 2015 增加 6 天；2016 年中度以上污染共 53 天，较 2015 年减少 5 天。2013~2016 年天津市空气质量各级别天数如图 3-8 所示。

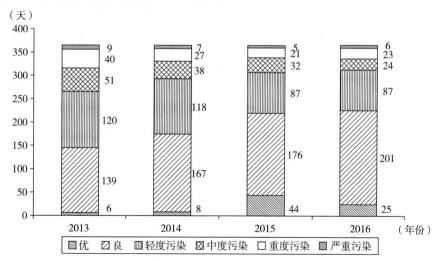

**图 3-8 2013~2016 年天津市空气质量各级别天数**

资料来源：《2016 年天津市环境状况公报》。

根据《环境空气质量标准》（GB3095-2012）的评价结果，2016年河北省设区市达到或者优于Ⅱ级的优良天数平均为207天，占2016年全年总天数的56.6%，重度污染以上天数平均为33天，占全年总天数的9%。河北省各市、区空气质量Ⅱ级以上及重污染天数分布情况如图3-9所示。

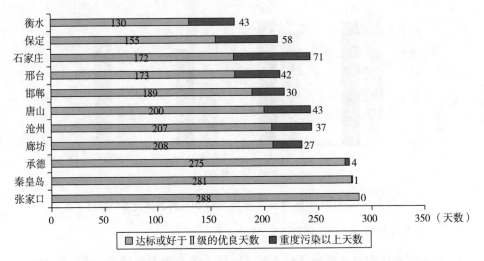

**图3-9 河北省达到或优于Ⅱ级的优良天数及重度污染及以上天数**
资料来源：《2016年河北省环境状况公报》。

二氧化氮（$NO_2$）：河北省平均日均值达标率90%，除石家庄、保定、邢台外，其他8个设区市日均值达标率均高于85%，全省 $NO_2$ 浓度年均值为49微克/立方米。

二氧化硫（$SO_2$）：河北省平均日均值达标率99.8%，除邯郸、邢台外，其他9个设区市日均值达标率均为100%，全省 $NO_2$ 浓度年均值为34微克/立方米。2016年河北省各区、市空气质量日均值达标率情况如表3-6所示。

表3-6　　　　2016年河北省各设区市空气质量日均值达标率　　　单位：%

| 设区市 | $SO_2$ | $NO_2$ | PM10 | CO | PM2.5 |
|---|---|---|---|---|---|
| 石家庄 | 100 | 81.4 | 60.9 | 94.8 | 53.8 |
| 唐山 | 100 | 85 | 71.3 | 94.3 | 67.5 |
| 秦皇岛 | 100 | 92.6 | 87.7 | 97.5 | 83.6 |

续表

| 设区市 | SO$_2$ | NO$_2$ | PM10 | CO | PM2.5 |
|--------|------|------|------|------|------|
| 邯郸 | 99.7 | 89.9 | 64.2 | 95.1 | 63.7 |
| 邢台 | 98.1 | 81.7 | 63.9 | 95.9 | 55.7 |
| 保定 | 100 | 80.9 | 60.4 | 93.4 | 52.5 |
| 张家口 | 100 | 100 | 90.4 | 100 | 94.8 |
| 承德 | 100 | 99.5 | 88.5 | 99.7 | 89.9 |
| 沧州 | 100 | 93.7 | 79.5 | 97.8 | 71 |
| 廊坊 | 100 | 89.6 | 81.4 | 95.9 | 70.5 |
| 衡水 | 100 | 95.6 | 64.2 | 99.2 | 52.7 |
| 全省平均 | 99.8 | 90 | 73.9 | 96.7 | 68.7 |

资料来源:《2016 年河北省环境状况公报》。

## 三、大气污染物排放及控制总体情况

根据《2016 年北京市环境状况公报》数据,2016 年北京市二氧化硫排放量为 6.02 万吨,比 2015 年削减 1.1 万吨,下降 15.4%,氮氧化物排放量为 12.34 万吨,比 2015 年削减 1.42 万吨,下降 10.3%。全市工业企业挥发性有机物排放量比 2015 年削减 1.37 万吨。

《2015 年环境统计年报》数据显示,2015 年天津市工业废气排放总量为 8 355 亿立方米,工业废气中二氧化硫产生量 52.2 万吨,氮氧化物产生量为 24.4 万吨,二氧化硫排放量 15.5 万吨,氮氧化物排放量 15 万吨。

《天津市"十三五"生态环境保护规划》数据显示,2015 年与 2013 年相比,细颗粒物(PM2.5)浓度较 2013 年累计下降 27.1%,空气质量综合指数下降 24.4%,环境空气质量达标天数增加 75 天,重污染天数减少 23 天,6 项主要污染物浓度均显著下降。全力推进清新空气行动。狠抓"五控措施、四种手段、三无管理",全市改燃并网燃煤锅炉 338 座 634 台,116 万吨散煤实现清洁化替代,21 套煤电机组排放达到燃气排放标准,逐一治理 1.8 万块、131 平方公里裸露地面,29 万辆黄标车全部淘汰,基本杜绝秸秆焚烧,农作物秸秆综合利用率达到95.7%。

《2015年中国环境统计年报》数据显示，2015年河北省工业废气排放总量为78 570亿立方米，工业废气中二氧化硫产生量284.8万吨，氮氧化物产生量为144.3万吨，二氧化硫排放量82.9万吨，氮氧化物排放量80万吨。废气治理设施22 095套，脱硫设施2 484套，脱硫治理设施运行费用53亿元。脱硝治理设施374套，脱硝治理设施运行费用18.4亿元。

京津冀率先统一空气重污染应急预警分级标准，区域协同应对空气重污染机制进一步完善。深化结对合作治污机制，北京市共投入5.02亿元资金支持保定、廊坊开展小型燃煤锅炉淘汰和大型燃煤锅炉治理。完善信息共享机制，建成京津冀及周边地区大气污染防治信息共享平台。

# 第三节　本章小结

京津冀大气污染传输通道的"2+26"城市中，聚集了炼钢、炼铁、炼焦、水泥、煤炭、化工、电力等污染行业。根据《中国环境统计年报2015》数据，2015年京津冀地区工业源$SO_2$、$NO_x$、烟（粉）尘排放分别为100.6万吨、97.7万吨、119.8万吨，分别占京津冀$SO_2$、$NO_x$、烟粉尘总排放的74.6%、58.4%、69.4%。工业锅炉、钢铁、建材和炼焦行业是一次PM2.5的主导因素（郝吉明等，2016）。大气污染传输通道城市中，山西省4个城市均为资源型工业城市，行业分布类型为以煤炭、电力、煤化工、钢铁、冶炼等行业为主，采矿业6 965家，电力、热力、燃气及水生产和供应业4 955家，其中电力生产行业241家（山西省统计局，2017）。山东省和河南省石化、电力、钢铁等行业企业数量分布密集，2016年山东省采矿业3 776家，原煤生产量达9 489万吨（山东省统计局，2017），2016年河南省采矿业4 761家（河南省统计局，2017）。

根据环境保护部发布的2017年京津冀地区在全国是PM2.5浓度污染最为严重的区域，2017年全国74个参与空气质量综合指数的城市，空气质量最差的10个城市有9个位于大气污染传输通道城市。京津冀协同发展是国家重大战略，大气污染联防联控是京津冀及周边地区大气环境质量协同改善的重要抓手。过去几十年中，大量学者对国内空气质量的时空变化特征、季节特征、影响因素、源解析等方面进行了分析，且多数研究集中在长三角、京津冀等区域或北京、上海、广州等特大型城市。但是，由于污染源在线监测数据获取的局限性，已有研究缺乏从实时监测数据的角度对工业污染源排放的时空分布特征进行分析。

# 第四章　数据清洗及分析方法

## 第一节　研究区域和范围

《京津冀及周边地区 2017 年大气污染防治工作方案》中确定了京津冀大气污染传输通道的范围。为综合分析京津冀及周边城市污染源的时空分布特征，使京津冀大气污染传输通道更为完整，本章增加了山西晋中、山东莱芜、山东泰安 3 个地级城市，研究范围为京津冀及周边 31 个城市。从地理条件看，31 个城市污染物扩散条件不好，京津冀大部分区域位于华北平原北部，西靠太行山脉，北依燕山，东临渤海，呈现半封闭地形，京津冀地区的几个主要城市，北京、保定、邢台、石家庄、邯郸"弱风区"特征明显，大气污染扩散条件较差。山西省太原、阳泉、长治、晋城等多盆地及煤矸石山。山东省济南、聊城、淄博、济宁等 7 城市位于山东西北、西南部，地形低洼平潭。河南省地势西高东低，北、西、南三面临太行山、伏牛山、大别山（北京大学统计科学中心，2017）。[①]

## 第二节　数据来源

空气质量数据来源于生态环境部全国实时空气质量发布平台。包括京津冀

---

[①] 资料来源于北京大学统计科学中心和北京大学光华管理学院 2017 年发布的《空气质量评估报告——京津冀 2013~2016 年区域污染状况评估》。

及周边大气污染传输通道在内的 31 个城市 171 个空气质量监测站点 2015~2018 年的 PM2.5、PM10、$SO_2$、$NO_2$、$O_3$ 等数据。大气污染源监测数据主要来源于京津冀及周边城市家大气排放企业 2017 年的 $SO_2$、$NO_x$、烟尘小时浓度指标。根据京津冀及周边晋鲁豫地区供暖季和非供暖季的差别，季节范围为春季 3 到 5 月，夏季 6 到 8 月，秋季 9 到 11 月，冬季 12 月到次年 2 月。人口、GDP 等社会经济数据及 $SO_2$ 排放量、工业烟尘排放量来源于国家统计局 2014~2017 年《中国城市统计年鉴》。

本书收集了京津冀及周边大气污染传输通道城市共 2 804 家污染源企业的排放数据，数据来源于生态环境部重点国控污染源污染监测数据发布平台及北京、河北、天津等省市的国控污染源企业自行监测平台。其中，大气污染排放源为 1 107 个（包括国控重点污染源在内），国控重点污染源大气污染物监测时间尺度是小时 / 次，原始数据指标项包括以下九个方面。（1）企业信息（包括企业名称、组织机构代码、行业类别、企业规模、企业地址等）；（2）监测点位（排放口）；（3）监测时间：年 / 月 / 日 / 时；（4）污染物排放浓度监测值、标准限值、是否达标等；（5）设备停运记录：监测点位、停运开始时间、停运结束时间、停运类型；（6）自行监测方式：自承担、委托监测；（7）自行监测方案；（8）年度监测报告；（9）其他项目：未开展自行监测原因、排放方式（稳定连续排放或其他）、排放去向（有组织排放、无组织排放）等。

本书采集了 2000 年 6 月 5 日到 2017 年 12 月 31 日中国环境保护部数据中心的重点城市空气质量日报中的每日 API[①]（2014 年开始为 air quality index，AQI）和空气质量状况数据，同时收集了 2015~2017 年的空气质量实时数据（每小时每个监测站点各项污染物的浓度数据）。数据由 2000 年的 42 个城市逐渐增加至 2017 年的 338 个地级以上城市，此外还有 29 个县级环保模范城市，共计 367 个城市。地级以上城市数目变化如表 4-1 所示。

---

① 2013 年之前为空气污染指数（air pollution index，API）。

表 4-1　　　　　2000~2017 年发布空气质量日报数据的地级以上城市数量

| 年份 | 城市数量（个） | 年份 | 城市数量（个） |
|---|---|---|---|
| 2000 | 42 | 2011~2013 | 120 |
| 2001~2003 | 47 | 2014 | 161 |
| 2004~2005 | 84 | 2015~2017 | 338 |
| 2006~2010 | 86 | | |

资料来源：笔者根据环境保护部发布的空气质量监测情况汇总绘制。

# 第三节　数据清洗方法及流程

## 一、数据清洗

数据清洗是开展数据分析的前提，是数据分析流程中非常重要的一环，对获取的海量空气质量数据及污染源分析数据进行清洗是一项基础性工作。研究制定了数据清洗的规则，对无效数据进行剔除，对有效数据及代码进行了标准化处理。尤其是现有获取的污染源在线监测数据庞杂不一，类型众多，对污染源数据的清洗尤为重要。本书污染源数据分析的尺度是企业及排口在线监测的小时数据，手动监测方式的数据应予以剔除。

对于爬取的污染源监测值为"ND""nd""未检出"等数据，将监测值修改为0，监测值为负数的判定为无效数据，修改为"NA"。对监测值中包含"-"，监测值中包含"null""A""N""\""h""L""*""/""<"".."" ≤"">"，监测值包含汉字如"检""停产""昼""夜""无"，监测值为空字符串、为空、为None等的监测数据，将这些类型数据所在样本统一修改为"NA"。

另外，污染源数据清洗中涉及行业代码标准化及污染物代码的标准化等流程，并应针对不同行业及产品工艺流程的污染物排放限值进行确认及修订（见图 4-1）。具体清洗过程中还涉及行业信息匹配、城市信息匹配等，应结合企业具体信息进行信息校正及匹配。

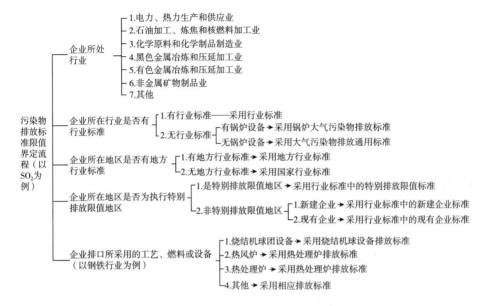

**图 4-1　污染源数据分析排放标准限值界定流程**

资料来源：笔者整理绘制。

## 二、数据有效性界定

### 1. 污染源有效数据个数及数据有效率

通过建立污染源排放企业数据分析指标体系，可以进行不同企业年均值、月均值等比较及趋势分析；建立同类行业排放水平比较；进行不同类别行业间年均值、月均值等比较及趋势分析；依建立的行业排放水平判断达标企业数据合理性；对同行业的标杆企业进行分级，可评估企业在同行业的等级。某某企业 $SO_2$ 排放有效数据个数、大气污染源全年完整时间段应有的有效数据率计算方法如式（4-1）、式（4-2）所示。

某企业 $SO_2$ 排放有效数据个数 = 该企业 $SO_2$ 排放的数据个数之和 - 该企业 $SO_2$ 排放的无效数据之和；某企业 $SO_2$ 排放有效数据个数 = 该企业所有排口 $SO_2$ 排放的有效数据个数之和。　　　　　　　　　　　　　　（4-1）

$$大气污染源全年完整时间段应有的有效数据率 = \frac{企业该排口该污染物有效个数}{8\ 760\ 个（闰年为\ 8\ 784\ 个）}$$

$$= \frac{企业该排口该污染物所有数据个数 - 无效数据个数}{8\ 760\ 个（闰年为\ 8\ 784\ 个）} \qquad (4-2)$$

2. 数据公开情况

根据《国家重点监控企业自行监测及信息公开办法》的规定，废气自行监测设备监测频率应是每小时一次，主要目标是了解该企业的自行监测信息数据公开及有效数据情况，同时结合企业的停工停产情况进行分析，若这种情况下有效数据率很低，则分析企业的排放数据意义存在疑问，在选取典型企业分析行业特征时这种企业排放数据不具有代表性。大气污染源全年数据公开率如式（4-3）所示。

$$大气污染源全年数据公开率 = \frac{企业该排口该污染物所有数据个数}{8\ 760\ 个（闰年为\ 8\ 784\ 个）} \qquad (4-3)$$

3. 数据有效率

数据有效率的计算方法如式（4-4）所示。

$$数据有效率 = \frac{企业该排口该污染物有效数据个数}{企业该排口该污染物所有数据个数}$$

$$= \frac{企业该排口该污染物所有数据个数 - 无效数据个数}{企业该排口该污染物所有数据个数} \qquad (4-4)$$

该指标主要是判定企业监测数据的真实性，如企业监测数据为负值，则说明企业自行监测设备等存在问题。

## 三、数据分析指标概念界定

1. 空气质量数据

空气质量各评价项目的数据有效性统计按照《环境空气质量标准》（GB3095-2012）中的规定执行。日历年内 $SO_2$、$NO_2$、PM10、PM2.5 日均值的特定百分位数统计的有效性规定为日历年内至少有 324 个日平均值，每月至少有 27 个日平均值（2 月至少 25 个日平均值）。日历年内 $O_3$ 日最大 8 小时平均的特定百分位数的有效性规定为日历年内至少有 324 个 $O_3$ 日最大 8 小时平均值，每月至少有 27 个 $O_3$ 日最大 8 小时平均值（2 月至少 25 个）。

所有下载的污染源和空气质量数据都经过预处理，去掉时间和空间浓度异常值。空气质量指标处理采用《环境空气质量标准（GB 3095-2012）》中界定的日平均值、8 小时滑动平均值、月平均值、年平均值等指标。其中，8 小时滑动平均值指连续 8 小时平均浓度的算术平均值。24 小时平均值指 24 小时平均浓度的算术平均值，也称日平均。月平均值指一个日历月内各日平均浓度的算术平均值。年平均值指一个日历年内各日平均浓度的算术平均值。城市 $SO_2$、$NO_2$、PM10、PM2.5 的年平均是指一个日历年内城市 24 小时平均浓度值的算术平均。$O_3$ 年评价指标采用了日 8 小时最大平均的 90 分位数。

$O_3$ 浓度序列的第 90 百分位数计算方法如式（4-5）~式（4-7）所示。

（1）将 $O_3$ 浓度按数值从小到大排序，排序后浓度序列为：

$$\{ Ozone_i, i =1, 2, \cdots, n \} \qquad (4-5)$$

（2）计算第 90 百分位数 $m_{90}$ 的序数 $k$，如式（4-6）所示：

$$k = 1 + (n-1) \times 90\% \qquad (4-6)$$

（3）第 90 百分位数的计算方法如式（4-7）所示：

$$m_{90} = Ozone_s + (Ozone_{(s+1)} - Ozone_s) \times (k-s) \qquad (4-7)$$

其中，$n$ 表示臭氧浓度序列中的浓度值数量；$s~k$ 的整数部分中，$k$ 为整数时，$s$ 和 $k$ 相等。

环境空气质量达标：污染物浓度评价结果符合《环境空气质量标准》（GB3095-2012）规定，即为达标。所有污染物浓度均达标，即为环境空气质量达标。

超标倍数：污染物浓度超过《环境空气质量标准》（GB 3095-2012）中对应平均时间的浓度限值的倍数。

达标率：指在一定时段内，污染物短期评价（小时评价、日评价）结果为达标的百分比。

### 2. 污染源数据

参考空气质量数据的处理方法，污染物浓度采用日均、月均、年均、年小时平均、超标情况等指标来衡量不同城市、不同行业、不同企业的污染排放情况。

（1）污染物平均浓度指标。企业平均排放浓度，有年平均值、月平均值、日平均值（又称 24 小时平均）、1 小时平均值、年小时均值等指标；环境保护部《环境空气质量标准（GB 3095-2012）》中对 1 小时平均值、8 小时滑动平均值、24 小时平均值、月平均值、季平均值、年平均值有定义。为更好地呈现数据规律，本研究增加年小时均值一个指标，并对这些如式（4-8）所示。指标进行如下界定：

企业同一排口污染物排放 1 小时平均值 = 该企业同一排口任何 1 小时污染物浓度的算术平均值。 （4-8）

企业排口 $SO_2$ 排放日均值按如式（4-9）所示进行计算。

$$企业排口 SO_2 排放日均值 = \frac{该排口当日 SO_2 所有监测浓度之和}{当日监测次数} \quad (4-9)$$

即该企业同一排口一个自然日内 24 小时的平均浓度的算术平均值，也称为 24 小时平均值。该指标的意义是通过计算同一企业不同排口 $SO_2$ 的日均值、不同企业的日均值，可以发现不同排口、不同企业的浓度排放水平，发现企业超标规律，也可通过此指标代表企业在行业中所处的水平。

企业排口的 $SO_2$ 排放月均值如式（4-10）所示进行计算。

企业排口的 $SO_2$ 排放月均值 = 该企业同一排口一个日历月内各日 $SO_2$ 平均浓度的算术平均值。 （4-10）

该指标的意义是可以计算同一企业不同排口、不同企业等 $SO_2$ 排放随月份变化的曲线，从而发现企业不同月份排放规律，例如发现采暖季和非采暖季的差别，是否存在采暖季限制产能等问题。

企业排口的 $SO_2$ 排放季均值，年均值如式（4-11），式（4-12）所示计算。

企业排口的 $SO_2$ 排放季均值 = 该企业同一排口一个日历季内各日 $SO_2$ 平均浓度的算术平均值。 （4-11）

企业排口的 $SO_2$ 排放年均值 = 该企业同一排口一个日历年内各日 $SO_2$ 平均浓度的算术平均值。 （4-12）

企业同一排口污染物排放年小时均值计算方法如式（4-13）所示。

企业同一排口污染物排放年小时均值＝该企业同一排口一年内同一小时污染物浓度的算术平均值。 （4-13）

该指标的意义是可以计算同一企业不同排口、不同企业等 $SO_2$ 排放随小时变化的曲线，从而发现企业 24 小时排放的规律，例如发现夜间可能存在偷排漏排的问题。

污染源排放数据分析的流程及指标如图 4-2 所示。

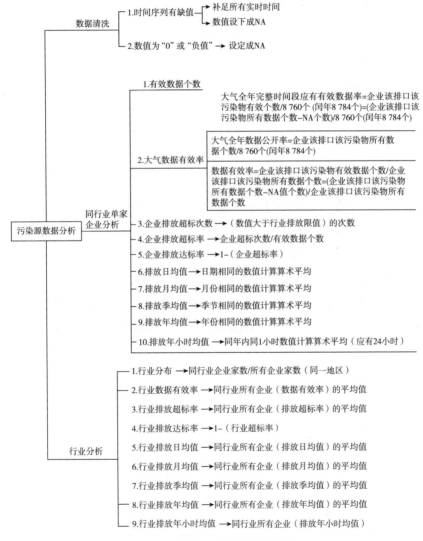

**图 4-2 污染源排放数据分析流程**

资料来源：笔者绘制。

（2）污染物超标指标的界定。企业 $SO_2$ 超标次数 = 企业所有排放口 $SO_2$ 排放数据超标次数累计值。

一个企业有多个排放口，单个排放口有多个监测项目（如 $SO_2$、$NO_x$），超标次数为该企业各监测点每个监测项目小时均值超标次数累计值。如 2017 年某企业的超标次数为该企业所有监测点所有监测项目所有监测数据的超标次数累计值。

超标次数可详细分解为日超标次数、月超标次数、年超标次数等指标。企业达标率 / 超标率（达标率可用来判断工艺水平，超标率可用来判断污染状况）。某个排放口 $SO_2$ 的达标率 = 某个排放口的 $SO_2$ 达标次数 / 所有排放口 $SO_2$ 的有效监测数据个数。

## 四、排放标准限值要求

### 1. 空气质量标准

2012 年 2 月，环境保护部发布了新的《环境空气质量标准》（GB 3095–2012）（以下简称"新标准"），取代了《环境空气质量标准》（GB 3095–1996）（以下简称"旧标准"）。新标准与旧标准相比，变化主要在两个方面：一是增加了臭氧（$O_3$）和细颗粒物（PM2.5）两项污染物控制标准；二是严格了可吸入颗粒物（PM10）、二氧化氮（$NO_2$）等污染物的限值要求。新标准规定，环境空气功能区分为二类，与旧标准的区别如表 4–2 所示。一类区适用一级浓度限值，二类区适用二级浓度限值。一、二类环境空气功能区质量要求如表 4–3 所示。

表 4-2　　　　　　　　　新旧空气质量标准对功能分区划分的异同

| 功能分区 | 旧标准 | 新标准 |
| --- | --- | --- |
| 一类区 | 自然保护区、风景名胜区和其他需要特殊保护的区域 | 自然保护区、风景名胜区和其他需要特殊保护的区域 |
| 二类区 | 城镇规划区确定的居住区、商业交通居民混合区、文化区、一般工业区和农村地区 | 居住区、商业交通居民混合区、文化区、工业区和农村地区 |
| 三类区 | 特定工业区 | — |

资料来源：笔者根据原环境保护部发布的空气质量标准总结绘制。

表 4-3 　　　　　　　　　　环境空气污染物基本项目浓度限值

| 污染物 | 平均时间 | 浓度限值（毫克/立方米） | |
| --- | --- | --- | --- |
| | | 一级 | 二级 |
| 二氧化硫（SO$_2$） | 年平均值 | 20 | 60 |
| | 日平均值 | 50 | 150 |
| 二氧化氮（NO$_2$） | 年平均值 | 40 | 40 |
| | 日平均值 | 80 | 80 |
| 臭氧（O$_3$） | 1 小时平均平均值 | 160 | 200 |
| | 日最大八小时平均值 | 100 | 160 |
| PM10 | 年平均值 | 40 | 70 |
| | 日平均值 | 50 | 150 |
| PM2.5 | 年平均值 | 15 | 35 |
| | 日平均值 | 35 | 75 |

资料来源：笔者根据环境保护部发布的空气质量标准总结绘制。

　　2012 年上半年出台《环境空气质量指数（AQI）技术规定（试行）》（HJ 633-2012）规定，用空气质量指数（AQI）替代原有的空气污染指数（API）。空气质量指数是定量描述空气质量状况的无量纲指数，评价的主要污染物为细颗粒物（PM10）、可吸入颗粒物（PM2.5）、二氧化硫（SO$_2$）、二氧化氮（NO$_2$）、臭氧（O$_3$）等，主要指标标准如表 4-4 所示。

表 4-4 　　　中国与日本、WHO 对环境空气主要污染物浓度限值对比

| 污染物项目 | 平均时间 | 中国 2012 年标准 | | WHO2005 年标准 | | | | 日本标准 | 单位 |
| --- | --- | --- | --- | --- | --- | --- | --- | --- | --- |
| | | 一级 | 二级 | 准则值 | 过渡值 1 | 过渡值 2 | 过渡值 3 | | |
| 二氧化硫（SO$_2$） | 年平均 | 20 | 60 | — | — | — | — | — | 微克/立方米 |
| | 24 小时平均 | 50 | 150 | 20 | 125 | 50 | — | 114（0.04ppm） | |
| | 1 小时平均 | 150 | 500 | 500 | — | — | — | 286（0.1ppm） | |

续表

| 污染物项目 | 平均时间 | 中国 2012 年标准 | | WHO2005 年标准 | | | | 日本标准 | 单位 |
|---|---|---|---|---|---|---|---|---|---|
| | | 一级 | 二级 | 准则值 | 过渡值 1 | 过渡值 2 | 过渡值 3 | | |
| 二氧化氮（NO₂） | 年平均 | 40 | 40 | 40 | — | — | — | — | 微克/立方米 |
| | 24 小时平均 | 80 | 80 | — | — | — | — | 41~62（0.04~0.06ppm） | |
| | 1 小时平均 | 200 | 200 | 200 | — | — | — | — | |
| 一氧化碳（CO） | 24 小时平均 | 4 | 4 | — | — | — | — | 6.25（10ppm） | |
| | 1 小时平均 | 10 | 10 | — | — | — | — | — | |
| 臭氧（O₃） | 日最大 8 小时平均 | 100 | 160 | 100 | 160 | — | — | — | |
| | 1 小时平均 | 160 | 200 | — | — | — | — | 70（0.06ppm） | |
| 细颗粒物（PM10） | 年平均 | 40 | 70 | 20 | 70 | 50 | 30 | — | |
| | 24 小时平均 | 50 | 150 | 50 | 150 | 100 | 75 | 100 | |
| 可吸入颗粒物（PM2.5） | 年平均 | 15 | 35 | 10 | 35 | 25 | 15 | 15 | |
| | 24 小时平均 | 35 | 75 | 25 | 75 | 50 | 37.5 | 35 | |

注：WHO 标准为 10 分钟平均浓度 500 微克/立方米。

资料来源：笔者根据日本、WHO 及环境保护部发布的空气质量标准总结绘制。

### 2. 污染源行业标准

京津冀及周边地区重点污染源行业类型包括电力、钢铁、水泥等行业，不同行业企业排放标准参照企业所在行业类型及工艺流程等确定，本书主要参照的行业标准主要包括《锅炉大气污染物排放标准》（GB13271-2014）、《钢铁烧结、球团工业大气污染物排放标准》（GB 28662-2012）、《炼铁工业大气污染物排放标准》（GB 28663-2012）、《炼钢工业大气污染物排放标准》（GB 28664-2012）、《轧钢工业大气污染物排放标准》（GB 28665-2012）、《火电厂大气污染物排放标准》（GB 13223-2011）等。

## 五、超标的判定

### 1. 空气质量超标判定

空气质量超标倍数计算公式为式（4-14）：

$$B_i = \frac{(A_i - P_i)}{P_i} \qquad (4-14)$$

其中，$B_i$ 为超标污染物的超标倍数，$A_i$ 为超标污染物的浓度，$P_i$ 为该污染物的排放标准。本书空气质量污染物包括PM2.5、PM10、$SO_2$、$NO_2$、$O_3$。

### 2. 污染源数据超标判定

（1）超标的界定：一次超标就算超标。对污染源数据来说，超标次数按照自动在线监控的数据进行计算，这个企业某一时刻的某一个排口只要有一个污染物超标就记作1；一个排口两种污染物超标就记作2；两个排口同一种污染物超标，也记作2，以此类推。对超标企业数量的界定：无论同一个企业在某一时间段内超标几次，都记作1，只记录不同企业的数量（见表4-5）。

表4-5　　　　　　　　　　　　超标指标考虑的维度

| | 年超标次数 | 年超标率 | 月超标次数 | 月超标率 | 超标企业数量 | 超标企业占比 |
|---|---|---|---|---|---|---|
| 单企业单排口 | 1 | 1 | 1 | 1 | — | — |
| 单个企业 | 1 | 1 | 1 | 1 | — | — |
| 行业 | 1 | 1 | 1 | 1 | 1 | 1 |
| 城市 | 1 | 1 | 1 | 1 | 1 | 1 |
| 省份 | 1 | 1 | 1 | 1 | 1 | 1 |

资料来源：笔者绘制。

# 第五章　大气环境质量特征分析

## 第一节　分析指标

空气质量分析指标包括 PM2.5、PM10、$SO_2$、$NO_2$、$O_3$ 等污染物的年度变化趋势、季节变化趋势、小时变化趋势、优良天数等。本书结合人口指标提出空气质量人口暴露程度的指标，界定了季节指数、年小时均值、空气质量人口暴露程度、达标情况等指标。

### 一、空气质量小时均值变化

本书提出 PM2.5、PM10、$SO_2$、$NO_2$、$O_3$ 等污染物的空气质量小时均值指标，用于识别一天 24 小时内空气质量的变化趋势和规律。小时均值指标有年小时均值、月小时均值等，月小时均值指每月爬取的某种污染物有效数据浓度值各小时的算术平均值，年小时均值指本年度爬取的某种污染物有效数据浓度值各小时的算术平均值。

### 二、空气质量超标情况

美国空气质量达标的判据主要是采用监测值超标个数，通过计算不同时间尺度的超标率，判断不同区域和不同时间范围的空气质量状况，识别主要污染区域和污染时间。以年日均值超标率为例，单个监测站点日均值超标率计算公式为式（5-1）：

$$R_i = \frac{S_n}{S} \times 100\% \qquad (5-1)$$

44

其中，$R_i$ 为监测点污染物 $i$ 年日均值超标率，$S_n$ 为全年该监测点污染物 $i$ 的日均值超标个数，$S$ 为全年该监测点污染物有效日均值总数。

类似地，整个城市空气质量超标率计算中，空气质量数据超标个数为该城市所有监测站点的超标个数，全市日均值超标率计算公式为式（5-2）：

$$C_i = \frac{\sum_{j=1}^{j} S_{i,j}}{\sum_{j=1}^{j} S_j} \times 100\% \qquad (5-2)$$

其中，$C_i$ 为污染物 $i$ 全市日均值超标率；$S_{i,j}$ 为第 $j$ 个监测点 $i$ 种污染物的超标数据总数；$S_j$ 为第 $j$ 个监测点 $i$ 种污染物的有效监测数据总数。

若某城市各站点空气质量某污染物日均浓度的均值超标，则记为该城市该污染物此天超标，由此计算不同污染物的超标天数。

## 三、季节指数

季节指数一般用于经济、社会等活动中商品销售量、市场产量等的预测，如果现象的发展没有季节变动，则各期的季节指数应等于 100%；如果某一月份或季度有明显的季节变化，则各期的季节指数应大于或小于 100%（Liu et al.，2008；慈辉等，2015）。本书用季节指数的指标来反映空气质量不同污染物的季节性变化。季节变动的程度是根据各季节指数与其平均数（100%）的偏差程度来测定的。

$$C = \frac{\overline{x_{ij}}}{\overline{\overline{x_j}}} \qquad (5-3)$$

其中，$\overline{x_{ij}}$ 表示第 $j$ 个城市空气质量污染各年同月或同季观察值的平均数；$\overline{\overline{x_j}}$ 表示第 $j$ 个城市历年间所有月份或季度的平均值。

## 四、空气质量人口暴露程度

空气质量对人群健康有重要影响，WHO 提出了人口暴露程度的概念为"某个人在某段时间内接触到一定浓度的污染物时的事件"，根据 WHO 2014 年的报告，全球约 1/8 的死亡（约 700 万人）和暴露在空气污染中有关（WHO，2014；Omidvarborna et al.，2018），大气颗粒物污染和肺癌有关（Hamra et al.，2014）。由于空气污染造成的经济负担造成的死亡使全球经济在 2013 年损失了大约 2 250 亿美元的劳动收入（世界银行，2016）。

为表征各地区人口受空气质量的影响程度，本书将人口指标加入空气质量评估中，采用空气质量人口暴露程度的指标，京津冀及周边 31 个城市空气质量人口暴露程度用该城市空气质量年均浓度和人口总量的乘积除以该城市区域面积来计算，指标主要意义是第 $m$ 个城市第 $j$ 种污染物单位面积人口数量暴露在空气质量中的浓度（ $AQPE_{mj}$ ）。空气质量人口暴露度计算方法如式（5 - 4）所示：

$$空气质量人口暴露度 AQPE_{mj} = Airquality_{mj} \times Population_j / Area_j \qquad (5-4)$$

$Airquality_{mj}$ 表示第 $j$ 个城市第 $m$ 种污染物的年均值浓度（$O_3$ 为日 8 小时最大平均的 90 分位数），$Population_j$ 表示第 $j$ 个城市的市区人口总量，$Area_j$ 表示第 $j$ 个城市的市区面积。

# 第二节　全国地级城市大气环境质量总体状况

## 一、全国各城市空气质量变化分析

### 1. 全国各城市空气质量监测站点达标状况

此部分主要对 2013~2017 年全国各城市空气质量站点的达标状况进行分析。其中，2013 年收集了 465 个空气质量站点数据，2014 年收集的空气质量监测站点为 876 个，2015 年上升至 1 396 个，2016 年为 1 547 个。2017 年共收集全国城市 1 529 个空气质量监测站点的空气质量监测数据，其中 114 个空气质量站点数据缺失率达到 40%。本部分分析主要对数据有效率在 60% 以上的 1 415 个空气质量监测站点不同污染物的达标情况进行分析。

2017 年，全国各城市 1 415 个空气质量监测站点 PM2.5 年均值达标站点共 373 个，其中达一级标准（≤ 15 微克 / 立方米）的站点有 26 个，达二级标准（15 微克 / 立方米 < 年均值 ≤ 35 微克 / 立方米）的为 357 个，年均值超过 35 微克 / 立方米的站点为 1 042 个，其中超标的空气质量监测站点中，超标 1 倍的站点为 920 个，超标 2 倍及以上的站点为 122 个。

全国各城市 1 415 个空气质量监测站点 PM10 年均值达标站点共 641 个，其中达一级标准（≤ 40 微克 / 立方米）的站点有 112 个，达二级标准（40 微克 / 立方米 <

年均值≤70微克/立方米）的为529个，年均值超过二级标准70微克/立方米的站点为774个。

全国各城市1 415个空气质量监测站点NO<sub>2</sub>年均值达标（≤40微克/立方米）站点共1 031个，年均值超过40微克/立方米的站点为384个。

全国各城市1 415个空气质量监测站点SO<sub>2</sub>年均值达标（≤60微克/立方米）站点共1 395个，其中达一级标准（≤20微克/立方米）的站点有1 020个，达二级标准（20微克/立方米＜年均值≤60微克/立方米）的为375个，有20个站点未达标。

全国各城市1 415个空气质量监测站点CO年均值达标（≤4微克/立方米）站点共1 414个，只有1个监测站点未达标。

全国各城市1 415个空气质量监测站点O<sub>3</sub>年均值达标站点共487个，其中达一级标准（100微克/立方米）的站点仅有5个，达二级标准（100微克/立方米＜年均值≤160微克/立方米）的为482个，超标站点为928个。

从2013~2017年全国空气质量监测站点各污染物年均值达标百分比变化中发现（见图5-1），目前SO<sub>2</sub>和CO达标率较高，尤其可以看出国内各城市控硫的效果非常明显。PM2.5和PM10相对其他污染物来说达标率较低，但是从逐年变化中可以看出国内各城市对PM2.5和PM10的治理效果逐年明显。PM2.5达标率从2013年的8.4%上升为2016年的27.8%。PM10达标率从2013年的27.7%上升为2016年的46.7%，2017年PM2.5和PM10的达标率稍有下降。

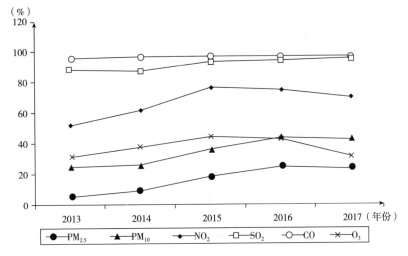

图5-1　2013~2017年全国空气质量监测站点各污染物年均值达标百分比变化

资料来源：笔者根据生态环境部发布的空气质量监测站点数据绘制。

2013~2017 年各城市空气质量监测站点的 $O_3$ 波动较大，2013~2015 年 $O_3$ 达标率逐年升高，到 2016~2017 年又有所下降，尤其是 2017 年 $O_3$ 达标率又重新降至 2013 年的水平。

2. 空气质量区域分布状况

2014 年发布 AQI 日报的有 161 个城市，全年的空气质量优良率在 67% 左右，总体情况不容乐观。年中的空气质量明显好于年末和年初的空气质量，尤其在 8、9 月份，全国范围内优良率超过了 80%，这可能与气候条件以及冬季煤炭使用量增多等原因有关。长三角、成渝城市群、山西中北部城市群以及甘宁城市群的优良率在 70% 上下；而京津冀、山东半岛城市群以及武汉及周边城市群的空气优良率在 50% 以下，情况堪忧。

2015 年，中国所有的地级以上城市均发布了城市空气质量日报，与 2014 年相比，空气质量最差的区域，仍为京津冀地区；新公布的河南省所辖的地级市空气质量也不容乐观；西北阿克苏、喀什等地区，由于风沙原因，全年 PM10 浓度较高，空气质量年优良率也不足 50%。对比 2014 年和 2015 年，在公布 AQI 日报的 161 个城市中，有 125 个城市的年优良率有所提高，36 个城市的年优良率出现下降。

2016 年，1 605 个空气质量监测站点中，PM2.5 年均值超过 35 $\mu g/m^3$ 的站点有 1 220 个，占比为 76.01%；有监测数据的 367 个城市中，空气质量年优良率大于 80% 的城市为 164 个，占比 44.7%，年优良率不足 50% 的城市仍有 32 个，占比 8.7%。与 2015 年相比，2016 年有 250 个城市的年优良率提高，年优良率较低的城市仍集中在京津冀区域及周边地区。

2017 年，全国有 367 个城市发布 AQI 指数、空气质量等级及首要污染物状况，367 个城市总体空气质量优良率达 77.9%，全国范围内首要污染物占比较大的为 $O_3$、PM2.5 及 PM10 三种污染物。

3. 重点区域空气质量变化规律分析

京津冀、长三角、珠三角三大区域都是国家经济最发达的区域，本节研究重点选取京津冀、长三角、珠三角等重点区域，对 2014~2017 年变化趋势进行分析。

（1）京津冀地区。2014~2017年，AQI月均值总体上均呈冬高夏低的变化趋势（除张家口外）。每年的12月至来年的2月，京津冀地区的AQI月均值高于其他月份平均水平，由80左右上升至150以上，达到峰值（见图5-2）。这一变化特点可能与京津冀地区秋冬季大规模燃煤采暖有关，且冬季的气候条件不利于污染物扩散。逐年相比，2016年和2017年冬季的总体AQI水平较2014~2016年有所下降，但夏季的AQI水平仍维持在100左右。

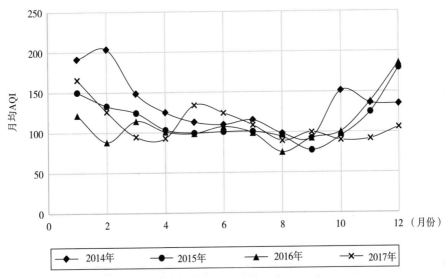

**图5-2　京津冀地区2014~2017年城市AQI月均值对比**
资料来源：笔者根据环境保护部发布的空气质量监测站点数据绘制。

京津冀地区的首要大气污染物主要由PM2.5、$O_3$和PM10组成，其中PM2.5所占比例最大，达到33.61%，PM10所占比例为24.8%，$O_3$所占比达32.5%，比2016年有所提升。2014~2017年，首要大气污染物中PM2.5、PM10的比例逐年下降，而$O_3$和$NO_2$的比例逐年上升。

2014~2017年，京津冀地区的空气质量呈逐年改善的趋势，空气质量以良、轻度污染为主，但情况仍不容乐观。2014年，京津冀地区空气质量级别为优、良的天数所占比例分别为4.3%和37.9%；至2017年，优和良的天数所占比例显著增加，空气质量优良天数占比达56.1%，轻度污染天数比例下降约两个百分点，重度以上污染天数所占比例降至8%左右。

（2）长三角地区。长三角地区的AQI月均值总体上仍呈现首尾高、中间低的变化趋势，AQI的全年最高值出现在1月或12月，最低值出现在8月或9月；2014~2017年，AQI整体水平逐年下降（见图5-3）。值得注意的是，在2015年的5、6月，淮安、盐城、宿迁和泰州等城市的AQI水平出现短暂上升，并在7月迅速回落，但长三角地区的平均AQI水平并未出现突增的现象。这一变化趋势可能仍与江苏北部地区的秸秆焚烧现象有关。随着相关政策的落实和较好的扩散条件，2017年长三角地区在该期间的AQI水平变化则更为平稳。

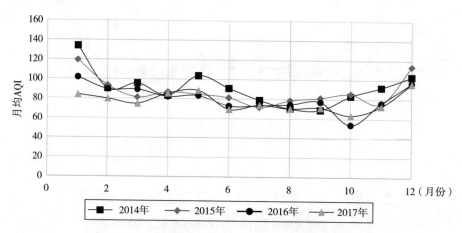

**图5-3　长三角地区2014~2017年城市AQI月均值对比**
资料来源：笔者根据环境保护部发布的空气质量监测站点数据绘制。

长三角地区的首要大气污染物主要由PM2.5、PM10和$O_3$组成。2014~2017年，长三角地区的首要大气污染物中PM2.5、PM10的比例呈下降趋势，但$O_3$所占比例呈上升趋势，由2014年的26.3%升至2017年的45.18%，$NO_2$的比例也由8.1%升至10.93%。长三角地区快速的城市建设和高机动车保有量仍是该地区空气污染物的主要来源。

2014~2017年，长三角地区的空气质量以良为主，全年中空气质量级别为优、良的天数比例均达到70%及以上，且呈逐年上升趋势。同时，轻度污染以上级别的天数所占比例则呈逐年降低的趋势，自2016年起，重度污染以上级别的天数比例降至 1% 以下。

（3）珠三角地区。珠三角地区的 AQI 总体处于较低水平，AQI 月均值大部分时间处于 40~80 的范围内，其全年变化趋势呈现首尾高中间低的特点。其中，珠三角地区各城市的 AQI 均在 3 月、6~9 月出现了上升后回落。2014~2017年，除 5 月份外，珠三角地区的 AQI 水平整体呈下降趋势（见图 5-4）。珠三角地区的气候和地理条件利于污染物的扩散，是该地区 AQI 水平相对较低的原因之一。此外，产业结构的优化和燃煤量减少也是该地区能维持较好空气质量的原因。

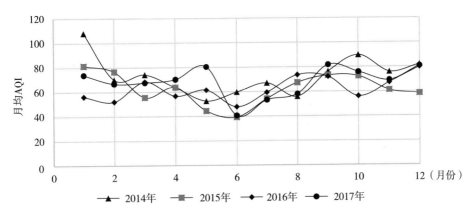

**图 5-4　珠三角地区 2014~2017 年城市 AQI 月均值对比**

资料来源：笔者根据环境保护部发布的空气质量监测站点数据绘制。

与长三角地区的首要空气污染物的组成不同，$O_3$、PM2.5 和 $NO_2$ 是珠三角地区首要大气污染物的主要成分，其中 $O_3$ 为首要污染物的天数占比为 46.5%。2014~2017 年，以 PM2.5 为首要污染物的天数显著减少，所占比例由 39.3% 降至 22.6%，而 $NO_2$ 和 $O_3$ 在首要污染物中的比例逐年增加。

在三大地区中，珠三角地区的空气质量最优。全年空气质量级别为优、良的天数所占比例达到 80% 以上。2014~2017 年，空气质量级别为优和良的占比超过 80%，轻度污染以上级别的天数呈逐年减少的趋势，重度污染以上级别的天数占比为 0.64%。

# 第三节 京津冀及周边地区空气质量时空分布特征

## 一、空气质量总体情况

2015~2018 年，京津冀及周边包括大气污染传输通道在内的 31 个城市 AQI 显著改善，尤其是衡水、保定、聊城、德州、济南等城市。从空间分布来看，石家庄、邯郸、安阳、开封等城市空气质量 AQI 总体差于京津冀及周边其他城市，2018 年，这些城市 AQI 仍未达到国家标准（见表 5-1）。

表 5-1　　　　2013~2018 年京津冀及周边 31 个城市 AQI 变化情况

| 城市 | 2013 年 | 2014 年 | 2015 年 | 2016 年 | 2017 年 | 2018 年 |
|------|---------|---------|---------|---------|---------|---------|
| 北京 | 110.5 | 114.5 | 114.2 | 102.4 | 88.7 | 82 |
| 天津 | 101.6 | 106.5 | 103.3 | 101.1 | 91.6 | 83 |
| 石家庄 | 197.1 | 161.8 | 121.3 | 128.9 | 123.0 | 107 |
| 唐山 | 141.8 | 136.1 | 119.9 | 107.6 | 102.7 | 92 |
| 邯郸 | 159.3 | 154.1 | 128.8 | 119.9 | 125.7 | 106 |
| 邢台 | 195.7 | 178.2 | 138.3 | 120.9 | 121.4 | 106 |
| 保定 | 156.9 | 171.5 | 144.3 | 127.2 | 120.7 | 98 |
| 沧州 | 121.7 | 122.6 | 103.5 | 101.2 | 99.8 | 88 |
| 廊坊 | 137.3 | 129.8 | 121.3 | 99.9 | 94.2 | 83 |
| 衡水 | 153.3 | 153.0 | 140.8 | 126.8 | 116.4 | 91 |
| 太原 | 107.5 | 102.9 | 91.4 | 95.4 | 104.4 | 100 |
| 阳泉 | 100.4 | 115.2 | 89.2 | 100.1 | 101.4 | 92 |
| 长治 | 126.5 | 95.8 | 94.9 | 101.4 | 97.6 | 82 |
| 晋城 | / | / | 88.2 | 92.1 | 103.7 | 97 |
| 晋中 | / | / | 87.6 | 94.3 | 99.1 | 88 |
| 济南 | 126.3 | 122.1 | 129.0 | 114.4 | 105.1 | 89 |
| 淄博 | 164.3 | 123.4 | 125.0 | 109.6 | 102.3 | 88 |
| 济宁 | 198.3 | 124.3 | 115.2 | 103.0 | 94.7 | 82 |
| 泰安 | 157.7 | 110.2 | 104.0 | 103.4 | 95.2 | 83 |

续表

| 城市 | 2013 年 | 2014 年 | 2015 年 | 2016 年 | 2017 年 | 2018 年 |
|------|---------|---------|---------|---------|---------|---------|
| 莱芜 | 157.3 | 127.5 | 120.8 | 112.1 | 103.1 | 92 |
| 德州 | 179.0 | 133.8 | 139.2 | 123.4 | 108.7 | 91 |
| 聊城 | 207.0 | 128.2 | 134.2 | 123.1 | 110.5 | 94 |
| 滨州 | 141.5 | 113.4 | 112.1 | 106.7 | 100.1 | 85 |
| 菏泽 | 201.8 | 135.4 | 129.7 | 119.3 | 108.5 | 95 |
| 郑州 | 128.6 | 124.3 | 135.0 | 118.6 | 111.8 | 100 |
| 开封 | 94.8 | 115.1 | 108.3 | 107.3 | 105.5 | 101 |
| 安阳 | 99.6 | 126.1 | 125.7 | 121.9 | 122.4 | 110 |
| 鹤壁 | / | / | 104.5 | 109.2 | 103.4 | 90 |
| 新乡 | / | / | 128.3 | 120.9 | 103.5 | 93 |
| 焦作 | 80.3 | 103.9 | 121.9 | 118.7 | 111.7 | 101 |
| 濮阳 | / | / | 117.0 | 111.6 | 106.5 | 96 |

资料来源：笔者根据生态环境部空气质量监测点的自动监测数据计算所得。

京津冀及周边地区 31 个城市中，2013~2018 年，北京、唐山、邢台、保定、沧州、廊坊、衡水、济南、淄博、泰安、莱芜、德州、聊城、郑州、滨州、菏泽、焦作、新乡等大部分城市的 PM2.5、PM10 浓度均有显著下降（见表 5-2），2018 年 31 个城市的 PM2.5 年均浓度为 58.5 微克 / 立方米，比 2017 年 85.6 微克 / 立方米下降 46.3%，但是仍未达到国家二级标准。

表 5-2　　2015~2018 年京津冀及周边 31 个城市 PM2.5 浓度时空分布

| 城市 | 2013 年 | 2014 年 | 2015 年 | 2016 年 | 2017 年 | 2018 年 |
|------|---------|---------|---------|---------|---------|---------|
| 北京 | 78.7 | 82.0 | 79.4 | 69.3 | 56.3 | 50.8 |
| 天津 | 71.4 | 73.2 | 70.0 | 68.4 | 59.8 | 51.2 |
| 石家庄 | 130.4 | 118.1 | 86.6 | 92.3 | 82.8 | 70.5 |
| 唐山 | 102.9 | 97.9 | 84.0 | 72.6 | 65.8 | 59.9 |
| 邯郸 | 112.7 | 111.7 | 90.3 | 80.5 | 85.6 | 67.7 |
| 邢台 | 136.3 | 129.7 | 100.5 | 85.6 | 80.6 | 67.6 |

续表

| 城市 | 2013 年 | 2014 年 | 2015 年 | 2016 年 | 2017 年 | 2018 年 |
|------|---------|---------|---------|---------|---------|---------|
| 保定 | 104.9 | 124.0 | 105.8 | 90.8 | 83.4 | 65.0 |
| 沧州 | 87.1 | 86.3 | 69.1 | 67.4 | 65.6 | 57.3 |
| 廊坊 | 95.7 | 91.4 | 84.3 | 64.6 | 59.3 | 51.3 |
| 衡水 | 106.8 | 105.9 | 98.5 | 87.3 | 76.9 | 60.6 |
| 太原 | 67.6 | 67.1 | 58.9 | 61.1 | 65.3 | 58.6 |
| 阳泉 | 44.2 | 68.2 | 53.6 | 60.0 | 63.4 | 58.4 |
| 长治 | 85.0 | 65.8 | 63.6 | 68.8 | 62.4 | 51.7 |
| 晋城 | / | / | 56.2 | 59.6 | 63.9 | 59.3 |
| 晋中 | / | / | 56.6 | 60.6 | 61.8 | 53.6 |
| 济南 | 82.3 | 85.6 | 89.7 | 75.3 | 64.6 | 51.9 |
| 淄博 | 123.2 | 86.2 | 87.2 | 74.6 | 65.6 | 55.2 |
| 济宁 | 154.7 | 88.2 | 80.6 | 69.8 | 56.7 | 49.0 |
| 泰安 | 119.3 | 76.0 | 68.7 | 65.6 | 58.2 | 50.4 |
| 莱芜 | 115.3 | 92.7 | 87.0 | 76.4 | 66.9 | 59.6 |
| 德州 | 145.9 | 87.5 | 100.7 | 81.9 | 68.6 | 54.1 |
| 聊城 | 161.0 | 92.1 | 98.1 | 85.8 | 72.4 | 59.0 |
| 滨州 | 114.2 | 80.6 | 79.1 | 73.6 | 66.7 | 54.6 |
| 菏泽 | 159.7 | 98.6 | 93.7 | 80.8 | 70.3 | 57.4 |
| 郑州 | 91.8 | 86.6 | 94.9 | 77.8 | 71.2 | 62.7 |
| 开封 | 28.8 | 80.6 | 73.7 | 70.9 | 67.9 | 63.0 |
| 安阳 | 69.6 | 89.9 | 90.3 | 83.2 | 82.5 | 72.3 |
| 鹤壁 | / | / | 69.8 | 71.9 | 64.8 | 54.2 |
| 新乡 | / | / | 92.9 | 84.0 | 66.3 | 59.7 |
| 焦作 | 18.3 | 71.8 | 85.9 | 84.6 | 75.6 | 65.8 |
| 濮阳 | / | / | 80.7 | 67.9 | 69.8 | 61.6 |
| 平均 | 100.3 | 89.9 | 81.6 | 74.6 | 68.4 | 58.5 |

资料来源：笔者根据生态环境部空气质量监测点的自动监测数据计算所得。

2018 年 PM10 年均浓度为 110.5 微克 / 立方米，比 2017 年 156 微克 / 立方米下降 41.2%，但是京津冀及周边 31 个城市 PM10 年均浓度仍未达到国家二级标准（见表 5-3）。

表 5-3　　2015~2018 年京津冀及周边 31 个城市 PM10 浓度时空分布

| 城市 | 2013 年 | 2014 年 | 2015 年 | 2016 年 | 2017 年 | 2018 年 |
|---|---|---|---|---|---|---|
| 北京 | 77.0 | 88.5 | 99.2 | 92.8 | 84.1 | 78.0 |
| 天津 | 95.7 | 101.0 | 118.7 | 106.3 | 98.1 | 85.7 |
| 石家庄 | 260.6 | 198.6 | 146.7 | 158.5 | 152.9 | 132.6 |
| 唐山 | 151.7 | 153.9 | 140.3 | 126.6 | 120.1 | 113.1 |
| 邯郸 | 190.1 | 153.4 | 166.9 | 150.9 | 156.2 | 133.0 |
| 保定 | 175.7 | 191.1 | 174.8 | 145.7 | 136.1 | 113.1 |
| 邢台 | 251.6 | 220.3 | 172.2 | 143.4 | 150.6 | 132.4 |
| 沧州 | 88.8 | 128.9 | 119.9 | 109.0 | 107.3 | 101.8 |
| 衡水 | 188.5 | 185.0 | 173.7 | 143.1 | 137.6 | 101.1 |
| 廊坊 | 162.4 | 148.0 | 137.6 | 111.0 | 104.2 | 98.8 |
| 阳泉 | 107.3 | 139.5 | 112.7 | 128.4 | 121.5 | 113.1 |
| 晋城 | / | / | 109.9 | 108.8 | 120.0 | 120.2 |
| 太原 | 120.1 | 123.8 | 108.9 | 115.7 | 129.5 | 134.0 |
| 长治 | 133.9 | 110.4 | 105.3 | 114.4 | 106.9 | 96.1 |
| 晋中 | / | / | 99.9 | 108.4 | 116.6 | 111.7 |
| 济南 | 158.5 | 147.4 | 162.6 | 146.7 | 130.8 | 111.9 |
| 济宁 | 211.9 | 151.3 | 138.7 | 115.2 | 110.0 | 100.5 |
| 聊城 | 268.0 | 156.0 | 160.1 | 150.5 | 137.0 | 115.1 |
| 莱芜 | 159.9 | 125.3 | 135.7 | 134.3 | 124.6 | 110.8 |
| 淄博 | 184.7 | 146.8 | 159.6 | 132.5 | 122.4 | 106.8 |
| 德州 | 153.8 | 139.8 | 163.1 | 152.4 | 126.1 | 108.5 |
| 泰安 | 170.4 | 127.8 | 126.5 | 115.2 | 98.7 | 98.5 |
| 滨州 | 143.0 | 104.3 | 125.3 | 126.0 | 104.5 | 92.9 |
| 菏泽 | 242.4 | 157.9 | 153.4 | 142.1 | 134.6 | 118.3 |

| 城市 | 2013 年 | 2014 年 | 2015 年 | 2016 年 | 2017 年 | 2018 年 |
|---|---|---|---|---|---|---|
| 郑州 | 127.6 | 132.4 | 165.1 | 143.4 | 131.2 | 115.0 |
| 新乡 | / | / | 158.1 | 143.5 | 117.6 | 109.1 |
| 安阳 | 117.3 | 125.3 | 149.2 | 149.4 | 141.0 | 126.7 |
| 焦作 | 110.8 | 118.3 | 148.3 | 141.2 | 130.3 | 122.8 |
| 濮阳 | / | / | 139.0 | 138.0 | 117.3 | 103.6 |
| 开封 | 139.8 | 108.4 | 128.1 | 123.6 | 114.7 | 110.0 |
| 鹤壁 | / | / | 122.6 | 129.5 | 122.1 | 111.5 |

资料来源：笔者根据生态环境部空气质量监测点的自动监测数据计算所得。

2018 年京津冀及周边地区 31 城市各 $SO_2$ 年均值均达到二级及以上标准（见表 5-4），说明近年来国家 $SO_2$ 污染控制效果明显。

表 5-4　　　2015~2018 年京津冀及周边 31 个城市 $SO_2$ 浓度时空分布

| 城市 | 2013 年 | 2014 年 | 2015 年 | 2016 年 | 2017 年 | 2018 年 |
|---|---|---|---|---|---|---|
| 北京 | 21.1 | 19.7 | 12.6 | 9.6 | 7.3 | 6.0 |
| 天津 | 36.7 | 33.6 | 28.4 | 20.9 | 20.9 | 11.8 |
| 石家庄 | 81.0 | 62.7 | 48.8 | 41.5 | 32.1 | 21.4 |
| 保定 | 48.9 | 60.8 | 54.3 | 39.3 | 28.5 | 19.8 |
| 唐山 | 82.8 | 70.5 | 48.3 | 45.1 | 39.3 | 32.9 |
| 沧州 | 47.5 | 41.9 | 39.3 | 36.2 | 30.7 | 22.8 |
| 衡水 | 55.3 | 41.4 | 35.6 | 30.1 | 18.9 | 13.8 |
| 邯郸 | 73.8 | 53.7 | 44.9 | 42.3 | 36.7 | 20.5 |
| 廊坊 | 33.8 | 33.4 | 23.2 | 18.1 | 13.3 | 10.5 |
| 邢台 | 87.6 | 73.8 | 59.9 | 52.4 | 38.4 | 24.8 |
| 太原 | 61.0 | 65.8 | 68.3 | 62.8 | 52.4 | 27.9 |
| 晋中 | / | / | 71.0 | 84.6 | 83.7 | 35.3 |
| 阳泉 | 76.5 | 76.9 | 58.4 | 61.3 | 49.4 | 30.1 |
| 晋城 | / | / | 55.2 | 66.2 | 45.2 | 23.9 |

续表

| 城市 | 2013 年 | 2014 年 | 2015 年 | 2016 年 | 2017 年 | 2018 年 |
|------|---------|---------|---------|---------|---------|---------|
| 长治 | 32.0 | 36.4 | 48.8 | 61.4 | 43.6 | 20.3 |
| 济南 | 68.7 | 60.8 | 46.3 | 37.7 | 25.0 | 16.7 |
| 济宁 | 117.5 | 66.2 | 56.7 | 43.0 | 26.5 | 19.4 |
| 莱芜 | 144.9 | 91.8 | 59.0 | 44.3 | 30.7 | 19.7 |
| 淄博 | 158.6 | 103.8 | 81.7 | 57.9 | 40.3 | 25.5 |
| 滨州 | 92.2 | 65.4 | 56.6 | 36.4 | 29.6 | 22.0 |
| 德州 | 84.1 | 54.9 | 42.9 | 34.7 | 23.0 | 15.3 |
| 聊城 | 89.6 | 48.2 | 41.8 | 31.5 | 18.7 | 14.6 |
| 菏泽 | 85.1 | 52.4 | 40.0 | 34.6 | 22.7 | 12.7 |
| 泰安 | 85.1 | 50.8 | 39.4 | 36.4 | 24.7 | 17.3 |
| 郑州 | 47.6 | 41.0 | 32.2 | 28.7 | 20.4 | 14.3 |
| 开封 | 36.8 | 29.0 | 30.5 | 27.8 | 19.9 | 15.8 |
| 焦作 | 58.0 | 57.8 | 48.2 | 41.4 | 23.9 | 16.5 |
| 新乡 | / | / | 48.2 | 40.9 | 27.6 | 18.4 |
| 安阳 | 54.5 | 47.8 | 48.6 | 49.1 | 30.2 | 21.0 |
| 鹤壁 | / | / | 44.0 | 43.0 | 28.1 | 18.3 |
| 濮阳 | / | / | 29.4 | 29.3 | 20.0 | 15.4 |

资料来源：笔者根据生态环境部空气质量监测点的自动监测数据计算所得。

2018 年，京津冀及周边地区 31 个城市中，唐山、太原、郑州、邢台、新乡、石家庄、廊坊、天津、济南、保定、晋中、阳泉、鹤壁、安阳市等城市 $NO_2$ 空气质量年均值超标（见表 5-5），$NO_2$ 污染控制需要进一步改善。

表 5-5　　2015~2018 年京津冀及周边 31 个城市 $NO_2$ 浓度时空分布

| 城市 | 2013 年 | 2014 年 | 2015 年 | 2016 年 | 2017 年 | 2018 年 |
|------|---------|---------|---------|---------|---------|---------|
| 北京 | 44.4 | 51.0 | 47.8 | 44.9 | 43.8 | 40.3 |
| 天津 | 35.9 | 47.3 | 41.1 | 47.3 | 52.5 | 44.4 |
| 石家庄 | 56.7 | 48.0 | 48.0 | 53.2 | 50.7 | 46.2 |
| 唐山 | 55.8 | 59.0 | 60.0 | 57.3 | 58.3 | 53.8 |

续表

| 城市 | 2013 年 | 2014 年 | 2015 年 | 2016 年 | 2017 年 | 2018 年 |
|------|---------|---------|---------|---------|---------|---------|
| 邯郸 | 50.5 | 43.8 | 46.5 | 54.2 | 51.1 | 39.8 |
| 邢台 | 61.5 | 60.4 | 59.4 | 60.4 | 56.2 | 46.8 |
| 保定 | 46.3 | 50.8 | 53.5 | 56.7 | 49.8 | 43.8 |
| 沧州 | 30.5 | 30.7 | 40.8 | 46.8 | 46.4 | 40.3 |
| 廊坊 | 40.7 | 46.2 | 46.5 | 50.5 | 47.6 | 44.6 |
| 衡水 | 42.2 | 39.6 | 43.4 | 44.5 | 39.9 | 31.6 |
| 太原 | 36.9 | 34.0 | 35.9 | 41.3 | 50.7 | 49.0 |
| 阳泉 | 41.5 | 38.7 | 40.0 | 45.2 | 47.8 | 42.3 |
| 长治 | 39.3 | 37.8 | 37.1 | 38.8 | 40.6 | 29.1 |
| 晋城 | / | / | 33.5 | 36.5 | 42.4 | 37.9 |
| 晋中 | / | / | 31.4 | 34.5 | 43.4 | 42.4 |
| 济南 | 46.7 | 48.3 | 51.3 | 47.6 | 47.5 | 44.1 |
| 淄博 | 75.4 | 60.6 | 61.1 | 51.9 | 46.7 | 40.1 |
| 济宁 | 59.7 | 46.6 | 44.0 | 41.9 | 40.8 | 35.0 |
| 泰安 | 68.7 | 43.9 | 41.9 | 38.9 | 37.8 | 34.0 |
| 莱芜 | 73.2 | 47.0 | 48.3 | 45.9 | 42.7 | 39.1 |
| 德州 | 54.8 | 37.6 | 42.1 | 38.3 | 39.0 | 33.3 |
| 聊城 | 71.6 | 44.8 | 42.0 | 41.0 | 40.4 | 37.0 |
| 滨州 | 56.0 | 42.8 | 41.9 | 35.7 | 40.5 | 37.5 |
| 菏泽 | 60.6 | 42.3 | 39.5 | 35.8 | 39.4 | 35.6 |
| 郑州 | 45.1 | 49.1 | 55.0 | 52.9 | 52.2 | 47.4 |
| 开封 | 21.8 | 28.2 | 40.3 | 39.5 | 38.4 | 33.5 |
| 安阳 | 65.5 | 46.2 | 47.9 | 48.4 | 48.0 | 41.4 |
| 鹤壁 | / | / | 49.5 | 51.9 | 46.5 | 41.7 |
| 新乡 | / | / | 50.9 | 47.6 | 49.7 | 46.3 |
| 焦作 | 37.7 | 42.6 | 46.1 | 43.5 | 40.1 | 38.0 |
| 濮阳 | / | / | 41.1 | 41.4 | 39.4 | 33.3 |

资料来源：笔者根据生态环境部空气质量监测点的自动监测数据计算所得。

2018年天津、石家庄、唐山、邯郸、邢台、保定、沧州、廊坊、太原、阳泉、晋城、晋中、济南、淄博等城市$O_3$最大8小时第90分位数浓度相对2015年有所上升，$O_3$排放恶化明显（见表5-6），从空间分布来看，2018年31个城市最大8小时第90分位数浓度均超过160微克/立方米，高达211微克/立方米，京津冀及周边地区城市空气质量治理情况任重道远。

表5-6　　2015~2018年京津冀及周边31个城市$O_3$浓度时空分布

| 城市 | 2015年 | 2016年 | 2017年 | 2018年 |
|---|---|---|---|---|
| 北京 | 199 | 200 | 193 | 204 |
| 天津 | 142 | 166 | 168 | 178 |
| 石家庄 | 145 | 160 | 196 | 206 |
| 唐山 | 183 | 181 | 204 | 196 |
| 邯郸 | 138 | 160 | 194 | 211 |
| 邢台 | 142 | 156 | 209 | 193 |
| 保定 | 179 | 170 | 217 | 201 |
| 沧州 | 167 | 183 | 194 | 200 |
| 廊坊 | 174 | 180 | 205 | 192 |
| 衡水 | 183 | 191 | 188 | 191 |
| 太原 | 129 | 136 | 182 | 210 |
| 阳泉 | 123 | 170 | 196 | 199 |
| 长治 | 161 | 158 | 187 | 200 |
| 晋城 | 88 | 137 | 213 | 209 |
| 晋中 | 118 | 143 | 193 | 180 |
| 济南 | 177 | 184 | 192 | 189 |
| 淄博 | 177 | 179 | 192 | 188 |
| 济宁 | 171 | 172 | 195 | 185 |
| 泰安 | 175 | 201 | 207 | 208 |
| 莱芜 | 149 | 174 | 177 | 200 |
| 德州 | 192 | 200 | 209 | 203 |
| 聊城 | 170 | 177 | 189 | 186 |

| 城市 | 2015 年 | 2016 年 | 2017 年 | 2018 年 |
|------|---------|---------|---------|---------|
| 滨州 | 150 | 143 | 182 | 194 |
| 菏泽 | 161 | 181 | 175 | 198 |
| 郑州 | 155 | 175 | 198 | 192 |
| 开封 | 128 | 152 | 182 | 210 |
| 安阳 | 153 | 162 | 219 | 192 |
| 鹤壁 | 142 | 159 | 201 | 190 |
| 新乡 | 150 | 172 | 210 | 188 |
| 焦作 | 156 | 167 | 209 | 187 |
| 濮阳 | 142 | 177 | 179 | 197 |

资料来源：笔者根据生态环境部空气质量监测点的自动监测数据计算所得。

2015~2018 年，京津冀及周边 31 个城市 CO 浓度呈逐年降低的趋势，并且 CO 排放浓度较为乐观（见表 5-7）。

表 5-7    2015~2018 年京津冀及周边 31 个城市 CO 浓度时空分布

| 城市 | 2013 年 | 2014 年 | 2015 年 | 2016 年 | 2017 年 | 2018 年 |
|------|---------|---------|---------|---------|---------|---------|
| 北京 | 2.43 | 2.36 | 1.27 | 1.12 | 0.95 | 0.82 |
| 天津 | 2.93 | 2.45 | 1.37 | 1.37 | 1.44 | 1.04 |
| 石家庄 | 3.32 | 3.07 | 1.35 | 1.48 | 1.38 | 1.12 |
| 唐山 | 4.50 | 4.13 | 2.13 | 2.25 | 1.96 | 1.67 |
| 邯郸 | 3.56 | 2.94 | 1.60 | 1.82 | 1.63 | 1.19 |
| 邢台 | 2.96 | 3.40 | 1.80 | 1.73 | 1.68 | 1.33 |
| 保定 | 4.22 | 4.48 | 1.87 | 1.60 | 1.27 | 0.99 |
| 沧州 | 2.87 | 2.37 | 1.21 | 1.25 | 1.02 | 0.79 |
| 廊坊 | 2.44 | 2.50 | 1.41 | 1.35 | 1.17 | 1.06 |
| 衡水 | 2.07 | 2.40 | 1.50 | 1.33 | 1.06 | 0.87 |
| 太原 | 2.30 | 2.79 | 1.61 | 1.47 | 1.31 | 1.02 |
| 阳泉 | 6.61 | 2.37 | 1.31 | 1.49 | 1.36 | 1.16 |

| 城市 | 2013 年 | 2014 年 | 2015 年 | 2016 年 | 2017 年 | 2018 年 |
|------|---------|---------|---------|---------|---------|---------|
| 长治 | 3.32 | 3.14 | 1.96 | 2.01 | 1.68 | 1.25 |
| 晋城 | / | / | 1.83 | 1.99 | 2.01 | 1.38 |
| 晋中 | / | / | 1.43 | 1.40 | 1.50 | 1.13 |
| 济南 | 2.00 | 2.06 | 1.40 | 1.24 | 1.08 | 0.84 |
| 淄博 | 4.05 | 2.84 | 2.11 | 1.89 | 1.76 | 1.33 |
| 济宁 | 2.35 | 1.89 | 1.31 | 1.18 | 1.07 | 0.92 |
| 泰安 | 3.24 | 2.33 | 1.55 | 1.20 | 1.09 | 0.88 |
| 莱芜 | 3.06 | 2.36 | 1.63 | 1.49 | 1.22 | 1.07 |
| 德州 | 3.01 | 2.32 | 1.96 | 1.63 | 1.41 | 0.96 |
| 聊城 | 3.52 | 2.72 | 1.73 | 1.55 | 1.21 | 0.99 |
| 滨州 | 2.77 | 3.24 | 2.09 | 1.74 | 1.48 | 1.05 |
| 菏泽 | 3.40 | 2.27 | 1.71 | 1.46 | 1.39 | 1.13 |
| 郑州 | 4.15 | 2.81 | 1.52 | 1.50 | 1.21 | 1.00 |
| 开封 | 0.96 | 2.28 | 1.57 | 1.56 | 1.21 | 1.03 |
| 安阳 | 1.43 | 1.75 | 2.06 | 2.18 | 1.87 | 1.54 |
| 鹤壁 | / | / | 1.50 | 1.97 | 1.70 | 1.33 |
| 新乡 | / | / | 1.36 | 1.48 | 1.45 | 1.20 |
| 焦作 | 0.57 | 2.24 | 1.78 | 1.80 | 1.48 | 1.18 |
| 濮阳 | / | / | 1.60 | 1.46 | 1.50 | 1.08 |

资料来源：笔者根据生态环境部空气质量监测点的自动监测数据计算所得。

## 二、京津冀及周边地区空气质量达 / 超标情况

本书比较了京津冀及周边包括大气污染传输通道城市在内的 31 个城市的 AQI 及各项污染物的达 / 超标天数（见表 5-8）。2018 年，泰安、石家庄、邯郸、邢台、安阳 AQI 级别为轻度污染及以上的天数分别达 160 天、153 天、144 天、144 天及 143 天。石家庄、保定、安阳、邢台、邯郸等城市 PM2.5 超标天数均超过 104 天。泰安、邢台、石家庄、邯郸、安阳等城市 PM10 超标天数超

过 100 天。2018 年,除晋中个别城市个别天数 SO₂ 超标外,SO₂ 全部达标,另外,
2015~2018 年,NO₂ 超标天数也显著减少,近年来国家针对工业固定源,采用
脱硫脱硝装置等,如电力行业新建、改造脱硫装置,钢铁行业新建、改造脱硝
装置等措施,硫氧化物和氮氧化物控制效果显著。

表 5-8 　　　　　　2015 年和 2018 年京津冀及周边 31 个城市
空气质量不同污染物超标天数比较

| 城市 | AQI 超标天数 | | PM2.5 超标天数 | | O₃ 超标天数 | | SO₂ 超标天数 | | PM10 超标天数 | | NO₂ 超标天数 | |
|---|---|---|---|---|---|---|---|---|---|---|---|---|
| | 2015年 | 2018年 | 2015年 | 2018年 | 2015年 | 2018年 | 2015年 | 2018年 | 2015年 | 2018年 | 2015年 | 2018年 |
| 安阳 | 199 | 143 | 170 | 109 | 28 | 73 | 9 | 0 | 142 | 100 | 30 | 10 |
| 保定 | 225 | 134 | 204 | 115 | 56 | 99 | 18 | 0 | 180 | 92 | 52 | 31 |
| 北京 | 160 | 96 | 142 | 75 | 65 | 65 | 0 | 0 | 72 | 42 | 44 | 17 |
| 滨州 | 185 | 101 | 170 | 85 | 23 | 111 | 8 | 0 | 95 | 49 | 13 | 11 |
| 沧州 | 156 | 98 | 127 | 76 | 44 | 91 | 1 | 0 | 101 | 59 | 13 | 10 |
| 德州 | 246 | 109 | 219 | 78 | 83 | 98 | 3 | 0 | 166 | 69 | 26 | 5 |
| 邯郸 | 223 | 144 | 189 | 104 | 10 | 86 | 4 | 0 | 182 | 105 | 26 | 13 |
| 菏泽 | 238 | 114 | 209 | 75 | 39 | 78 | 0 | 0 | 151 | 86 | 10 | 3 |
| 鹤壁 | 134 | 97 | 103 | 740 | 11 | 82 | 2 | 0 | 86 | 76 | 33 | 14 |
| 衡水 | 249 | 96 | 197 | 82 | 63 | 80 | 0 | 0 | 174 | 56 | 31 | 4 |
| 济南 | 223 | 101 | 194 | 66 | 53 | 104 | 2 | 0 | 172 | 68 | 37 | 20 |
| 济宁 | 197 | 78 | 157 | 53 | 61 | 87 | 2 | 0 | 128 | 50 | 14 | 4 |
| 焦作 | 190 | 117 | 168 | 97 | 33 | 85 | 3 | 0 | 140 | 87 | 20 | 14 |
| 晋城 | 99 | 131 | 84 | 88 | 0 | 105 | 11 | 0 | 69 | 81 | 2 | 2 |
| 晋中 | 111 | 99 | 86 | 60 | 13 | 64 | 51 | 7 | 56 | 64 | 0 | 6 |
| 开封 | 163 | 124 | 120 | 92 | 17 | 72 | 0 | 0 | 100 | 76 | 15 | 4 |
| 莱芜 | 199 | 114 | 183 | 87 | 18 | 93 | 12 | 0 | 120 | 74 | 22 | 10 |
| 廊坊 | 181 | 80 | 155 | 61 | 45 | 73 | 0 | 0 | 130 | 61 | 35 | 24 |
| 聊城 | 233 | 115 | 212 | 83 | 56 | 98 | 0 | 0 | 162 | 76 | 17 | 6 |
| 濮阳 | 194 | 114 | 156 | 86 | 21 | 69 | 0 | 0 | 113 | 62 | 16 | 8 |

续表

| 城市 | AQI 超标天数 | | PM2.5 超标天数 | | $O_3$ 超标天数 | | $SO_2$ 超标天数 | | PM10 超标天数 | | $NO_2$ 超标天数 | |
|---|---|---|---|---|---|---|---|---|---|---|---|---|
| | 2015年 | 2018年 | 2015年 | 2018年 | 2015年 | 2018年 | 2015年 | 2018年 | 2015年 | 2018年 | 2015年 | 2018年 |
| 石家庄 | 195 | 153 | 175 | 124 | 17 | 75 | 12 | 0 | 136 | 115 | 48 | 35 |
| 太原 | 151 | 77 | 115 | 67 | 55 | 82 | 0 | 0 | 99 | 44 | 8 | 3 |
| 泰安 | 124 | 160 | 104 | 96 | 17 | 70 | 48 | 2 | 72 | 130 | 0 | 21 |
| 唐山 | 200 | 111 | 173 | 89 | 53 | 75 | 2 | 0 | 138 | 76 | 56 | 26 |
| 天津 | 152 | 85 | 128 | 62 | 22 | 86 | 1 | 0 | 89 | 32 | 29 | 21 |
| 新乡 | 225 | 110 | 200 | 88 | 33 | 92 | 5 | 0 | 159 | 73 | 39 | 22 |
| 邢台 | 229 | 144 | 205 | 105 | 19 | 87 | 25 | 0 | 189 | 122 | 55 | 18 |
| 阳泉 | 95 | 111 | 71 | 86 | 13 | 69 | 22 | 0 | 81 | 73 | 4 | 5 |
| 长治 | 122 | 79 | 95 | 58 | 36 | 83 | 14 | 0 | 49 | 49 | 6 | 1 |
| 郑州 | 235 | 120 | 198 | 90 | 36 | 66 | 0 | 0 | 187 | 83 | 43 | 24 |
| 淄博 | 227 | 94 | 187 | 71 | 59 | 102 | 31 | 0 | 189 | 61 | 49 | 7 |

资料来源：笔者根据生态环境部空气质量监测点的自动监测数据计算所得。

## 三、空气质量人口暴露程度

对京津冀及周边包括大气污染传输通道在内的 31 个城市的空气质量进行进一步分析，引入空气质量人口暴露程度的指标，因人口、地区面积等数据滞后的因素，研究采用《中国城市统计年鉴 2017》中的人口和区域面积指标，空气质量数据采用 2018 年数据（这里假定 31 个城市人口密度年际变化较为稳定）。北京市是全国特大型城市，由于北京市人口分布较为特殊，市区人口和其他城市市区人口特征分布不同，主要集中在城六区（东城、西城、海淀、朝阳、丰台、石景山），因此研究对北京城六区空气质量人口暴露程度也进行了分析。研究结果表明，北京城六区人口密度是京津冀大气污染传输通道城市中最高的，城六区的人口密度为 31 个城市平均人口密度的 11 倍，因此各项污染物的人口暴露程度均为最高值（PM2.5 暴露程度约为

31 个城市平均水平的 9.6 倍，PM10 暴露程度约为 31 个城市平均水平的 7.1 倍）。此外，沧州、濮阳、安阳、晋城、邢台、新乡、石家庄、长治等城市 PM2.5 及 PM10 的空气质量人口暴露程度远高于京津冀及周边其他城市，其中，PM2.5 超过 31 个城市平均值① 及全国城市平均水平，PM10 超过 31 个城市平均值及全国城市平均水平。

晋城、太原、长治、沧州、邢台等城市 SO₂ 空气质量人口暴露程度高于京津冀及周边其他 31 个城市平均水平及全国平均水平。廊坊、沧州、新乡、邢台、晋城、濮阳、安阳、邢台等城市 NO₂ 及 O₃ 空气质量人口暴露程度高于京津冀及周边其他 31 个城市平均水平及全国平均水平。

2018 年 31 个城市空气质量人口暴露程度情况如表 5-9 所示。

表 5-9　　　　京津冀及周边 31 个城市空气质量人口暴露程度

| 城市 | PM2.5 暴露程度 | PM10 暴露程度 | SO₂ 暴露程度 | NO₂ 暴露程度 | O₃ 8 小时暴露程度 |
|---|---|---|---|---|---|
| 北京城六区 | 80.89 | 107.75 | 8.40 | 68.87 | 295.45 |
| 北京 | 4.19 | 6.43 | 0.50 | 3.33 | 15.84 |
| 天津 | 4.45 | 7.45 | 1.03 | 3.86 | 17.47 |
| 石家庄 | 13.27 | 24.95 | 4.03 | 8.70 | 38.40 |
| 唐山 | 4.37 | 8.26 | 2.40 | 3.93 | 14.17 |
| 邯郸 | 9.42 | 18.50 | 2.85 | 5.53 | 27.82 |
| 邢台 | 14.16 | 27.73 | 5.20 | 9.79 | 42.51 |
| 保定 | 7.22 | 12.56 | 2.20 | 4.87 | 23.44 |
| 沧州 | 17.21 | 30.58 | 6.84 | 12.12 | 59.51 |
| 廊坊 | 15.12 | 29.10 | 3.10 | 13.13 | 55.96 |
| 衡水 | 3.01 | 5.02 | 0.68 | 1.57 | 9.49 |
| 太原 | 11.17 | 25.56 | 5.32 | 9.34 | 36.04 |

① 空气质量人口暴露程度是指单位面积人口数量暴露在空气质量中的浓度，单位为浓度（微克/立方米）× 人口密度（万人/平方千米）。

| 城市 | PM2.5 暴露程度 | PM10 暴露程度 | SO$_2$ 暴露程度 | NO$_2$ 暴露程度 | O$_3$ 8 小时暴露程度 |
|------|------|------|------|------|------|
| 阳泉 | 6.27 | 12.14 | 3.23 | 4.54 | 19.86 |
| 长治 | 11.46 | 21.29 | 4.50 | 6.46 | 41.43 |
| 晋城 | 15.75 | 31.94 | 6.36 | 10.06 | 55.54 |
| 晋中 | 2.53 | 5.28 | 1.67 | 2.01 | 8.51 |
| 济南 | 4.85 | 10.47 | 1.57 | 4.13 | 19.65 |
| 淄博 | 5.30 | 10.25 | 2.44 | 3.85 | 19.20 |
| 济宁 | 5.47 | 11.22 | 2.16 | 3.91 | 21.44 |
| 泰安 | 3.91 | 7.65 | 1.34 | 2.64 | 14.44 |
| 莱芜 | 3.43 | 6.36 | 1.13 | 2.25 | 11.31 |
| 德州 | 2.90 | 5.82 | 0.82 | 1.79 | 11.05 |
| 聊城 | 4.18 | 8.15 | 1.03 | 2.62 | 14.87 |
| 滨州 | 3.45 | 5.87 | 1.39 | 2.37 | 13.14 |
| 菏泽 | 4.04 | 8.32 | 0.89 | 2.50 | 13.78 |
| 郑州 | 9.67 | 17.75 | 2.20 | 7.31 | 27.48 |
| 开封 | 10.61 | 18.51 | 2.66 | 5.63 | 31.64 |
| 安阳 | 15.84 | 27.75 | 4.60 | 9.06 | 42.29 |
| 鹤壁 | 5.11 | 10.51 | 1.72 | 3.93 | 18.76 |
| 新乡 | 14.69 | 26.83 | 4.52 | 11.39 | 49.19 |
| 焦作 | 11.28 | 21.04 | 2.83 | 6.51 | 32.89 |
| 濮阳 | 16.64 | 27.95 | 4.16 | 8.98 | 50.75 |

资料来源：笔者根据生态环境保护部空气质量监测点的自动监测数据计算所得。

北京作为我国首都，城六区人口密度远高于京津冀及周边地区其他城市市辖区人口密度，从京津冀及周边 31 个城市各项污染物空气质量人口暴露程度来看，北京城六区空气质量人口暴露程度最高，因此，改善北京空气质量，有效疏解北京城区人口等政策具有重大意义。此外，阳泉、邢台、郑州、长治、石家庄、焦作、安阳、新乡、保定、开封、晋中、邯郸、太原等城市 PM2.5、PM10、$SO_2$、$NO_x$ 及臭氧人口暴露强度较高，这些城市不但工业行业集中，空气质量人口暴露程度也很高，应重点加强这些城市的空气质量治理。

## 四、空气质量季节指数

研究运用 2015~2018 年京津冀及周边包括大气污染传输通道城市在内的 31 个城市的空气质量不同污染物的监测数据，计算了空气质量 PM2.5、PM10、$SO_2$、$NO_2$、$O_3$ 等污染物不同月份的季节性系数。研究发现，京津冀及周边地区 PM2.5、PM10、$SO_2$、$NO_2$ 4 种污染物的季节性趋势较为一致，从 1 月至 12 月，PM2.5、PM10、$SO_2$、$NO_2$ 等污染物均呈"U"型分布，1 月、7 月、8 月、12 月空气质量 PM2.5、PM10、$SO_2$、$NO_2$ 季节性指数较为明显，且 7 月、8 月季节性指数偏低，1 月、12 月季节性指数偏高，说明 7、8 月这 4 种污染物浓度较低，峰值出现在 1 月、12 月等月份，污染物呈"冬季高，夏季低"的趋势（Lv et al.，2016），这和采暖季节燃煤供暖有较大关系，这也是生态环境部实施开展京津冀及周边地区秋冬季大气污染综合治理攻坚行动的重要原因。

$O_3$ 的季节性指数与 PM2.5、PM10、$SO_2$、$NO_2$ 4 种污染物相比呈相反的趋势，从 1 月至 12 月，空气质量 $O_3$ 污染呈倒"U"型分布，1 月、2 月、6 月、7 月、11 月、12 月等月份 $O_3$ 季节性指数较为明显，且 6 月、7 月份季节性指数最高，1 月、11 月、12 月季节性指数最低，说明 6 月、7 月 $O_3$ 污染物浓度较低，峰值出现在 1 月、11 月、12 月等月份，污染物呈"夏季高，冬季低"的趋势（Li et al.，2018；吴锴等，2018）。

## 五、空气质量年小时变化趋势

研究计算了空气质量 PM2.5、PM10、$SO_2$、$NO_2$、$O_3$ 等污染物的年小时均值，用于表征空气质量不同污染物的小时变化趋势。研究发现，京津冀及周边地区 PM2.5、PM10 的年小时变化特征较为一致，凌晨至早上 7、8 点钟，PM2.5、

PM10 的污染呈上升趋势，之后出现下降，16 点之后继续上升，PM2.5、PM10 污染峰值出现在凌晨及早上 8 点钟左右，这可能跟移动源有关，有文献表明夜间重型柴油车辆造成了 PM2.5 和 PM10 的严重污染，早晚交通高峰由交通拥堵造成的污染也与此有关（刘铁军等，2017；Xiao et al.，2019）。

和 PM2.5 及 PM10 相比，$SO_2$ 年小时变化趋势较为平缓，个别城市在 10 点 ~12 点出现污染峰值，空气质量 $SO_2$ 污染浓度受工业排放影响较大。空气质量 $NO_2$ 污染最低值出现在 13 点 ~15 点。$NO_2$ 污染受多种因素的影响，例如气象因素和交通因素，文献表明此时间段污染扩散条件较好并且交通路况较少拥堵（北京交通发展研究中心，2018）。空气质量 $O_3$ 污染年小时变化特征非常明显，这和已有研究结论较为一致，变化趋势和 $NO_2$ 呈相反的趋势，污染峰值出现在 14 点 ~17 点，有文献表明 $NO_2$ 和 $O_3$ 存在较强的负相关性（Tiwari et al.，2015），从污染机理上说，$NO_2$ 是臭氧的重要前体物，$NO_2$ 在白天光照下会促进 $O_3$ 生成，光照强度最高的中午和下午时段 $O_3$ 浓度最高（郝吉明，2002；北京大学统计科学中心，2018）。

## 六、京津冀及周边地区空气质量 AQI 季节变化趋势及指数

2015~2018 年，AQI 月均值总体上均呈冬高夏低的变化趋势。每年 12 月至次年 2 月，京津冀地区的 AQI 月均值高于其他月份平均水平（见图 5-5），由夏季的 80 左右上升至 150 以上，达到峰值。这一变化特点可能与京津冀地区秋冬季大规模燃煤采暖有关，且冬季的气候条件不利于污染物扩散。逐年相比，2017~2018 年冬季的总体 AQI 水平较 2015~2016 年降幅较大，夏季 AQI 水平 2018 年较 2015~2017 年有较大降幅。总体来说，2018 年京津冀 AQI 水平降幅较大，空气质量改善很明显。

2015~2018 年，京津冀地区的空气质量呈逐年改善的趋势，空气质量以良和轻度污染为主。2018 年，空气质量明显改善，AQI 月均值较前几年同比下降十分明显，主要表现在 1 月与 2 月。与前几年类似，1、2 月与 11、12 月的 AQI 值高于其他月份，也就是夏秋季空气质量情况好于春冬两季。

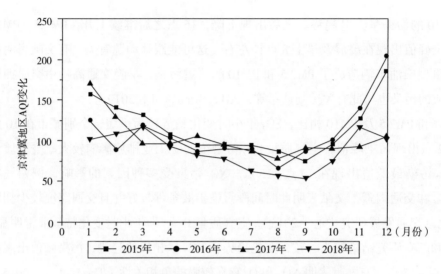

图 5-5　京津冀地区 2015~2018 年 AQI 月均值对比

资料来源：笔者根据生态环境部空气质量监测点的自动监测数据计算所得。

## 七、重点城市不同年份季节变化趋势及季节指数——以北京为例

### 1.AQI

从北京市不同年份 AQI 月均变化来看（见图 5-6），2015~2018 年，AQI 整体呈改善趋势，但是 2018 年 3 月、4 月、11 月 AQI 空气质量相对 2017 年同期有所反弹。

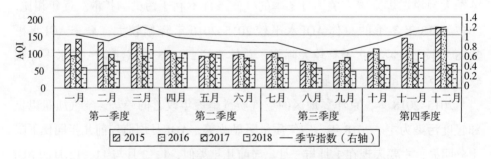

图 5-6　2015~2018 年北京市 AQI 级别月均变化趋势

资料来源：笔者根据生态环境部空气质量监测点的自动监测数据计算所得。

2.PM2.5

通过 2015~2018 年北京市 PM2.5 月均浓度变化趋势发现（见图 5-7），2018 年 3 月、4 月、5 月、6 月、11 月北京市 PM2.5 浓度相对 2017 年同期有所反弹。

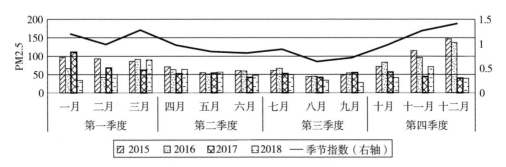

**图 5-7 2015~2018 年北京市 PM2.5 月均浓度变化趋势**
资料来源：笔者根据生态环境部空气质量监测点的自动监测数据计算所得。

3.PM10

通过 2015~2018 年北京市 PM10 月均浓度变化趋势发现（见图 5-8），2015~2018 年，北京市 PM10 浓度总体呈降低趋势，并且夏季浓度最低。但是，2018 年 3 月、4 月、10 月、11 月、12 月 PM10 浓度比 2017 年同期高，PM10 污染有反弹趋势。

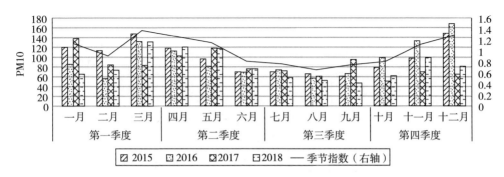

**图 5-8 2015~2018 年北京市 PM10 月均浓度变化趋势**
资料来源：笔者根据生态环境部空气质量监测点的自动监测数据计算所得。

### 4. 二氧化硫

2018 年，北京市 $SO_2$ 浓度达标率为 100%，相对 2015 年 $SO_2$ 控制效果显著，$SO_2$ 浓度呈逐年降低的趋势（除 2018 年 7 月、8 月、9 月、10 月、11 月等月份相对 2017 年有所反弹外）。从月度变化情况来看，1 月、2 月、3 月、12 月 $SO_2$ 浓度最高，采暖季节 $SO_2$ 浓度明显高于非采暖季季节（见图 5-9）。

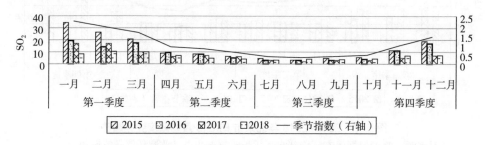

图 5-9　2015~2018 年北京市 $SO_2$ 月均浓度变化趋势

资料来源：笔者根据生态环境部空气质量监测点的自动监测数据计算所得。

### 5. 二氧化氮

2015~2018 年 $NO_2$ 浓度变化整体呈降低趋势，但 2018 年，北京市 3 月、5 月、10 月、11 月 $NO_2$ 月均浓度均高于 2017 年同期浓度（见图 5-10）。从月份变化情况来看，7 月、8 月 $NO_2$ 浓度最低，总体呈冬季高、夏季低的趋势。

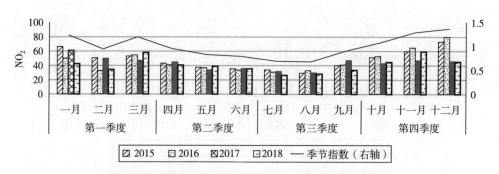

图 5-10　2015~2018 年北京市 $NO_2$ 月均浓度变化趋势

资料来源：笔者根据生态环境部空气质量监测点的自动监测数据计算所得。

### 6. 臭氧

2018 年北京市 1 月、2 月、3 月、4 月、8 月、10 月等月份 $O_3$ 污染浓度超过 2017 年同期浓度（见图 5-11），2018 年相对 2015 年，$O_3$ 污染呈恶化趋势，尤其是夏季臭氧污染控制亟须进一步加强。

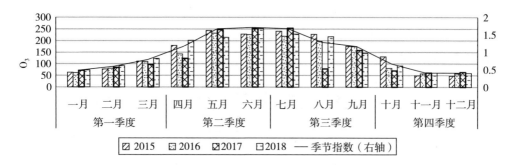

**图 5-11　2015~2018 年北京市 $O_3$ 月均浓度变化趋势**
资料来源：笔者根据生态环境部空气质量监测点的自动监测数据计算所得。

## 八、京津冀周边地区空气质量污染物浓度相关性分析

皮尔森相关指数是衡量两个变量的依赖性的非参数指标，本书用皮尔森相关指数衡量了大气污染传输通道城市不同污染物日均排放浓度的相关关系，如北京市 PM2.5 和 PM10 的相关关系，相关系数 ρ 计算方法如式（5-5）所示：

$$\rho_{(X,Y)} = \frac{\sum_{ij}(X_{ij} - \overline{X_j})(Y_{ij} - \overline{Y_j})}{\sqrt{\sum_i (X_{iji} - \overline{X_j})^2 \sum_i (Y_{ij} - \overline{Y_j})^2}} \quad (5-5)$$

其中，$\rho_{(x,y)}$ 是指皮尔森相关指数，$X_{ij}$、$Y_{ij}$ 分别表示 $j$ 城市不同污染物第 $i$ 日空气质量日均值浓度。

研究用皮尔森相关性方法衡量了京津冀及周边包括大气污染传输通道城市在内的 31 个城市年空气质量各污染物 2018 年日均排放浓度的相关关系（见表 5-10）。研究结果表明，京津冀及周边 31 个城市 PM2.5、PM10、$SO_2$、$NO_2$ 四种污染物存在良好的协同效应，尤其是 PM2.5 和 PM10 的相关性最强，例如保定（$p = 0.000$，$r = 0.926$）、衡水（$p = 0.000$，$r = 0.905$）、太原（$p = 0.000$，$r = 0.900$）

等城市。从颗粒物粒径大小上来说，PM10 包括了 PM2.5，从污染机理上说，PM10 主要是来自污染源的排放，而 PM2.5 相当一部分是 $NO_x$、$SO_2$ 及可挥发性有机物在空气中发生化学转化生成的。另外，$NO_2$ 和 $O_3$ 有较好的负相关关系，从污染机理上来说，低空臭氧的生产主要是大气的光化学反应，$NO_2$ 与平流层内的 $O_2$ 在紫外线下发生反应生成 NO 与 $O_3$，反应还伴有逆反应，NO 与 $O_3$ 进一步反应生成 $NO_2$ 和 $O_2$，打破 $O_3$ 平衡（郝吉明，2002）。建议加强大气污染传输通道城市的大气污染防治的协同治理，不但要加强区域合作，也应考虑不同污染物减排的协同减排效果。

表 5–10　　京津冀及大气污染传输通道城市空气质量污染物之间相关性分析

| 城市 | PM2.5 | PM2.5 | PM2.5 | PM10 | PM10 | $SO_2$ | $NO_2$ |
|------|-------|-------|-------|------|------|--------|--------|
|  | PM10 | $SO_2$ | $NO_2$ | $SO_2$ | $NO_2$ | $NO_2$ | $O_3$ |
| 北京 | 0.617*** | 0.509*** | 0.687*** | 0.346*** | 0.447*** | 0.634*** | −0.387*** |
| 天津 | 0.750*** | 0.537*** | 0.680 | 0.418*** | 0.510*** | 0.741*** | −0.504*** |
| 石家庄 | 0.893*** | 0.558*** | 0.666 | 0.550*** | 0.672*** | 0.637*** | −0.582*** |
| 唐山 | 0.872*** | 0.491*** | 0.768 | 0.515 | 0.712*** | 0.607*** | −0.261*** |
| 邯郸 | 0.894*** | 0.546*** | 0.651*** | 0.498*** | 0.661*** | 0.669*** | −0.605 |
| 邢台 | 0.890*** | 0.607*** | 0.654 | 0.615*** | 0.690*** | 0.672*** | −0.548*** |
| 保定 | 0.926*** | 0.599*** | 0.785*** | 0.563*** | 0.774*** | 0.660*** | −0.631*** |
| 沧州 | 0.898*** | 0.592*** | 0.689*** | 0.530*** | 0.618*** | 0.604*** | −0.589*** |
| 廊坊 | 0.888*** | 0.604*** | 0.728*** | 0.571*** | 0.661*** | 0.642*** | −0.518*** |
| 衡水 | 0.905*** | 0.585*** | 0.632*** | 0.573*** | 0.637*** | 0.641*** | −0.616*** |
| 太原 | 0.900*** | 0.571*** | 0.754*** | 0.515*** | 0.691*** | 0.725*** | −0.575*** |
| 阳泉 | 0.817*** | 0.437*** | 0.616 | 0.388*** | 0.565*** | 0.684*** | −0.504*** |
| 长治 | 0.829*** | 0.508*** | 0.544*** | 0.476*** | 0.568*** | 0.743*** | −0.613*** |
| 晋城 | 0.791*** | 0.528*** | 0.464*** | 0.506*** | 0.548*** | 0.643*** | −0.334*** |
| 晋中 | 0.737*** | 0.532*** | 0.571*** | 0.436*** | 0.508*** | 0.648*** | −0.653*** |
| 济南 | 0.872*** | 0.557*** | 0.590*** | 0.549*** | 0.591*** | 0.504*** | −0.592*** |
| 淄博 | 0.870*** | 0.539*** | 0.708*** | 0.538*** | 0.668*** | 0.757*** | −0.544*** |
| 济宁 | 0.866*** | 0.489*** | 0.657*** | 0.442*** | 0.593*** | 0.516*** | −0.608*** |

续表

| 城市 | PM2.5 PM10 | PM2.5 SO₂ | PM2.5 NO₂ | PM10 SO₂ | PM10 NO₂ | SO₂ NO₂ | NO₂ O₃ |
|------|------|------|------|------|------|------|------|
| 泰安 | 0.785*** | 0.607*** | 0.601*** | 0.433*** | 0.566*** | 0.606*** | −0.467*** |
| 莱芜 | 0.884*** | 0.618*** | 0.755*** | 0.596*** | 0.713*** | 0.713*** | −0.521*** |
| 德州 | 0.821*** | 0.608*** | 0.618*** | 0.543*** | 0.540*** | 0.734*** | −0.607*** |
| 聊城 | 0.898*** | 0.489*** | 0.546*** | 0.513*** | 0.568*** | 0.661*** | −0.646*** |
| 滨州 | 0.873*** | 0.651*** | 0.727*** | 0.651*** | 0.606*** | 0.774*** | −0.487*** |
| 菏泽 | 0.851*** | 0.343*** | 0.626*** | 0.450*** | 0.649*** | 0.696*** | −0.427*** |
| 郑州 | 0.770*** | 0.554*** | 0.605*** | 0.559*** | 0.536*** | 0.664*** | −0.463*** |
| 开封 | 0.751*** | 0.435*** | 0.711*** | 0.430*** | 0.587*** | 0.700*** | −0.558*** |
| 安阳 | 0.833*** | 0.566*** | 0.718*** | 0.573*** | 0.700*** | 0.701*** | −0.538*** |
| 鹤壁 | 0.875*** | 0.576*** | 0.727*** | 0.560*** | 0.709*** | 0.683*** | −0.564*** |
| 新乡 | 0.846*** | 0.434*** | 0.687*** | 0.536*** | 0.687*** | 0.558*** | −0.562*** |
| 焦作 | 0.856*** | 0.454*** | 0.677*** | 0.513*** | 0.689*** | 0.683*** | −0.568*** |
| 濮阳 | 0.840*** | 0.466*** | 0.705*** | 0.519*** | 0.640*** | 0.764*** | −0.570*** |

注：* 表示 90% 以内显著，** 表示 95% 以内显著，*** 表示 99% 以内显著。

资料来源：笔者根据本书计算结果绘制。

# 第四节　空气质量影响因素

影响环境质量的因素包括自然因素及人为因素两个方面。自然因素主要包括气象、地理条件、植被等因素，人为因素如城市工业的快速发展、机动车数量的增加、人口增长等都会加重城市环境压力，对城市空气质量产生重要影响。本书分别从社会经济宏观因素、污染排放、自然因素三方面探讨这些因素对空气质量的影响。

为测量气象、地理条件等因素对空气质量的影响，本书将京津冀及周边31个城市的基本情况罗列如下（见表5-11）。

表 5-11　　　　　　　　　　　京津冀及周边 31 个城市基本情况

| 城市名称 | 市区面积（平方千米） | 工业总产值（亿元） | 工业 SO₂ 排放量（吨） | 工业烟尘排放量（吨） |
|---|---|---|---|---|
| 安阳 | 544.00 | 3 991.03 | 48 049 | 51 644 |
| 保定 | 2 565.00 | 4 721.50 | 27 999 | 14 050 |
| 北京 | 16 410.00 | 18 087.27 | 10 257 | 7 874 |
| 滨州 | 3 763.00 | 7 382.03 | 157 495 | 53 570 |
| 沧州 | 183.00 | 5 690.89 | 21 832 | 13 390 |
| 德州 | 1 752.00 | 10 569.45 | 53 486 | 35 157 |
| 邯郸 | 2 648.00 | 5 055.07 | 71 485 | 117 504 |
| 菏泽 | 2 261.00 | 7 934.16 | 43 263 | 24 063 |
| 鹤壁 | 679.00 | 2 004.21 | 11 832 | 5 949 |
| 衡水 | 1 510.00 | 1 793.29 | 9 563 | 7 133 |
| 济南 | 5 112.00 | 5 486.56 | 28 458 | 54 677 |
| 济宁 | 1 648.00 | 5 499.65 | 43 943 | 29 710 |
| 焦作 | 544.00 | 5 893.24 | 13 545 | 16 090 |
| 晋城 | 2 164.00 | 841.87 | 66 422 | 77 099 |
| 晋中 | 1 311.00 | 1 200.35 | 30 414 | 27 371 |
| 开封 | 1 837.00 | 3 013.27 | 7 042 | 4 981 |
| 莱芜 | 2 246.00 | 1 788.04 | 28 792 | 120 610 |
| 廊坊 | 960.00 | 3 791.87 | 23 654 | 27 993 |
| 聊城 | 1 710.00 | 8 999.91 | 59 125 | 13 604 |
| 濮阳 | 263.00 | 3 818.17 | 4 511 | 2 856 |
| 石家庄 | 2 194.00 | 9 644.79 | 85 815 | 52 705 |
| 太原 | 1 500.00 | 2 207.42 | 15 707 | 21 897 |
| 泰安 | 2 087.00 | 5 631.45 | 18 327 | 17 520 |
| 唐山 | 3 874.00 | 9 967.68 | 125 432 | 447 920 |
| 天津 | 11 760.00 | 27 401.68 | 54 539 | 57 280 |
| 新乡 | 346.00 | 4 535.11 | 13 810 | 16 456 |
| 邢台 | 132.00 | 2 933.65 | 60 997 | 81 860 |
| 阳泉 | 652.00 | 536.72 | 58 396 | 27 681 |
| 长治 | 334.00 | 1 543.79 | 41 161 | 43 115 |

续表

| 城市名称 | 市区面积（平方千米） | 工业总产值（亿元） | 工业 $SO_2$ 排放量（吨） | 工业烟尘排放量（吨） |
|---|---|---|---|---|
| 郑州 | 1 010.00 | 14 465.63 | 34 898 | 28 977 |
| 淄博 | 2 989.00 | 12 011.52 | 139 983 | 72 716 |

资料来源：笔者根据《中国城市统计年鉴 2017》总结绘制。

## 一、社会经济宏观因素和空气质量的相关性

库兹涅茨曾提出经济增长和收入差距之间存在倒"U"型曲线关系。环境污染和经济增长之间的这种倒"U"型曲线在文献中也被称为环境库兹涅茨曲线（EKC），在经济发展初期，环境污染会随着人均收入的增长而增加；但是到了一定发展阶段，环境污染会随着人均收入的增长而下降。空气质量的影响因素既包括自然地理、气候气象等自然因素，也包括经济发展、居民生活、能源消耗、工业排放、基础设施等人为因素，不同研究选用的方法、数据及变量的不同会出现不同的结果（表 5–12）。

表 5–12　　　　　　　　　　　空气质量宏观影响因素

| 因素类型 | | 观测指标 |
|---|---|---|
| 观测变量 | 空气质量 | AQI 空气质量等级、优良天数、PM2.5 年平均浓度、PM10 年平均浓度、$SO_2$ 年平均浓度、$NO_2$ 年平均浓度 |
| 影响变量 | 气候气象 | 年平均风速、年平均气温、年平均降雨量、年平均相对湿度 |
| | 经济发展 | 地区生产总值、人均地区生产总值、地区生产总值增长率、第二产业占 GDP 的比重、工业总产值 |
| | 居民生活 | 人口总量、人口密度、民用汽车保有量、每万人出租车辆数、每万人公交车拥有量 |
| | 能源消耗 | 能源消费量、煤炭消费量、液化油气总量、煤气供气总量 |
| | 工业排放 | 工业废气排放总量、工业 $SO_2$ 排放总量、工业烟尘/粉尘排放总量 |
| | 基础设施 | 人均公共绿地面积、建成区绿地率、建成区绿化覆盖率、城市道路面积、人均城市道路面积 |

资料来源：笔者根据前人研究总结绘制。

部分学者（如李茜等，2013；王敏等，2019；杜雯翠和冯科，2013）选用人口密度、第二产业比重、人均 GDP、绿化覆盖率等指标表征经济社会因素对环境的影响，部分学者（杨阳等，2011；丁镭，2016）从城市气候、经济发展和自然地形等因素中筛选出与空气质量相关性较强的参数。本书研究宏观层面空气质量影响因素，基于传统的环境库兹涅茨曲线的文献研究，在前人基础上，运用大气污染传输通道城市层面 2013~2016 年的面板数据，选择 SO₂、PM2.5、PM10 三种空气污染物的浓度作为因变量，选取人口密度、地区单位 GDP、第二产业占 GDP 比重、万人拥有出租车数量、建成区绿化覆盖率、工业二氧化硫排放量、工业烟粉尘排放量等指标（见表 5-13）等作为空气质量宏观尺度的影响因素，衡量近年来经济发展对空气质量的影响计算方法如式（5-6）所示。

$$\ln Air_{it} = a + b_1 \ln GDPPC_{it} + b_3 \ln POP_{it} + b_4\, PSIGDP_{it} + \qquad (5-6)$$
$$b_5 Taxiper_{it} + b_6 \ln Indutryemission_{it} + b_7 \ln Greencover_{it} + \varepsilon$$

这里，$Air_{it}$ 指第 $i$ 个城市 $t$ 年空气质量年均浓度，这里选择 SO₂、PM2.5、PM10 三种污染物，单位为微克/立方米；

$GDPPC_{it}$ 指第 $i$ 个城市 $t$ 年该城市人地区均生产总值，单位为元；

$POP_{it}$ 指第 $i$ 个城市 $t$ 年该城市地区人口密度，单位为人/平方千米；

$PSIGDP_{it}$ 指第 $i$ 个城市 $t$ 年该城市第二产业产值所占 GDP 的比重，单位为%；

$Indutryemission_{it}$ 指第 $i$ 个城市 $t$ 年该城市工业 SO₂ 和工业烟尘/粉尘的排放量，单位为吨；

$Taxiper_{it}$ 指第 $i$ 个城市 $t$ 年的万人出租车拥有量，单位为辆/万人；

$Greencover_{it}$ 指第 $i$ 个城市 $t$ 年该城市绿化覆盖率，单位为%。

表 5-13　　　　　　　　　　　主要变量统计特征

| 变量名 | 单位 | 样本数量 | 最小值 | 最大值 | 均值 | 标准差 |
|---|---|---|---|---|---|---|
| PM2.5 | 微克/立方米 | 114 | 18.28 | 160.96 | 85.86 | 23.30 |
| PM10 | 微克/立方米 | 114 | 76.97 | 267.98 | 142.48 | 34.28 |
| SO₂ | 微克/立方米 | 114 | 9.55 | 158.58 | 52.91 | 23.85 |
| 人口密度 | 人/平方千米 | 114 | 325.91 | 8 248.04 | 1 636.30 | 1 161.34 |
| 人均地区生产总值 | 元 | 114 | 29 427.00 | 165 133.00 | 65 885.62 | 29 092.29 |
| 城市绿化覆盖率 | % | 113 | 28.14 | 61.58 | 41.41 | 5.92 |

续表

| 变量名 | 单位 | 样本数量 | 最小值 | 最大值 | 均值 | 标准差 |
|---|---|---|---|---|---|---|
| 第二产业比重 | % | 114 | 19.26 | 64.81 | 45.55 | 9.35 |
| 工业 $SO_2$ 排放量 | 吨 | 114 | 1 724.00 | 282 806.00 | 78 095.34 | 54 529.53 |
| 工业烟尘排放量 | 吨 | 114 | 2 856.00 | 536 092.00 | 73.44.57 | 93 867.91 |

资料来源：笔者根据本研究计算结果绘制。

　　研究结果表明，人均 GDP、第二产业占 GDP 比重、工业排放等宏观经济社会因素和空气质量有显著的相关关系（见表5-14）。具体来说，现阶段经济发展水平下，人均 GDP 和 $SO_2$、PM10 污染浓度有负相关关系，也就是说，随着人均 GDP 水平的增长，京津冀及周边大气污染传输通道城市空气质量呈逐步改善的状态。近年来国家对重点行业采取的脱硫措施，工业 $SO_2$ 排放量的减少，空气质量 $SO_2$ 明显改善。产业结构及工业排放和空气质量污染浓度呈正相关关系，即第二产业比例越大，空气污染浓度越高，工业 $SO_2$、工业烟尘等排放量越大，空气污染浓度越高。近年来，31 个城市 $SO_2$ 的达标状况良好，说明 $SO_2$ 目前已经处于技术减排的阶段，人均 GDP 的增加、工业 $SO_2$ 减排措施的实施将促进 $SO_2$ 污染状况的改善。

表5-14　　　　社会经济宏观因素和空气质量及污染物的相关性分析

| 变量 | AQI | | $SO_2$ | | PM2.5 | | PM10 | |
|---|---|---|---|---|---|---|---|---|
| | 参数估计 | P 值 | 参数估计 | P 值 | 参数估计 | P 值 | 参数估计 | P 值 |
| 人均 GDP | −0.109 | 0.036[*] | −0.238 | 0.008[***] | −0.024 | 0.736 | −0.137 | 0.008[***] |
| 人口密度 | 0.023 | 0.406 | −0.058 | 0.310 | 0.006 | 0.900 | 0.065 | 0.077[*] |
| 第二产业比重 | 0.325 | 0.000[***] | 0.648 | 0.000[***] | 0.340 | 0.008[***] | 0.316 | 0.001[***] |
| 工业排放 | 0.009 | 0.660 | 0.209 | 0.000[***] | 0.297 | 0.299 | 0.014 | 0.509 |
| 绿化覆盖率 | 0.325 | 0.014[**] | 0.303 | 0.255 | 0.477 | 0.021[*] | 0.222 | 0.137 |
| 万人出租车拥有量 | 0.418 | 0.060[*] | —— | —— | 0.010 | 0.820 | −0.024 | 0.477 |
| 常数（C） | 2.940 | 0.001[***] | 1.012 | 0.552 | 1.218 | 0.357 | 3.881 | 0.000 |

注：* 表示 90% 以内显著，** 表示 95% 以内显著，*** 表示 99% 显著。

资料来源：笔者根据本研究计算结果绘制。

## 二、工业固定源及气象因素和空气质量的相关性分析

工业固定源污染是影响空气质量最为重要的人为因素（Zhao et al.，2018），气象条件对空气质量有很大的影响（Hu et al.，2014；Tai et al.，2010；Zhang et al.，2018），在微观尺度运用日均数据分析工业污染排放对空气质量的影响时，应考虑气象因素的影响，因此，研究将气象因素作为控制变量，建立了工业固定源大气污染对空气质量的影响回归模型。

本书运用京津冀及周边大气污染传输通道 31 个城市 2017 年城市空气质量监测站点 $SO_2$、$NO_2$、PM2.5、PM10 的污染浓度及 1 107 家工业废气排放企业的 $SO_2$、$NO_x$ 和烟尘污染物排放浓度，考虑气象因素的影响，建立了如式（5-7）所示的工业固定源大气污染对空气质量的影响回归模型，即将京津冀及周边 31 个城市各污染物（包括 $SO_2$、$NO_2$、PM2.5、PM10）的日均浓度作为因变量，各城市工业企业废气污染物排放平均浓度（包括 $SO_2$、$NO_x$、烟尘）作为自变量，将气象（温度、风力级别、降水等）等因素作为控制因素，温度数据采用日平均温度（即每日最高温度和最低温度的均值），将降雨（降雪）设为虚拟变量，以表示气象因素对空气质量的影响。

$$Airquality_{js} = \lambda_{js} + \beta_{js} Industrialpollution_{js} + \delta_{js}Rain + \gamma_{js}Tem + \alpha_{js}Wind + \varepsilon$$

$$(5-7)$$

其中，$j$ 表示第 $j$ 个城市，$s$ 表示第 $s$ 种污染物，分别为 $SO_2$、$NO_2$、PM2.5、PM10 等污染物；$Airquality_{js}$ 是第 $j$ 个城市 $s$ 种污染物的浓度；$Industrialpollution_{js}$ 表示第 $j$ 个城市 $s$ 种工业污染物排放浓度；$Rain$、$Tem$、$Wind$ 等变量分别代表是否降雨（降雪）、日平均温度、风力级别等因素。多元回归模型中主要变量统计特征见附表 1。

研究结果表明，风速、温度两个气象因素和空气质量有负相关关系，风速可以显著改善空气质量，冬季的空气质量总体比夏季空气质量差。安阳、保定、北京、滨州、沧州、长治、德州、邯郸、衡水、济南、济宁、开封、廊坊、莱芜、濮阳、太原、唐山、邢台、阳泉、郑州等大部分城市的气温因素和PM2.5、PM10、$SO_2$、$NO_2$ 呈负相关关系。保定、北京、长治、德州、焦作、开封、廊坊、濮阳、石家庄、太原、唐山、天津、阳泉、郑州等城市的风力因素和PM2.5、$SO_2$、$NO_2$ 呈负相关关系。

如表 5-15 所示将气象因素作为控制变量，安阳、北京、滨州、德州、焦作、济宁、开封、濮阳等城市的工业烟尘及 $SO_2$ 排放浓度和空气质量 PM2.5、PM10、$SO_2$ 有正相关关系，工业固定源对这些城市空气质量有重要影响（Li et al.，2015）；保定、沧州、长治、衡水、廊坊等城市工业各污染物排放浓度和空气质量各污染物排放无明显的相关关系，空气质量可能与其他类型的污染源或其他影响因素有关，如移动源、面源等对空气质量的影响。

表 5-15　　　　工业排放和气象因素和空气质量污染浓度相关性分析

| 城市 | 变量 | PM2.5 | | PM10 | | $SO_2$ | | $NO_x$ | |
|---|---|---|---|---|---|---|---|---|---|
| | | 参数估计 | P 值 | 参数估计 | P 值 | 参数估计 | P 值 | 参数估计 | P 值 |
| 安阳 | 常数（C） | 93.77 | 0.000*** | 138.469 | 0.000*** | 28.946 | 0.000*** | 71.421 | 0.000*** |
| | 工业排放浓度 | 3.253 | 0.000*** | 4.184 | 0.001*** | 0.547 | 0.000*** | −0.051 | 0.061* |
| | 日均温度 | −3.069 | 0.000*** | −2.77 | 0.000*** | −1.271 | 0.000*** | −0.893 | 0.000*** |
| | 降水 | −10.71 | 0.113 | −28.961 | 0.002*** | −5.849 | 0.003*** | −5.201 | 0.006*** |
| | 风力 | −1.965 | 0.598 | −1.105 | 0.827 | −0.127 | 0.906 | −0.988 | 0.339 |
| 保定 | 常数（C） | 135.437 | 0.000*** | 175.514 | 0.000*** | 51.405 | 0.000*** | 86.333 | 0.000*** |
| | 工业排放浓度 | 2.782 | 0.183 | 0.272 | 0.919 | 0.324 | 0.044 | −0.069 | 0.244 |
| | 日均温度 | −2.847 | 0.000*** | −2.52 | 0.000*** | −1.03 | 0.000*** | −1.167 | 0.000*** |
| | 降水 | −1.82 | 0.839 | −21.123 | 0.066* | −2.959 | 0.309 | −5.103 | 0.079* |
| | 风力 | −12.23 | 0.091 | −1.917 | 0.835 | −6.088 | 0.009*** | −6.738 | 0.005*** |
| 北京 | 常数（C） | 61.242 | 0.000*** | 51.703 | 0.000*** | 12.172 | 0.000*** | 68.452 | 0.000*** |
| | 工业排放浓度 | 5.546 | 0.000*** | 6.816 | 0.000*** | 0.639 | 0.000*** | 0.198 | 0.006*** |
| | 日均温度 | −0.068 | 0.584 | 0.384 | 0.018 | −0.126 | 0 | −0.209 | 0.000*** |

续表

| 城市 | 变量 | PM2.5 | | PM10 | | SO₂ | | NOₓ | |
|---|---|---|---|---|---|---|---|---|---|
| | | 参数估计 | P 值 | 参数估计 | P 值 | 参数估计 | P 值 | 参数估计 | P 值 |
| 北京 | 降水 | 3.81 | 0.569 | −15.068 | 0.087* | −0.338 | 0.742 | −2.237 | 0.384 |
| | 风力 | −11.364 | 0.004*** | −1.344 | 0.793 | −1.831 | 0.002*** | −11.489 | 0.000*** |
| 滨州 | 常数（C） | 19.096 | 0.333 | 11.351 | 0.682 | / | / | 82.8 | 0.000*** |
| | 工业排放浓度 | 19.306 | 0.000*** | 24.005 | 0.000*** | / | / | −0.197 | 0.128 |
| | 日均温度 | −0.793 | 0.000*** | −0.834 | 0.004** | / | / | −0.819 | 0.000*** |
| | 降水 | −8.234 | 0.13 | −24.081 | 0.002*** | / | / | −7.447 | 0.000*** |
| | 风力 | −8.96 | 0.011 | 3.157 | 0.522 | / | / | −7.804 | 0.000*** |
| 沧州 | 常数（C） | 109.459 | 0.000*** | 118.821 | 0.000*** | 62.37 | 0.000*** | 82.288 | 0.000*** |
| | 工业排放浓度 | 0.009 | 0.987 | 1.012 | 0.248 | −0.004 | 0.832 | −0.026 | 0.562 |
| | 日均温度 | −1.458 | 0.000*** | −1.595 | 0.000*** | −0.997 | 0.000*** | −0.928 | 0.000*** |
| | 降水 | −2.738 | 0.697 | −17.794 | 0.104 | −4.128 | 0.099 | −4.572 | 0.052 |
| | 风力 | −8.192 | 0.021 | 1.289 | 0.814 | −5.753 | 0.000*** | −7.009 | 0.000*** |
| 长治 | 常数（C） | 118.24 | 0.000*** | 137.186 | 0.000*** | 104.007 | 0.000*** | 67.151 | 0.000*** |
| | 工业排放浓度 | −0.062 | 0.322 | −0.133 | 0.146 | 0.261 | 0.061 | −0.001 | 0.924 |
| | 日均温度 | −1.821 | 0.000*** | −2.026 | 0.000*** | −3.333 | 0.000*** | −1.009 | 0.000*** |
| | 降水 | −5.108 | 0.346 | −20.305 | 0.011** | −14.966 | 0.004*** | −7.563 | 0.000*** |
| | 风力 | −14.309 | 0.065 | 3.19 | 0.778 | −12.173 | 0.026 | −5.699 | 0.001*** |
| 德州 | 常数（C） | 59.087 | 0.002*** | 32.477 | 0.26 | 15.431 | 0.031 | 102.795 | 0.000*** |
| | 工业排放浓度 | 10.952 | 0.000*** | 17.838 | 0.000*** | 1.471 | 0.000*** | −0.402 | 0.000*** |

| 城市 | 变量 | PM2.5 | | PM10 | | SO$_2$ | | NO$_x$ | |
|---|---|---|---|---|---|---|---|---|---|
| | | 参数估计 | P值 | 参数估计 | P值 | 参数估计 | P值 | 参数估计 | P值 |
| 德州 | 日均温度 | −1.037 | 0.000*** | −0.647 | 0.076 | −0.563 | 0.000*** | −0.891 | 0.000*** |
| | 降水 | −3.945 | 0.523 | −22.385 | 0.017** | −2.78 | 0.101 | −4.595 | 0.014** |
| | 风力 | −12.937 | 0.006*** | 2.758 | 0.7 | −4.367 | 0.001*** | −6.332 | 0.000*** |
| 邯郸 | 常数（C） | 146.484 | 0.000*** | 203.093 | 0.000*** | 74.759 | 0.000*** | 83.908 | 0.000*** |
| | 工业排放浓度 | −1.225 | 0.006*** | −0.717 | 0.281 | −0.01 | 0.452 | −0.084 | 0.043 |
| | 日均温度 | −1.973 | 0.000*** | −2.605 | 0.000*** | −1.598 | 0.000*** | −1.036 | 0.000*** |
| | 降水 | 0.791 | 0.917 | −16.439 | 0.147 | −10.707 | 0.010*** | −5.266 | 0.044** |
| | 风力 | −7.78 | 0.196 | 1.474 | 0.869 | −4.784 | 0.139 | −3.891 | 0.059* |
| 鹤壁 | 常数（C） | 123.55 | 0.000*** | 165.639 | 0.000*** | 48.851 | 0.000*** | 74.529 | 0.000*** |
| | 工业排放浓度 | −2.382 | 0.000*** | −1.557 | 0.101 | −0.112 | 0.064* | −0.076 | 0.007*** |
| | 日均温度 | −1.873 | 0.000*** | −1.922 | 0.000*** | −0.827 | 0.000*** | −0.673 | 0.000*** |
| | 降水 | −1.601 | 0.81 | −18.863 | 0.054 | −3.106 | 0.246 | −6.82 | 0.016*** |
| | 风力 | −4.858 | 0.163 | 0.746 | 0.884 | −2.42 | 0.078 | −3.17 | 0.024** |
| 衡水 | 常数（C） | 127.779 | 0.000*** | 150.243 | 0.000*** | 35.546 | 0.000*** | 61.953 | 0.000*** |
| | 工业排放浓度 | −0.53 | 0.224 | 0.55 | 0.436 | −0.034 | 0.405 | −0.027 | 0.515 |
| | 日均温度 | −2.151 | 0.000*** | −2.878 | 0.000*** | −0.671 | 0.000*** | −1.099 | 0.000*** |
| | 降水 | 5.597 | 0.457 | −10.952 | 0.369 | −3.791 | 0.057* | −1.346 | 0.539 |
| | 风力 | −7.112 | 0.128 | 16.565 | 0.029 | −2.175 | 0.071* | −2.02 | 0.129 |

续表

| 城市 | 变量 | PM2.5 | | PM10 | | SO$_2$ | | NO$_x$ | |
|---|---|---|---|---|---|---|---|---|---|
| | | 参数估计 | P 值 | 参数估计 | P 值 | 参数估计 | P 值 | 参数估计 | P 值 |
| 菏泽 | 常数（C） | / | / | / | / | 19.144 | 0.000*** | 91.525 | 0.000*** |
| | 工业排放浓度 | / | / | / | / | 0.816 | 0.000*** | −0.168 | 0.000*** |
| | 日均温度 | / | / | / | / | −0.739 | 0.000*** | −0.905 | 0.000*** |
| | 降水 | / | / | / | / | −1.363 | 0.278 | −4.395 | 0.005*** |
| | 风力 | / | / | / | / | −3.18 | 0.002*** | −6.354 | 0.000*** |
| 焦作 | 常数（C） | 84.671 | 0.000*** | 126.913 | 0.000*** | 39.893 | 0.000*** | 63.83 | 0.000*** |
| | 工业排放浓度 | 4.138 | 0.000*** | 5.762 | 0.000*** | 0.041 | 0.527 | −0.131 | 0.055 |
| | 日均温度 | −2.083 | 0.000*** | −2.221 | 0.000*** | −0.728 | 0.000*** | −0.883 | 0.000*** |
| | 降水 | −9.564 | 0.114 | −27.304 | 0.001*** | −8.765 | 0.000*** | −5.406 | 0.003*** |
| | 风力 | −8.674 | 0.021 | −7.087 | 0.172 | −2.799 | 0.002 | −2.365 | 0.034 |
| 济南 | 常数（C） | 117.33 | 0.000*** | 167.567 | 0.000*** | 14.149 | 0.000*** | 88.338 | 0.000*** |
| | 工业排放浓度 | −1.722 | 0.001*** | −2.425 | 0.004*** | 1.114 | 0.000*** | −0.069 | 0.043** |
| | 日均温度 | −1.526 | 0.000*** | −2.062 | 0.000*** | −0.657 | 0.000*** | −0.752 | 0.000*** |
| | 降水 | 0.714 | 0.898 | −9.411 | 0.313 | −3.385 | 0.015 | −3.367 | 0.092 |
| | 风力 | −7.194 | 0.058 | 6.358 | 0.314 | −1 | 0.287 | −9.187 | 0.000*** |
| 济宁 | 常数（C） | 80.419 | 0.000*** | 115.463 | 0.000*** | 25.877 | 0.000*** | 92.76 | 0.000*** |
| | 工业排放浓度 | 2.055 | 0.085 | 3.236 | 0.137 | 0.898 | 0.000*** | −0.456 | 0.000*** |
| | 日均温度 | −1.524 | 0.000*** | −1.54 | 0.000*** | −0.506 | 0.000*** | −0.917 | 0.000*** |

续表

| 城市 | 变量 | PM2.5 | | PM10 | | SO₂ | | NOₓ | |
|---|---|---|---|---|---|---|---|---|---|
| | | 参数估计 | P值 | 参数估计 | P值 | 参数估计 | P值 | 参数估计 | P值 |
| 济宁 | 降水 | −5.79 | 0.196 | −15.619 | 0.056* | −4.537 | 0.001*** | −2.26 | 0.219 |
| | 风力 | −2.802 | 0.415 | 5.217 | 0.405 | −2.262 | 0.030*** | −3.135 | 0.025** |
| 开封 | 常数（C） | 106.597 | 0.000*** | 131.091 | 0.000*** | 29.457 | 0.000*** | 60.945 | 0.000*** |
| | 工业排放浓度 | 1.277 | 0.007*** | 1.689 | 0.021 | 0.504 | 0.000*** | 0.154 | 0.129 |
| | 日均温度 | −2.396 | 0.000*** | −1.879 | 0.000*** | −0.878 | 0.000*** | −1.152 | 0.000*** |
| | 降水 | −15.452 | 0.005*** | −30.936 | 0.000*** | −6.495 | 0.000*** | −8.337 | 0.000*** |
| 开封 | 风力 | −8.46 | 0.008*** | 0.911 | 0.85 | −2.395 | 0.002*** | −4.535 | 0.000*** |
| 莱芜 | 常数（C） | 151.22 | 0.000*** | 199.159 | 0.000*** | 70.735 | 0.000*** | 114.424 | 0.000*** |
| | 工业排放浓度 | 0.337 | 0.645 | 0.426 | 0.734 | 0.134 | 0.009*** | −0.139 | 0.000*** |
| | 日均温度 | −1.905 | 0.000*** | −1.978 | 0.000*** | −1.16 | 0.000*** | −0.73 | 0.000*** |
| | 降水 | −6.366 | 0.225 | −20.863 | 0.021** | −7.857 | 0.000*** | −7.295 | 0.000*** |
| | 风力 | −18.839 | 0.000*** | −14.145 | 0.092* | −8.309 | 0.000*** | −9.933 | 0.000*** |
| 廊坊 | 常数（C） | 98.083 | 0.000*** | 132.356 | 0.000*** | 29.072 | 0.000*** | 80.891 | 0.000*** |
| | 工业排放浓度 | 0.316 | 0.805 | −0.591 | 0.738 | 0.019 | 0.886 | −0.092 | 0.099* |
| | 日均温度 | −1.001 | 0.000*** | −0.654 | 0.036** | −0.414 | 0.000*** | −0.696 | 0.000*** |
| | 降水 | 1.18 | 0.865 | −14.507 | 0.131 | −2.646 | 0.164 | −3.238 | 0.249 |
| | 风力 | −13.352 | 0.006*** | −5.98 | 0.374 | −4.477 | 0.001*** | −7.741 | 0.000*** |
| 濮阳 | 常数（C） | 130.143 | 0.000*** | 160.662 | 0.000*** | 33.581 | 0.000*** | 64.936 | 0.000*** |
| | 工业排放浓度 | 1.283 | 0.082* | 2.185 | 0.026** | 0.038 | 0.076* | −0.051 | 0.119 |

| 城市 | 变量 | PM2.5 | | PM10 | | SO$_2$ | | NO$_x$ | |
|---|---|---|---|---|---|---|---|---|---|
| | | 参数估计 | P 值 | 参数估计 | P 值 | 参数估计 | P 值 | 参数估计 | P 值 |
| 濮阳 | 日均温度 | −2.803 | 0.000*** | −2.305 | 0.000*** | −0.737 | 0.000*** | −1.196 | 0.000*** |
| | 降水 | −13.579 | 0.083 | −27.843 | 0.008*** | −4.905 | 0.000*** | −5.302 | 0.008*** |
| | 风力 | −8.128 | 0.006*** | −4.462 | 0.254 | −1.004 | 0.057* | −1.992 | 0.010*** |
| 石家庄 | 常数（C） | 144.491 | 0.000*** | 206.021 | 0.000*** | 35.426 | 0.000*** | 78.219 | 0 |
| | 工业排放浓度 | 1.003 | 0.24 | 1.269 | 0.309 | 0.871 | 0.000*** | −0.082 | 0.172 |
| | 日均温度 | −2.607 | 0.000*** | −2.371 | 0.000*** | −1.434 | 0.000*** | −0.62 | 0.000*** |
| 石家庄 | 降水 | −2.501 | 0.769 | −20.908 | 0.093* | −8.498 | 0.003 | −8.831 | 0.001*** |
| | 风力 | −13.107 | 0.049** | −9.941 | 0.305 | −2.59 | 0.242 | −4.505 | 0.022 |
| 泰安 | 常数（C） | / | / | / | / | 44.045 | 0.000*** | 83.331 | 0.000*** |
| | 工业排放浓度 | / | / | / | / | 0.684 | 0.000*** | −0.142 | 0.000*** |
| | 日均温度 | / | / | / | / | −0.77 | 0.000*** | −0.762 | 0.000*** |
| | 降水 | / | / | / | / | −2.984 | 0.066* | −4.084 | 0.015** |
| | 风力 | / | / | / | / | −6.557 | 0.000*** | −6.367 | 0.000*** |
| 太原 | 常数（C） | 111.75 | 0.000*** | 169.281 | 0 | 123.729 | 0.000*** | 68.925 | 0.000*** |
| | 工业排放浓度 | −2.158 | 0.003*** | −1.244 | 0.23 | −0.089 | 0.215 | 0.043 | 0.071* |
| | 日均温度 | −1.119 | 0.001*** | −0.834 | 0.089* | −3.172 | 0.000*** | −0.707 | 0.000*** |
| | 降水 | −7.425 | 0.242 | −33.013 | 0.000*** | −21.308 | 0.000*** | −11.005 | 0.000*** |
| | 风力 | −8.98 | 0.003*** | −6.79 | 0.113 | −16.506 | 0.000*** | −7.564 | 0.000*** |

续表

| 城市 | 变量 | PM2.5 | | PM10 | | SO₂ | | NOₓ | |
|---|---|---|---|---|---|---|---|---|---|
| | | 参数估计 | P 值 | 参数估计 | P 值 | 参数估计 | P 值 | 参数估计 | P 值 |
| 唐山 | 常数（C） | 110.171 | 0.000*** | 139.68 | 0.000*** | 46.678 | 0.000*** | 96.396 | 0.000*** |
| | 工业排放浓度 | −0.273 | 0.566 | −0.327 | 0.647 | 0.354 | 0.001*** | −0.157 | 0.006*** |
| | 日均温度 | −0.979 | 0.000*** | −0.533 | 0.103 | −0.361 | 0.000*** | −0.195 | 0.045** |
| | 降水 | 1.933 | 0.775 | −12.953 | 0.201 | 3.004 | 0.279 | 0.029 | 0.991 |
| | 风力 | −10.797 | 0.012** | −2.362 | 0.713 | −6.046 | 0.001*** | −6.911 | 0.000*** |
| 天津 | 常数（C） | 113.384 | 0.000*** | 132.072 | 0.000*** | 33.283 | 0.000*** | 87.835 | 0.000*** |
| | 工业排放浓度 | 0.793 | 0.506 | −1.045 | 0.531 | 0.257 | 0.003*** | 0.002 | 0.914 |
| 天津 | 日均温度 | −1.204 | 0.000*** | −0.492 | 0.104 | −0.436 | 0.000*** | −0.923 | 0.000*** |
| | 降水 | −2.326 | 0.682 | −14.669 | 0.065 | −1.354 | 0.28 | −2.379 | 0.295 |
| | 风力 | −14.787 | 0.000*** | −5.249 | 0.209 | −3.754 | 0.000*** | −7.999 | 0.000*** |
| 邢台 | 常数（C） | 120.55 | 0.000*** | 144.655 | 0.000*** | 40.165 | 0.000*** | 77.89 | 0.000*** |
| | 工业排放浓度 | −2.461 | 0.278 | −0.28 | 0.929 | 0.595 | 0.000*** | −0.046 | 0.171 |
| | 日均温度 | −2.4 | 0.000*** | −2.455 | 0.000*** | −1.389 | 0.000*** | −0.663 | 0.000*** |
| | 降水 | −4.891 | 0.515 | −22.717 | 0.029 | −13.323 | 0.000*** | −7.029 | 0.006*** |
| | 风力 | 7.504 | 0.104 | 20.926 | 0.001*** | −1.405 | 0.482 | −1.713 | 0.271 |
| 新乡 | 常数（C） | 97.959 | 0.000*** | 143.291 | 0.000*** | 21.851 | 0.000*** | 75.411 | 0.000*** |
| | 工业排放浓度 | 1.406 | 0.385 | 1.498 | 0.527 | 1.08 | 0.000*** | −0.12 | 0.017** |
| | 日均温度 | −2.149 | 0.000*** | −2.249 | 0.000*** | −0.524 | 0.000*** | −0.606 | 0.000*** |

续表

| 城市 | 变量 | PM2.5 | | PM10 | | SO₂ | | NOₓ | |
|---|---|---|---|---|---|---|---|---|---|
| | | 参数估计 | P 值 | 参数估计 | P 值 | 参数估计 | P 值 | 参数估计 | P 值 |
| 新乡 | 降水 | −7.085 | 0.205 | −21.985 | 0.007*** | −4.751 | 0.007*** | −5.623 | 0.016** |
| | 风力 | −1.487 | 0.664 | 4.634 | 0.355 | −0.195 | 0.856 | −3.281 | 0.021** |
| 阳泉 | 常数（C） | 140.066 | 0.000*** | 181.602 | 0.000*** | 126.346 | 0.000*** | 79.686 | 0 |
| | 工业排放浓度 | 0.029 | 0.721 | 0.038 | 0.776 | −0.018 | 0.347 | 0.000*** | 0.976 |
| | 日均温度 | −1.972 | 0.000*** | −1.45 | 0.000*** | −2.631 | 0.000*** | −0.712 | 0.000*** |
| | 降水 | −4.507 | 0.422 | −21.09 | 0.022** | −19.616 | 0.000** | −6.697 | 0.001*** |
| | 风力 | −20.349 | 0.000*** | −12.456 | 0.048 | −15.398 | 0.000*** | −9.04 | 0.000*** |
| 郑州 | 常数（C） | 124.442 | 0.000*** | 179.633 | 0.000*** | 33.048 | 0.000*** | 72.727 | 0.000*** |
| 郑州 | 工业排放浓度 | 0.527 | 0.618 | −0.623 | 0.672 | 0.015 | 0.475 | −0.052 | 0.313 |
| | 日均温度 | −2.54 | 0.000*** | −2.004 | 0.000*** | −0.603 | 0.000*** | −0.59 | 0.000*** |
| | 降水 | −16.177 | 0.015** | −33.733 | 0.000*** | −6.62 | 0.000*** | −7.93 | 0.001*** |
| | 风力 | −7.072 | 0.036*** | −0.06 | 0.99 | −1.278 | 0.026** | −3.655 | 0.002*** |
| 淄博 | 常数（C） | / | / | / | / | −0.546 | 0.936 | 83.707 | 0.000*** |
| | 工业排放浓度 | / | / | / | / | 3.414 | 0.000*** | −0.092 | 0.449 |
| | 日均温度 | / | / | / | / | −0.504 | 0.000*** | −0.823 | 0.000*** |
| | 降水 | / | / | / | / | −7.417 | 0.000*** | −2.801 | 0.135 |
| | 风力 | / | / | / | / | −4.578 | 0.002*** | −6.521 | 0.000*** |

注：* 表示 90% 以内显著，** 表示 95% 以内显著，*** 表示 99% 以内显著。

资料来源：笔者根据本研究计算结果绘制。

# 第五节　本章小结

　　京津冀及周边地区是大气污染防治的重点区域，本章建立了空气质量人口暴露程度、空气质量季节指数、年小时均值等指标，分析了京津冀及周边地区包括大气污染传输通道城市在内的 31 个城市的空气质量变化及人口暴露程度、不同污染物的季节指数、不同污染物的小时变化等特征。另外，从自然因素、社会经济因素、排放因素等分析了空气质量影响变量，从不同尺度建立了多元回归模型，从宏观尺度分析了人均 GDP 水平、产业结构、工业排放量等因素对空气质量的影响，从微观尺度分析了城市层面风力、风速、气温等气象因素及不同污染物工业排放日均浓度等因素对空气质量日均浓度的影响。本书建立了城市层面空气质量画像的指标体系，为进一步改善京津冀及周边地区环境空气质量提供了决策依据。

　　（1）研究表明，2015~2018 年京津冀及周边地区城市 PM2.5 和 PM10 污染总体改善非常显著，但是超标现象仍然普遍存在，$O_3$ 污染恶化明显，京津冀及周边地区城市空气质量治理情况任重道远。空气质量各污染物指标具有明显的季节特征和小时变化特征，其中 PM2.5、PM10、$SO_2$、$NO_2$ 等冬季效应明显，$O_3$ 则具有明显的夏季效应。空气质量小时变化特征分析中，PM2.5、PM10 及 $NO_2$ 峰值出现在早高峰 8~10 点以及凌晨，$O_3$ 峰值则出现在 16 点。针对空气质量变化的时间特征，实施大气污染防治的精准控制及精细化管理非常重要。

　　（2）北京城六区人口密度是大气污染传输通道城市中最高的，人群集中，空气质量人口暴露程度最高，因此，进一步疏解北京城区人口、有效改善北京市空气质量等政策都具有重要意义。另外，沧州、濮阳、安阳、晋城、邢台、新乡、廊坊等城市空气质量人口暴露程度高于京津冀及周边其他城市平均值及全国平均水平，应重点加强这些城市的空气质量治理，进一步完善京津冀及周边大气污染传输通道城市间协作机制。

　　（3）社会经济、气象、工业排放等均是空气质量的影响因素。大气污染传输通道城市中，人均 GDP 及产业结构等指标对空气质量影响显著，现阶段经济发展水平下，随着人均 GDP 水平的提高，有利于空气质量的改善。第二产业比例及工业排放则和空气质量污染浓度存在正相关关系，目前仍需进一步通过调整产业结构、减少工业排放，来实现空气质量改善的最终目标。

（4）空气质量各污染物排放存在较强的相关性，验证了污染物协同控制效应。风力、气温对空气质量有重要影响，将风力、气温等气象因素作为控制变量，安阳、北京、滨州、德州、焦作、济宁、开封、濮阳等城市工业污染排放和空气质量有正相关关系，工业固定源对这些城市空气质量有重要影响。

（5）建议京津冀大气污染传输通道城市空气质量治理一方面应考虑跨区域、城市之间的联防联控；另一方面要结合不同地区的空气质量变化特征，考虑地区经济发展水平、人口暴露程度及工业污染排放等因素的影响。

# 第六章　京津冀及周边地区工业大气污染源排放特征

工业污染源是大气污染排放最为重要的因素，京津冀及周边地区聚集了炼钢、炼铁、炼焦、水泥、煤炭、化工、电力等污染行业，京津冀及周边地区偏重的产业结构、以煤为主的能源结构、以公路为主的交通结构，导致单位国土面积煤炭消费量远超全国平均水平，远超环境承载力的污染排放强度是京津冀及周边地区大气重污染形成的主因。本部分收集了京津冀及周边地区包括国控大气排放源[①]在内的 1 107 家在线监测企业 2017 年的监测数据，对京津冀及周边地区工业大气污染源排放特征进行了分析。[②]

## 第一节　分析指标

### 一、超标情况

按照第四章对污染源数据超标的界定进行判定，一次超标就算超标，包括超标次数、超标率等指标。不同时间尺度分为年超标次数、年超标率；季度超标次数、季度超标率；月超标次数、月超标率；日超标次数、日超标率等。

超标次数：按照自动在线监控的数据进行计算，这个企业的某一时刻的某

---

① 国控大气排放源是指工业企业分别按照 $SO_2$、$NO_x$ 和烟粉尘年排放量筛选出累计占工业 $SO_2$、$NO_x$ 或烟粉尘排放量 65% 或产生量 50% 的企业；筛选出的企业名单形成废气国控源基础名单，这些企业包括水泥，原油加工及石油制品，炼焦，黑色金属冶炼和压延，有色金属冶炼和压延，平板玻璃制造业中的大型企业，所有燃煤电厂。

② 本章计算结果为笔者根据京津冀及周边地区国控污染源在线监测数据计算所得，计算结果仅代表笔者本人观点。

一个排口只要有一个污染物超标就记作 1，一个排口两种污染物超标就记作 2，两个排口同一种污染物超标，也记作 2，以此类推。

超标企业数量：无论同一个企业在某一时间段内超标几次，都记作 1，只记录不同企业的数量。

## 二、工业污染物排放强度

如式（6-1）所示，参照单位 GDP 的能源消耗量指标，31 个城市工业污染物排放强度（IPEI）用各个城市污染物排放总量和工业总产值的比值表示（Guo et al., 2016）。

$$工业污染物排放强度（IPEI）= \frac{Totalemissions_i}{Industrialoutput_i} \qquad (6-1)$$

式中，$Totalemissions_i$ 表示第 $i$ 个城市的某种污染物 2016 年排放总量，污染物分别为 $SO_2$ 和烟尘，单位为吨；$Industrialoutput_i$ 表示第 $i$ 个城市 2016 年的工业总产值（当年价格），单位为亿元。这个指标可以代表不同地区污染排放的技术水平。

## 三、工业污染源污染物浓度及污染源浓度排放强度

31 个城市工业污染源污染物浓度年均值为该城市所有行业企业废气排口该污染物排放浓度（除零值外）的算术平均值，如式（6-2）所示。

$$Pollution_p = \sum_{j=1}^{n} x_{jp}/n \qquad (6-2)$$

式中，$Pollution_p$ 为第 $p$ 种污染物年均浓度；$x_{jp}$ 为第 $p$ 种污染物 $j$ 时刻的排放浓度。

式中，$Pollution_{ip}$ 为第 $i$ 个城市 $p$ 种污染物年均浓度；$Industrialoutput_i$ 为第 $i$ 个城市的工业总产值，如式（6-3）所示。

$$污染源浓度排放强度 = \frac{Pollution_{ip}}{Industrialoutput_i} \qquad (6-3)$$

工业污染物浓度排放强度指标是单位工业产值的污染物排放浓度，排放浓度是各地区不同行业在线监测的污染物浓度平均值，不同地区污染物排放平均浓度这个指标恰好可以反映不同地区行业、产业的结构布局情况，例如某城市的工业 $SO_2$ 平均排放浓度高，可以一定程度上说明这个地区高污染行业更为集中，工业 $SO_2$ 排放浓度强度高则说明单位工业产值带来的污染浓度更高，需要进一步调整行业及产业结构，优化行业产业布局。

## 四、废气重点监控企业分布密度

31 个城市废气重点监控企业分布密度即为该城市单位面积区域内废气监控企业的数量，计算方法如式（6-4）所示。

$$废气重点监控企业分布密度 = \frac{Quantity_i}{Urbanarea_i} \qquad (6-4)$$

式中，$Quantity_i$ 为第 $i$ 个城市废气监控企业数量；$Urbanarea_i$ 为第 $i$ 个城市的市区面积。

## 五、污染物时间特征及变化趋势

研究用污染源不同污染物排放浓度的年均值、月均值、日均值、小时均值，以及污染物数据有效情况、污染物超标次数、污染物超标率等指标来反映污染物时间特征及变化趋势，这些指标在第四章中已经进行界定。企业某污染物小时均值指本年度爬取的该企业某种污染物有效数据浓度值各小时的算术平均值，包括月小时均值、年小时均值等指标，通过分析这些污染物时间特征指标可以发现企业是否在特定时间内存在超标风险，甚至可以发现企业是否存在夜间偷排的情况。

# 第二节　京津冀及周边地区污染源空间分布特征

## 一、2017 年国家重点废气监控企业及其他在线监测企业

### 1. 不同行业企业数量情况

环境保护部发布的 2017 年国家废气排放重点监控企业中，京津冀及周边地区 31 个城市废气排放重点监控企业共 615 家（公众环境研究中心，2018），占全国废气排放重点监控企业的比例为 18.2%。唐山企业数量最多，为 89 家，衡水、濮阳最少，为 3 家。615 家国家废气排放重点监控企业中，电力、钢铁、炼焦行业占比分别为 40.8%、22.1%、13.5%。电力行业中，山东省火电企业数

量最多，分布在济宁、滨州、淄博等城市。唐山、邯郸钢铁企业数量分别为 43 家、27 家，占 31 个城市钢铁企业数量的 51% 以上。炼焦行业唐山、长治数量最多，为 18 家、10 家，占 31 个城市炼焦企业数量的 33.7%。

从 31 个城市在线监测的废气排放企业行业类型来看，电力行业 320 家，钢铁行业 112 家，化学原料和化学制品制造业 87 家，非金属矿物制品业 78 家，石油加工、炼焦和核燃料加工业 68 家，共占据了废气排放企业数量的 80.8%。在线监测的废气排放企业所在城市分布中，31 个城市均有电力行业企业，北京、济宁、淄博、滨州、邯郸等城市在线监测电力企业数量最多（见图 6-1），唐山、邯郸钢铁行业在线监测企业数量最多，占比达 49.1%。

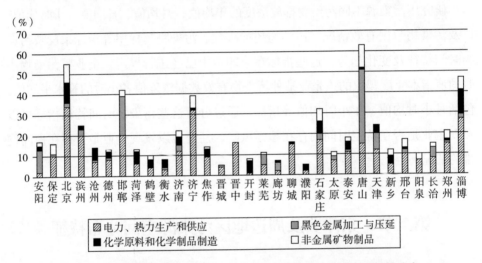

**图 6-1　京津冀及周边 31 个城市国控污染源及自行监测企业数量分布**
资料来源：笔者根据京津冀及周边地区国控污染源在线监测数据计算所得。

## 2. 企业分布密度

根据 2018 年生态环境部公布的《中国生态环境状况公报 2017》数据，邢台、沧州、长治、安阳、郑州等城市废气重点企业分布密度分别为 12.12 家 / 百平方千米、10.93 家 / 百平方千米、9.28 家 / 百平方千米、5.33 家 / 百平方千米、3.27 家 / 百平方千米（见图 6-2），高于 31 个城市平均密度（0.8 家 / 百平方千米）的 3 倍及以上，这些城市需要进一步控制"高污染、高耗能"行业新增产能，合理确定重点产业发展布局、结构和规模（Fahad et al.，2017）。北京、衡水、开封、天津、济南等城市废气重点企业分布密度分别为 0.02 家 / 百平方千米、0.2 家 / 百平方千米、0.24 家 / 百平方千米、0.31 家 / 百平方千米，远低于 31 家城市平均值。

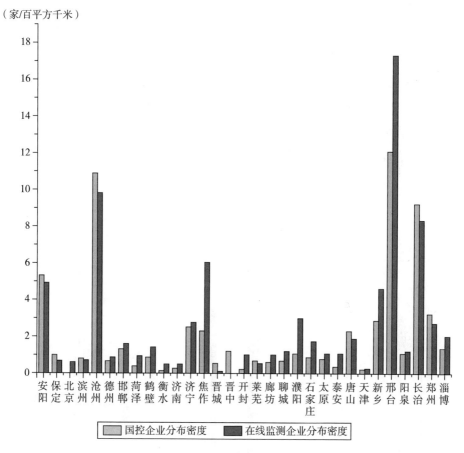

**图 6-2 京津冀及周边 31 个城市废气国控企业及在线监测企业分布密度**
资料来源：笔者根据京津冀及周边地区国控污染源在线监测数据计算所得。

## 二、31 个城市工业污染排放强度

工业污染排放强度代表了单位工业产值产生的污染排放量。2016 年北京、天津的 $SO_2$ 排放强度只有约 0.6 吨 / 亿元、2.0 吨 / 亿元（见图 6-3）。阳泉单位工业产值 $SO_2$ 排放强度达 108.8 吨 / 亿元、晋城 78.9 吨 / 亿元、长治 26.7 吨 / 亿元、晋中 25.3 吨 / 亿元、滨州 21.3 吨 / 亿元、邢台 20.8 吨 / 亿元、莱芜 16.1 吨 / 亿元、邯郸 14.1 吨 / 亿元、唐山 12.6 吨 / 亿元、安阳 12.0 吨 / 亿元，高于全国 $SO_2$ 平均排放强度（6.6 吨 / 亿元）及京津冀及周边 31 个城市平均水平（7.1 吨 / 亿元），要进一步加快这些地区燃煤电厂、钢铁、石油炼制等重点行业脱硫工程建设。

2016 年北京的烟尘排放强度只有 0.44 吨 / 亿元（见图 6–3）。晋城单位工业产值烟尘排放强度为 91.6 吨 / 亿元、莱芜 67.5 吨 / 亿元、阳泉 51.6 吨 / 亿元、唐山 44.9 吨 / 亿元、长治 27.9 吨 / 亿元、邢台 27.9 吨 / 亿元、邯郸 23.2 吨 / 亿元、晋中 22.8 吨 / 亿元、安阳 12.9 吨 / 亿元、济南 9.9 吨 / 亿元，高于全国烟尘平均排放强度 6.27 吨 / 亿元及 31 个城市平均水平 7.90 吨 / 亿元，应进一步加快这些地区燃煤锅炉和工业窑炉除尘设施的升级改造。

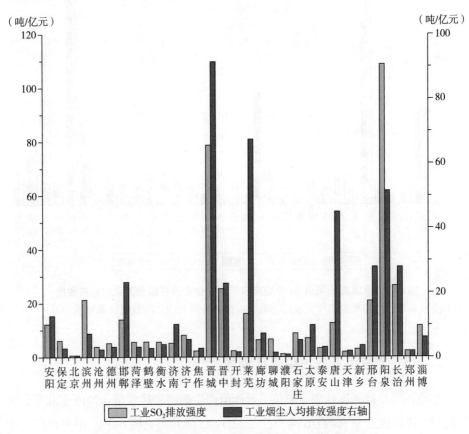

**图 6–3 京津冀及周边 31 城市工业 $SO_2$ 及烟尘排放强度**

资料来源：笔者根据京津冀及周边地区国控污染源在线监测数据计算所得。

京津冀及周边 31 个城市中，不同地区减排成本存在差异（Yang et al.，2017），北京的单位工业产值的 $SO_2$ 和烟尘排放强度均是最低值，即单位工业增加值所产生的污染排放量最低，减排的机会成本较高（陈青等，2017）。山西阳泉、晋城、晋中、长治，河北唐山、邢台、邯郸等城市单位工业产值产生了更高的污染排放，是京津冀及周边地区污染控制的重点。

## 三、31 个城市工业污染源浓度排放强度

2017 年，阳泉、鹤壁、莱芜、长治、开封等城市单位工业产值 $SO_2$ 浓度排放强度分别为 1 826.90 毫克 / 万亿立方米、462.81 毫克 / 万亿立方米、301.41 毫克 / 万亿立方米、284.79 毫克 / 万亿立方米、274.21 毫克 / 万亿立方米（见表 6–1），均高于京津冀及周边 31 个城市 $SO_2$ 浓度排放强度平均水平 93.10 毫克 / 万亿立方米 2 倍以上，不同地区工业产值 $SO_2$ 浓度排放强度分布情况如图 6–4 所示。

表 6–1　　　　　2017 年京津冀及周边 31 个城市污染源
不同污染物浓度排放强度　　　单位：毫克 / 万亿立方米

| 城市 | 工业污染源 $SO_2$ 浓度排放强度 | 工业污染源 $NO_x$ 浓度排放强度 | 工业污染源烟尘浓度排放强度 |
|---|---|---|---|
| 安阳 | 152.96 | 379.25 | 46.73 |
| 保定 | 48.95 | 154.18 | 15.37 |
| 北京 | 4.01 | 41.31 | 4.26 |
| 滨州 | 84.55 | 298.09 | 22.82 |
| 沧州 | 101.26 | 184.32 | 20.42 |
| 德州 | 98.52 | 303.75 | 36.20 |
| 邯郸 | 143.04 | 235.46 | 28.97 |
| 菏泽 | 101.04 | 225.90 | 16.09 |
| 鹤壁 | 462.81 | 628.84 | 98.43 |
| 衡水 | 150.90 | 196.16 | 25.31 |
| 济南 | 100.86 | 276.14 | 17.78 |
| 济宁 | 124.00 | 279.55 | 39.78 |

续表

| 城市 | 工业污染源 $SO_2$ 浓度排放强度 | 工业污染源 $NO_x$ 浓度排放强度 | 工业污染源烟尘浓度排放强度 |
|------|------|------|------|
| 焦作 | 87.99 | 147.52 | 22.86 |
| 晋中 | — | — | — |
| 开封 | 274.21 | 156.04 | 115.84 |
| 莱芜 | 301.41 | 1 142.16 | 164.58 |
| 廊坊 | 69.17 | 232.72 | 28.88 |
| 聊城 | 105.01 | 142.70 | 114.46 |
| 濮阳 | 174.06 | 185.08 | 37.08 |
| 石家庄 | 56.11 | 135.75 | 16.96 |
| 太原 | 158.94 | 579.32 | 51.07 |
| 泰安 | 98.94 | 318.88 | 21.55 |
| 唐山 | 31.18 | 110.67 | 11.44 |
| 天津 | 20.03 | 33.95 | 3.46 |
| 新乡 | 83.75 | 206.16 | 23.68 |
| 邢台 | 144.93 | 386.53 | 35.45 |
| 阳泉 | 1 826.90 | 2 775.29 | 337.57 |
| 长治 | 284.79 | 642.28 | 71.87 |
| 郑州 | 92.09 | 124.84 | 16.77 |
| 淄博 | 47.03 | 144.40 | 9.58 |

资料来源：笔者根据京津冀及周边地区国控污染源在线监测数据计算所得。

  阳泉、莱芜、长治、鹤壁、太原、邢台工业污染源单位工业产值 $NO_x$ 浓度排放强度均高于 31 个城市 203.90 毫克/万亿立方米的平均水平，单位工业产值 $NO_x$ 排放浓度强度分别为 2 775.29 毫克/万亿立方米、1 142.16 毫克/万亿立方米、642.28 毫克/万亿立方米、628.84 毫克/万亿立方米、579.32 毫克/万亿立方米、386.53 毫克 / 万亿立方米。

　　阳泉、莱芜、开封、聊城、鹤壁、长治、太原工业污染源单位工业产值烟尘浓度排放强度分别为 337.57 毫克 / 万亿立方米、164.58 毫克 / 万亿立方米、115.84 毫克 / 万亿立方米、114.46 毫克 / 万亿立方米、98.43 毫克 / 万亿立方米、71.87 毫克 / 万亿立方米、51.07 毫克 / 万亿立方米，远高于京津冀及周边 31 个城市 28.90 毫克 / 万亿立方米的平均水平。不同地区工业烟尘浓度排放强度分布情况如图 6-4 所示。

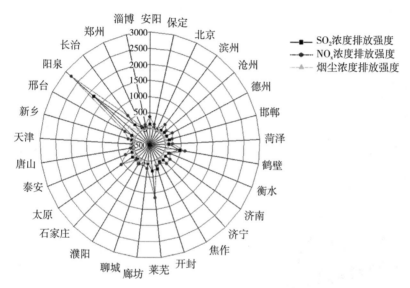

**图 6-4　京津冀及周边 31 个城市污染源污染物浓度排放强度**
资料来源：笔者根据京津冀及周边地区国控污染源在线监测数据计算所得。

　　总体上，京津冀及周边 31 个城市中，山西阳泉、长治、太原，河北邢台、邯郸，山东莱芜，河南鹤壁、开封等城市单位工业产值污染排放强度及污染物浓度排放强度远高于北京、天津等城市，排放技术水平有较大的提升空间，可以通过淘汰落后产能、加大区域产业布局调整力度、优化产业布局等方式深化工业污染治理。

## 第三节　工业污染源时间变化分析

从 2015 年 1 月至 2017 年 12 月各城市工业污染源排放浓度年度变化情况来看，山东德州、滨州、济宁城市 $SO_2$、$NO_x$ 及烟尘 2017 年排放浓度比 2015 年、2016 年有明显降低（见图 6-5），石家庄、沧州、邯郸、廊坊 $SO_2$ 和烟尘 2017 年排放浓度低于 2016 年，自《京津冀及周边地区 2017~2018 年秋冬季大气污染综合治理攻坚行动方案》实施以来，这些城市通过工业锅炉升级改造、"散乱污"企业综合整治等措施，大气污染防治效果显著。

（毫克/立方米）

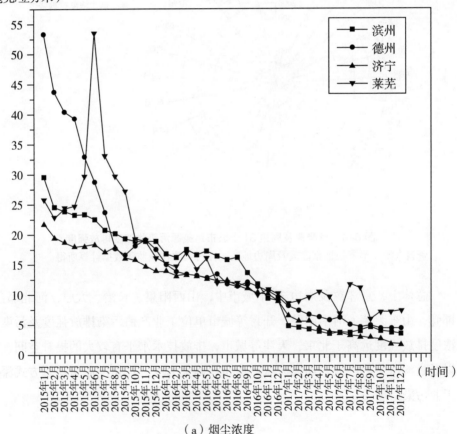

（a）烟尘浓度

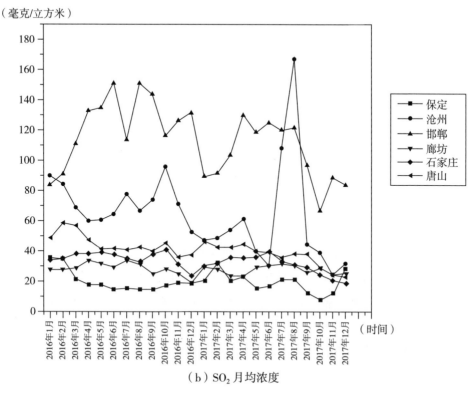

（b）SO$_2$月均浓度

**图 6-5　部分城市 2015~2017 年 SO$_2$ 及 NO$_x$ 排放月均浓度分布情况**

资料来源：笔者根据京津冀及周边地区国控污染源在线监测数据计算所得。


## 1. 二氧化硫

2017 年北京市工业污染源 SO$_2$ 排放浓度峰值分别出现在 1 月、3 月和 8 月，最高值为 54.5 毫克 / 立方米，年均值为 6.4 毫克 / 立方米，其余月份排放平稳。沧州 SO$_2$ 排放浓度峰值出现在 7 月、8 月，峰值达 778.2 毫克 / 立方米，排放均值浓度为 58.8 毫克 / 立方米。石家庄 3 月份工业污染源 SO$_2$ 排放浓度较高，太原 SO$_2$ 排放最高值出现在 4 月和 6 月，峰值达 425.4 毫克 / 立方米。山东省济南、菏泽、济宁、泰安、淄博及河南开封上半年工业污染源 SO$_2$ 污染排放浓度普遍高于下半年。莱芜 3 月、5 月、7 月出现峰值，峰值浓度达 100 毫克 / 立方米，北京工业污染源 SO$_2$ 浓度整体较低，3 月、8 月出现峰值，浓度为 54.6 毫克 / 立方米。

## 2. 氮氧化物

2017 年，安阳、菏泽、济南、济宁工业 NOₓ 上半年排放浓度总体高于下半年。安阳 NOₓ 排放峰值出现在 1 月、11 月，达 238.5 毫克／立方米。保定工业 NOₓ 排放高峰和低峰均出现在 10 月份，其他月份排放相对平稳。北京、德州工业污染源 NOₓ 排放各月份相对均衡。滨州、沧州、邯郸、郑州、淄博等城市除个别月份出现异常值外，其他月份排放平稳。

## 3. 烟尘

北京、邯郸、焦作、济南、石家庄等城市个别月份出现异常峰值外，大部分城市工业烟尘排放相对平稳。北京市工业污染源烟尘 1 月、3 月、11 月出现峰值。邯郸工业烟尘浓度峰值出现在 2 月，焦作出现在 1 月、2 月。石家庄 5 月份烟尘排放出现异常峰值，峰值浓度达 336.8 毫克／立方米，比平均浓度高 36 倍。对于异常峰值应关注企业是否存在违法排放，自动监测数据可作为环境行政处罚等监管执法的依据（国务院办公厅，2017；Gibert，2018）。

# 第四节　工业污染源行业特征

工业固定污染源排放强度巨大，是影响空气质量最为重要的人为因素，京津冀大气污染传输通道城市中，聚集了电力、炼钢、炼铁、炼焦、水泥、煤炭、化工等污染行业（北京大学统计科学中心，2018）。2015 年京津冀地区工业源 $SO_2$、$NO_x$、烟（粉）尘排放分别为 100.6 万吨、97.7 万吨、119.8 万吨，分别占京津冀 $SO_2$、$NO_x$、烟粉尘总排放的 74.6%、58.4%、69.4%。[①] 工业锅炉、钢铁、建材和炼焦行业是一次 PM2.5 的主导因素。

电力行业、钢铁行业是国民经济的重要基础产业，也是污染排放的重点行业。因此，本书基于获取的工业污染源在线监测数据，对京津冀地区电力、钢铁等重点行业的污染排放特征进行了分析。后续章节以京津冀地区天津市为例，

---

① 资料来源于《中国环境统计年报 2015》。

对火电行业排放特征进行了具体分析。

## 一、电力行业

"十一五"期间，电力二氧化硫排放量从 2005 年底的 1 350 万吨下降为 2010 年底的 926 万吨，减排了 424 万吨，下降约 31.41%；全国二氧化硫下降了 364 万吨，下降约 14.29%。从减排的绝对量而言，电力行业"十一五"期间二氧化硫减排量比全国二氧化硫减排量还多 60 万吨，说明无论是下降绝对值还是下降比例，电力行业的减排均远高于全国减排（莫华等，2014）。《火电厂大气污染物排放控制标准》（GB13223—2011）对大气污染物排放标准浓度限值的规定更加严格，规定了现有火电锅炉达到更加严格排放浓度限值的时限，并增加了汞排放浓度限值要求，对重点地区大气污染物排放要求将更加严格。

火电行业是我国环境治理的先导行业、重点行业。在持续多年环保各项政策措施的实施引领下，生态环保推动火电行业高质量发展的良好形态已基本形成，行业节能减排绩效、绿色发展水平整体已进入世界先进行列。在火电行业高质量发展的深化阶段，电力行业环保政策需要结合污染防治攻坚的行业治理要求，瞄准差异化、精细化、现代化治理方向，继续实施淘汰落后产能、制定区域标准限值、进行经济引导、实行法治监管等，为环保推动其他重点行业绿色发展提供先行经验（李新等，2019）。

### 1. 电力行业企业数量及分布情况

京津冀及周边地区包括大气污染传输通道在内的 31 个城市实施在线监控的电力企业数量共有 361 家，其中，山东省电力行业企业数量居多，如济宁、滨州、淄博等（见图 6-6）。

### 2. 火电行业 $SO_2$ 数据公开、超标及排放情况

京津冀及周边地区 31 个城市火电行业在线监测企业 $SO_2$ 排放数据公开及超标情况统计如表 6-2 所示。从数据公开情况来说，阳泉、济南、太原、长治、衡水、北京、滨州等城市数据公开率较低。从已公开的数据来看，京津冀及周边 31 个城市火电行业 $SO_2$ 达标情况较好（见图 6-7）。

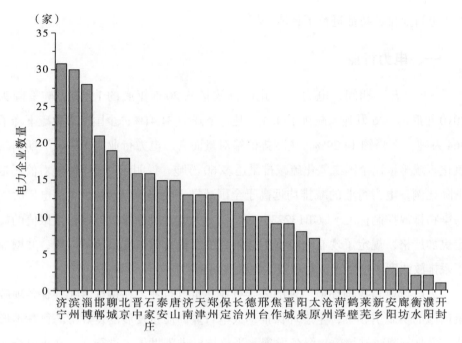

**图 6-6 京津冀及周边 31 个城市火电企业数量分布**

资料来源：笔者根据京津冀及周边地区国控污染源在线监测数据计算所得。

表 6-2　　　　　京津冀及周边 31 个城市 SO₂ 数据公开及超标情况统计

| 城市 | 数据公开率（%） | 公开天数（天） | 公开天数比例（%） | 超标次数（次） | 超标比例（%） | 超标天数（天） | 超标天数比例（%） |
|---|---|---|---|---|---|---|---|
| 安阳 | 58.41 | 326 | 89.32 | 0 | 0.00 | 0 | 0.00 |
| 保定 | 49.82 | 364 | 99.73 | 35 | 0.06 | 9 | 2.47 |
| 北京 | 7.54 | 160 | 43.84 | 0 | 0.00 | 0 | 0.00 |
| 滨州 | 0.01 | 28 | 7.67 | 0 | 0.00 | 0 | 0.00 |
| 沧州 | 43.16 | 310 | 84.93 | 0 | 0.00 | 0 | 0.00 |
| 沧州 | 52.63 | 364 | 99.73 | 45 | 0.11 | 7 | 1.92 |
| 德州 | 60.07 | 363 | 99.45 | 65 | 0.07 | 20 | 5.48 |
| 邯郸 | 46.50 | 363 | 99.45 | 14 527 | 8.70 | 338 | 92.60 |

| 城市 | 数据公开率（%） | 公开天数（天） | 公开天数比例（%） | 超标次数（次） | 超标比例（%） | 超标天数（天） | 超标天数比例（%） |
|---|---|---|---|---|---|---|---|
| 菏泽 | 57.36 | 352 | 96.44 | 25 | 0.05 | 17 | 4.66 |
| 鹤壁 | 43.49 | 318 | 87.12 | 26 | 0.11 | 3 | 0.82 |
| 衡水 | 15.61 | 167 | 45.75 | 0 | 0.00 | 0 | 0.00 |
| 济南 | 23.64 | 348 | 95.34 | 234 | 0.40 | 47 | 12.88 |
| 济宁 | 50.98 | 354 | 96.99 | 614 | 0.25 | 164 | 44.93 |
| 焦作 | 54.58 | 325 | 89.04 | 3 | 0.01 | 3 | 0.82 |
| 开封 | 67.20 | 325 | 89.04 | 0 | 0.00 | 0 | 0.00 |
| 莱芜 | 33.38 | 363 | 99.45 | 50 | 0.11 | 24 | 6.58 |
| 廊坊 | 45.16 | 336 | 92.05 | 1 | 0.00 | 1 | 0.27 |
| 聊城 | 29.94 | 296 | 81.10 | 79 | 0.16 | 60 | 16.44 |
| 濮阳 | 29.08 | 291 | 79.73 | 0 | 0.00 | 0 | 0.00 |
| 石家庄 | 52.40 | 365 | 100.00 | 14 | 0.01 | 12 | 3.29 |
| 太原 | 18.33 | 232 | 63.56 | 52 | 0.18 | 8 | 2.19 |
| 泰安 | 57.95 | 363 | 99.45 | 636 | 1.04 | 134 | 36.71 |
| 唐山 | 52.13 | 365 | 100.00 | 58 | 0.03 | 28 | 7.67 |
| 天津 | 74.26 | 365 | 100.00 | 12 | 0.01 | 9 | 2.47 |
| 新乡 | 39.67 | 327 | 89.59 | 9 | 0.03 | 6 | 1.64 |
| 邢台 | 32.23 | 363 | 99.45 | 34 | 0.09 | 20 | 5.48 |
| 阳泉 | 28.22 | 365 | 100.00 | 12 | 0.02 | 8 | 2.19 |
| 长治 | 17.06 | 237 | 64.93 | 179 | 0.25 | 23 | 6.30 |
| 郑州 | 43.82 | 329 | 90.14 | 0 | 0.00 | 0 | 0.00 |
| 淄博 | 51.74 | 364 | 99.73 | 281 | 0.16 | 141 | 38.63 |

资料来源：笔者根据京津冀及周边地区国控污染源在线监测数据计算所得。

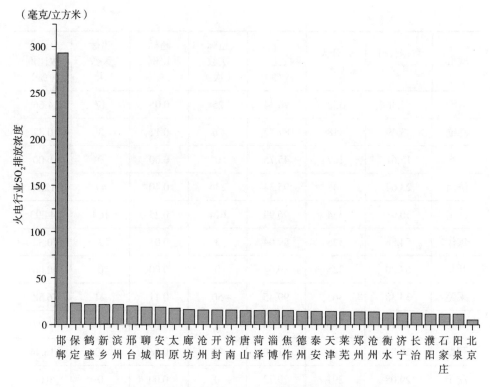

**图 6-7　京津冀及周边地区 2018 年火电行业 SO₂ 排放年均浓度比较**

资料来源：笔者根据京津冀及周边地区国控污染源在线监测数据计算所得。

从京津冀及周边地区 2018 年火电行业 SO₂ 排放日均浓度箱式图（见图 6-8）中可以看出，邯郸、鹤壁等城市火电行业 SO₂ 排放浓度普遍高于其他城市。对于焦作、邢台等城市火电行业 SO₂ 排放浓度异常值，应予以重点关注，看企业是否存在超标排放、违法排放、设备故障等问题。

研究进一步发现 2018 年邯郸市火电行业 SO₂ 排放浓度之所以远高于其他城市，是因为河北省邯峰发电有限责任公司存在 SO₂ 常年超标的情况（见表 6-3）。将京津冀及周边 31 个城市火电行业企业超标次数及超标天数比例进行比较分析发现，河北邯峰发电有限责任公司 SO₂ 常年超标，企业 SO₂ 平均浓度高达 1 400 毫克／立方米，该企业应予以重点关注。

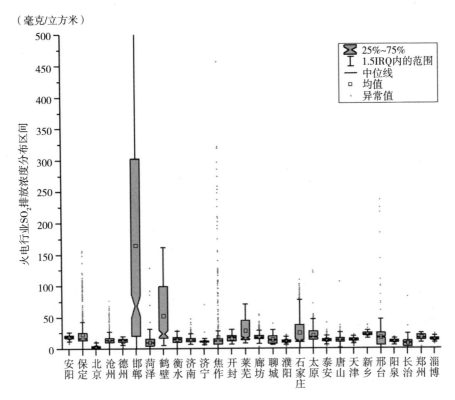

**图 6-8 京津冀及周边地区 2018 年火电行业 SO₂ 排放日均浓度箱式图分布**
资料来源：笔者根据京津冀及周边地区国控污染源在线监测数据计算所得。

表 6-3 京津冀及周边地区火电部分企业 SO₂ 排放统计

| 公司名称 | 省份 | 城市 | 企业年超标次数（次） | 企业超标率（%） | 企业超标天数（天） | 企业超标天数比例（%） | 企业 SO₂ 平均浓度（毫克/立方米） |
|---|---|---|---|---|---|---|---|
| 河北邯峰发电有限责任公司 | 河北省 | 邯郸市 | 14 513 | 44.24 | 338 | 92.60 | 1 462.13 |
| 泰安华丰顶峰热电有限公司 | 山东省 | 泰安市 | 526 | 6.26 | 93 | 25.48 | 20.60 |
| 华聚能源东滩矿电厂 | 山东省 | 济宁市 | 385 | 4.99 | 61 | 16.71 | 14.60 |
| 光大环保能源（济南）有限公司 | 山东省 | 济南市 | 211 | 0.67 | 35 | 9.59 | 21.33 |

续表

| 公司名称 | 省份 | 城市 | 企业年超标次数（次） | 企业超标率（%） | 企业超标天数（天） | 企业超标天数比例(%) | 企业SO₂平均浓度（毫克/立方米） |
|---|---|---|---|---|---|---|---|
| 郓城金河热电有限责任公司 | 山东省 | 菏泽市 | 108 | 1.63 | 13 | 3.56 | 8.57 |
| 泰安新汶顶峰热电有限公司 | 山东省 | 泰安市 | 80 | 1.24 | 38 | 10.41 | 18.79 |
| 山东新汶热电有限公司 | 山东省 | 泰安市 | 72 | 0.87 | 46 | 12.60 | 14.14 |
| 淄博环保能源有限公司 | 山东省 | 淄博市 | 70 | 1.67 | 28 | 7.67 | 7.40 |
| 淄博坤升热电有限公司 | 山东省 | 淄博市 | 67 | 2.30 | 6 | 1.64 | 8.31 |
| 乐源热电 | 山东省 | 德州市 | 58 | 0.53 | 15 | 4.11 | 15.20 |
| 山东钢铁股份有限公司莱芜分公司能源动力厂 | 山东省 | 莱芜市 | 58 | 0.29 | 25 | 6.85 | 46.16 |
| 邹城宏矿热电有限公司 | 山东省 | 济宁市 | 57 | 0.74 | 27 | 7.40 | 11.87 |
| 东阿华通热电有限公司 | 山东省 | 聊城市 | 53 | 0.80 | 39 | 10.68 | 24.90 |
| 华聚能源鲍店矿电厂 | 山东省 | 济宁市 | 52 | 0.65 | 31 | 8.49 | 9.61 |

资料来源：笔者根据京津冀及周边地区国控污染源在线监测数据计算所得。

3. 火电行业 $NO_x$ 数据公开、超标及排放情况

京津冀及周边地区31个城市火电行业在线监测企业 $NO_x$ 排放数据公开及超标情况统计如表6-4所示。从数据公开情况来说，新乡、聊城、济南、长治、太原、衡水等城市数据公开率较低。从已公开的数据来看，京津冀及周边31个城市火电行业氮氧化物超标比例较低，从超标天数来看，唐山、济宁、淄博等超标天数比其他城市要高。

表 6-4　　　京津冀及周边 31 个城市 NO$_x$ 数据公开及超标情况统计

| 城市 | 数据公开率(%) | 公开天数（天） | 公开天数比例(%) | 超标次数（次） | 超标比例(%) | 超标天数（天） | 超标天数比例(%) |
|---|---|---|---|---|---|---|---|
| 安阳 | 58.26 | 326 | 89.32 | 0 | 0.00 | 0 | 0.00 |
| 保定 | 59.41 | 364 | 99.73 | 31 | 0.05 | 12 | 3.29 |
| 北京 | 45.14 | 365 | 100.00 | 355 | 0.60 | 136 | 37.26 |
| 滨州 | 53.36 | 361 | 98.90 | 203 | 0.09 | 50 | 13.70 |
| 沧州 | 67.36 | 364 | 99.73 | 8 | 0.02 | 7 | 1.92 |
| 德州 | 60.65 | 363 | 99.45 | 122 | 0.14 | 51 | 13.97 |
| 邯郸 | 61.33 | 363 | 99.45 | 12 | 0.01 | 8 | 2.19 |
| 菏泽 | 57.37 | 352 | 96.44 | 42 | 0.08 | 16 | 4.38 |
| 鹤壁 | 41.24 | 318 | 87.12 | 27 | 0.12 | 4 | 1.10 |
| 衡水 | 18.93 | 166 | 45.48 | 0 | 0.00 | 0 | 0.00 |
| 济南 | 26.47 | 348 | 95.34 | 107 | 0.18 | 35 | 9.59 |
| 济宁 | 60.85 | 354 | 96.99 | 1 208 | 0.48 | 235 | 64.38 |
| 焦作 | 57.35 | 325 | 89.04 | 0 | 0.00 | 0 | 0.00 |
| 开封 | 66.39 | 325 | 89.04 | 0 | 0.00 | 0 | 0.00 |
| 莱芜 | 33.38 | 363 | 99.45 | 26 | 0.06 | 17 | 4.66 |
| 廊坊 | 52.45 | 335 | 91.78 | 20 | 0.07 | 4 | 1.10 |
| 聊城 | 29.96 | 296 | 81.10 | 134 | 0.27 | 51 | 13.97 |
| 濮阳 | 35.72 | 290 | 79.45 | 0 | 0.00 | 0 | 0.00 |
| 石家庄 | 57.43 | 365 | 100.00 | 28 | 0.02 | 13 | 3.56 |
| 太原 | 22.00 | 225 | 61.64 | 38 | 0.12 | 13 | 3.56 |
| 泰安 | 58.06 | 363 | 99.45 | 622 | 1.02 | 157 | 43.01 |
| 唐山 | 64.55 | 365 | 100.00 | 3 534 | 1.79 | 283 | 77.53 |
| 天津 | 80.53 | 365 | 100.00 | 38 | 0.02 | 16 | 4.38 |
| 新乡 | 33.27 | 327 | 89.59 | 66 | 0.28 | 14 | 3.84 |
| 邢台 | 46.12 | 363 | 99.45 | 26 | 0.06 | 17 | 4.66 |
| 阳泉 | 38.97 | 365 | 100.00 | 247 | 0.34 | 37 | 10.14 |
| 长治 | 23.37 | 237 | 64.93 | 55 | 0.08 | 15 | 4.11 |
| 郑州 | 43.78 | 329 | 90.14 | 0 | 0.00 | 0 | 0.00 |
| 淄博 | 52.04 | 364 | 99.73 | 738 | 0.43 | 227 | 62.19 |

资料来源：笔者根据京津冀及周边地区国控污染源在线监测数据计算所得。

从京津冀及周边地区 2018 年火电行业 NO$_x$ 排放年均浓度（见图 6-9）来看，泰安、济南、淄博、聊城等城市年均浓度较高，莱芜、焦作、廊坊、长治、北京等城市年均浓度较低。

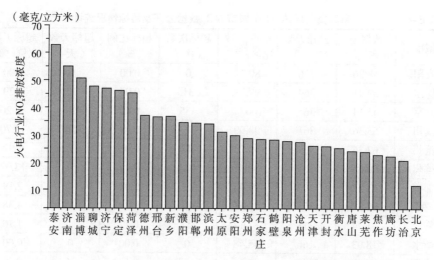

**图 6-9　京津冀及周边地区 2018 年火电行业 NO$_x$ 排放年均浓度比较**
资料来源：笔者根据京津冀及周边地区国控污染源在线监测数据计算所得。

从京津冀及周边地区 2018 年火电行业 NO$_x$ 排放日均浓度箱式图（见图 6-10）中看出，安阳、北京、济宁、邢台等城市 NO$_x$ 排放日均浓度分布较为集中，鹤壁、廊坊、太原等城市 NO$_x$ 排放浓度分布较为分散。

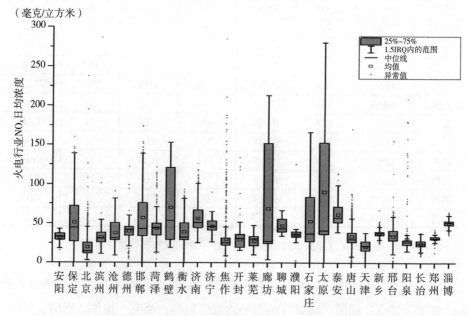

**图 6-10　京津冀及周边地区 2018 年火电行业 NO$_x$ 排放日均浓度箱式图分布**
资料来源：笔者根据京津冀及周边地区国控污染源在线监测数据计算所得。

对京津冀及周边 31 个城市火电行业企业 $NO_x$ 超标次数前 10 名的数据公开情况、$NO_x$ 年均排放浓度等进行比较分析如表 6-5 所示，唐山开滦东方发电有限责任公司超标次数最多，济宁中科环保电力有限公司 $NO_x$ 平均浓度高达 206.10 毫克/立方米。

表 6-5　　京津冀及周边地区火电部分企业 $NO_x$ 排放年均浓度统计

| 公司名称 | 城市 | 数据公开率（%） | 数据公开天数（天） | 超标年次数（次） | 超标率（%） | 超标天数（天） | 超标天数比例（%） | 企业 $NO_x$ 年均浓度（毫克/立方米） |
|---|---|---|---|---|---|---|---|---|
| 唐山开滦东方发电有限责任公司 | 唐山 | 62.91 | 309 | 3 285 | 29.80 | 273 | 74.79 | 33.22 |
| 济宁中科环保电力有限公司 | 济宁 | 61.05 | 232 | 872 | 16.31 | 157 | 43.01 | 206.10 |
| 泰安华丰顶峰热电有限公司 | 泰安 | 95.82 | 354 | 347 | 4.13 | 93 | 25.48 | 72.76 |
| 淄博热电集团公司 | 淄博 | 45.66 | 346 | 233 | 1.17 | 51 | 13.97 | 49.74 |
| 大唐国际发电股份有限公司陡河发电厂 | 唐山 | 88.03 | 361 | 210 | 0.45 | 32 | 8.77 | 15.65 |
| 华润协鑫（北京）热电有限公司 | 北京 | 88.85 | 365 | 157 | 1.01 | 17 | 4.66 | 17.10 |
| 华电（北京）热电有限公司 | 北京 | 67.94 | 311 | 157 | 1.32 | 52 | 14.25 | 12.30 |
| 北京市通州区住宅锅炉供暖中心 | 北京 | 24.70 | 111 | 155 | 1.43 | 33 | 9.04 | 23.30 |
| 泰安新汶顶峰热电有限公司 | 泰安 | 73.92 | 281 | 151 | 2.33 | 50 | 13.70 | 73.02 |
| 山东淄博傅山热电有限公司 | 淄博 | 91.96 | 344 | 148 | 1.84 | 103 | 28.22 | 46.41 |

资料来源：笔者根据京津冀及周边地区国控污染源在线监测数据计算所得。

4. 火电行业烟尘数据公开、超标及排放情况

京津冀及周边地区 31 个城市火电行业在线监测企业烟尘排放数据公开及超标情况统计如表 6-6 所示。从数据公开情况来说，淄博、泰安、菏泽、衡水等

城市数据公开率较低。从已公开的数据来看，京津冀及周边 31 个城市中唐山市火电行业烟尘超标次数最多（见图 6-11）。

表 6-6　　　　京津冀及周边 31 个城市烟尘数据公开及超标情况统计

| 城市 | 数据公开比例（%） | 公开天数（天） | 公开天数比例（%） | 超标次数（次） | 超标比例（%） | 超标天数（天） | 超标天数比例（%） |
|---|---|---|---|---|---|---|---|
| 安阳 | 57.76 | 326 | 89.32 | 0 | 0.00 | 0 | 0.00 |
| 保定 | 55.19 | 364 | 99.73 | 106 | 0.18 | 17 | 4.66 |
| 北京 | 22.45 | 160 | 43.84 | 17 | 0.43 | 3 | 0.82 |
| 滨州 | 51.89 | 361 | 98.90 | 702 | 0.32 | 58 | 15.89 |
| 沧州 | 68.45 | 364 | 99.73 | 66 | 0.16 | 6 | 1.64 |
| 德州 | 60.46 | 363 | 99.45 | 95 | 0.11 | 43 | 11.78 |
| 邯郸 | 57.50 | 363 | 99.45 | 108 | 0.08 | 29 | 7.95 |
| 菏泽 | 0.00 | 1 | 0.27 | 0 | 0.00 | 0 | 0.00 |
| 鹤壁 | 45.54 | 318 | 87.12 | 34 | 0.14 | 4 | 1.10 |
| 衡水 | 17.98 | 167 | 45.75 | 0 | 0.00 | 0 | 0.00 |
| 济宁 | 60.75 | 354 | 96.99 | 174 | 0.07 | 64 | 17.53 |
| 焦作 | 58.35 | 325 | 89.04 | 2 | 0.00 | 1 | 0.27 |
| 开封 | 60.17 | 326 | 89.32 | 0 | 0.00 | 0 | 0.00 |
| 莱芜 | 55.67 | 363 | 99.45 | 8 | 0.02 | 7 | 1.92 |
| 廊坊 | 52.69 | 336 | 92.05 | 1 | 0.00 | 1 | 0.27 |
| 聊城 | 29.94 | 296 | 81.10 | 71 | 0.14 | 38 | 10.41 |
| 濮阳 | 38.48 | 325 | 89.04 | 0 | 0.00 | 0 | 0.00 |
| 石家庄 | 54.55 | 365 | 100.00 | 47 | 0.03 | 20 | 5.48 |
| 太原 | 25.37 | 233 | 63.84 | 80 | 0.28 | 13 | 3.56 |
| 泰安 | 0.01 | 7 | 1.92 | 0 | 0.00 | 0 | 0.00 |
| 唐山 | 67.78 | 365 | 100.00 | 5 026 | 2.73 | 189 | 51.78 |
| 天津 | 73.61 | 365 | 100.00 | 63 | 0.04 | 11 | 3.01 |
| 新乡 | 39.67 | 327 | 89.59 | 26 | 0.09 | 11 | 3.01 |

续表

| 城市 | 数据公开比例（％） | 公开天数（天） | 公开天数比例（％） | 超标次数（次） | 超标比例（％） | 超标天数（天） | 超标天数比例（％） |
|---|---|---|---|---|---|---|---|
| 邢台 | 46.30 | 363 | 99.45 | 12 | 0.03 | 6 | 1.64 |
| 阳泉 | 38.95 | 365 | 100.00 | 93 | 0.13 | 22 | 6.03 |
| 长治 | 23.91 | 215 | 58.90 | 20 | 0.03 | 2 | 0.55 |
| 郑州 | 43.93 | 330 | 90.41 | 0 | 0.00 | 0 | 0.00 |
| 淄博 | 0.00 | 3 | 0.82 | 0 | 0.00 | 0 | 0.00 |

资料来源：笔者根据京津冀及周边地区国控污染源在线监测数据计算所得。

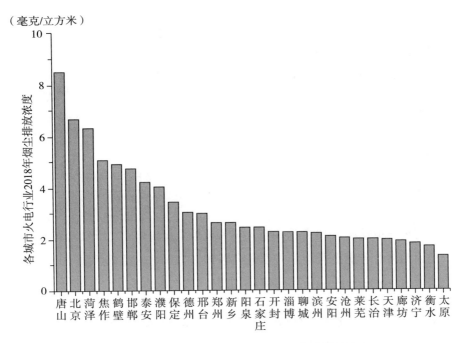

图 6-11　火电行业 2018 年各城市烟尘年均排放浓度

资料来源：笔者根据京津冀及周边地区国控污染源在线监测数据计算所得。

从京津冀及周边地区 2018 年火电行业 $NO_x$ 排放日均浓度箱式图（见图 6-12）来看，鹤壁、廊坊、石家庄排放浓度较高。

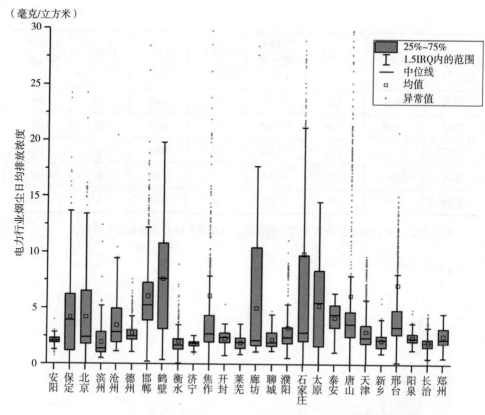

**图 6-12　京津冀及周边地区 2018 年火电行业烟尘排放日均浓度箱式图分布**
资料来源：笔者根据京津冀及周边地区国控污染源在线监测数据计算所得。

研究进一步发现 2018 年唐山市火电行业烟尘排放浓度之所以远高于其他城市，是因为河北省唐山开滦东方发电有限责任公司烟尘超标严重（见表 6-7），企业烟尘平均浓度高达 101.63 毫克 / 立方米，该企业应予以重点关注。

表 6-7　　　　　　　　京津冀及周边地区火电部分企业烟尘排放统计

| 公司名称 | 城市 | 数据公开率（%） | 企业烟尘超标次数（次） | 企业烟尘超标率（%） | 超标天数（天） | 超标天数比例（%） | 烟尘年均浓度（毫克/立方米） |
|---|---|---|---|---|---|---|---|
| 唐山开滦东方发电有限责任公司 | 唐山 | 70.35 | 4 387 | 35.59 | 177 | 48.49 | 101.63 |
| 唐山三友热电有限责任公司 | 唐山 | 61.54 | 621 | 1.92 | 23 | 6.30 | 3.43 |

续表

| 公司名称 | 城市 | 数据公开率（%） | 企业烟尘超标次数（次） | 企业烟尘超标率（%） | 超标天数（天） | 超标天数比例（%） | 烟尘年均浓度（毫克/立方米） |
|---|---|---|---|---|---|---|---|
| 北京北控绿海能环保有限公司（苏家坨垃圾焚烧厂） | 北京 | 64.30 | 462 | 2.05 | 29 | 7.95 | 2.96 |
| 山东齐星长山热电有限公司 | 滨州 | 79.60 | 426 | 6.11 | 29 | 7.95 | 3.84 |
| 唐山开滦热电有限责任公司林电分公司 | 唐山 | 72.51 | 318 | 2.50 | 17 | 4.66 | 6.92 |
| 邹平齐星开发区热电有限公司 | 滨州 | 40.49 | 212 | 5.98 | 16 | 4.38 | 3.43 |
| 邹城宏矿热电有限公司 | 济宁 | 42.79 | 145 | 1.93 | 44 | 12.05 | 3.60 |
| 山东泉林集团热电有限公司 | 聊城 | 79.37 | 97 | 1.40 | 21 | 5.75 | 4.17 |
| 山东钢铁股份有限公司莱芜分公司能源动力厂 | 莱芜 | 74.67 | 82 | 0.42 | 40 | 10.96 | 2.44 |
| 济宁中科环保电力有限公司 | 济宁 | 61.04 | 78 | 1.46 | 22 | 6.03 | 10.84 |

资料来源：笔者根据京津冀及周边地区国控污染源在线监测数据计算所得。

## 二、钢铁行业

钢铁行业是国民经济的重要基础产业，也是污染排放的重点行业。近年来，钢铁行业在落后产能淘汰、脱硫脱硝、超低排放改造等一系列环境保护措施引导约束下，在装备、工艺、污染治理、节能、资源综合利用等方面引进了一大批先进技术，烟尘减排、烟气脱硫脱硝效率得到较大提升。在粗钢产量波动上升的情况下，黑色金属冶炼和压延加工业化学需氧量（COD）、氨氮、二氧化硫、氮氧化物、工业粉尘等污染物排放量均呈下降趋势，仅氮氧化物出现微小反弹。2017年，在我国粗钢产量是2011年1.2倍的情况下，黑色金属冶炼和压延加工业COD、氨氮、二氧化硫排放量分别比2011年峰值排放量下降了79.4%、81.6%、68.3%（李新等，2020）。

1. 钢铁行业企业数量及分布情况

京津冀及周边地区包括大气污染传输通道在内的 31 个城市实施在线监控的钢铁企业数量共有 183 家,其中,唐山、邯郸钢铁行业企业数量最多（见图 6-13）。

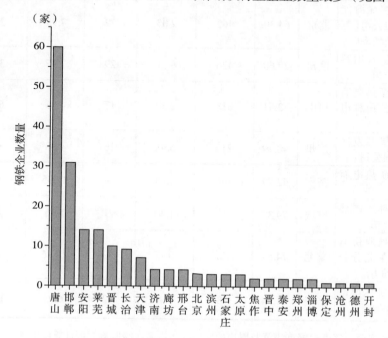

**图 6-13　京津冀及周边 31 个城市钢铁企业数量分布**
资料来源：笔者根据京津冀及周边地区国控污染源在线监测数据计算所得。

2. 钢铁行业 $SO_2$ 数据公开、超标及排放情况

京津冀及周边地区 31 个城市钢铁行业在线监测企业 $SO_2$ 排放数据公开及超标情况统计如表 6-8 所示。从数据公开情况来说,京津冀及周边城市钢铁行业数据公开率普遍较低。从已公开的数据来看,京津冀及周边城市唐山、莱芜和长治钢铁行业 $SO_2$ 超标次数较多。

**表 6-8　京津冀及周边 31 个城市钢铁行业 $SO_2$ 数据公开及超标情况统计**

| 城市 | 数据公开比例(%) | 公开天数(天) | 公开天数比例(%) | 超标次数(次) | 超标比例(%) | 超标天数(天) | 超标天数比例(%) |
|---|---|---|---|---|---|---|---|
| 安阳 | 40.81 | 326 | 89.32 | 0 | 0.00 | 0 | 0.00 |
| 沧州 | 6.03 | 331 | 90.68 | 73 | 0.99 | 12 | 3.29 |

续表

| 城市 | 数据公开比例（%） | 公开天数（天） | 公开天数比例（%） | 超标次数（次） | 超标比例（%） | 超标天数（天） | 超标天数比例（%） |
|---|---|---|---|---|---|---|---|
| 德州 | 58.83 | 274 | 75.07 | 15 | 0.03 | 13 | 3.56 |
| 邯郸 | 33.93 | 363 | 99.45 | 2 | 0.00 | 1 | 0.27 |
| 邯郸 | 14.07 | 317 | 86.85 | 1 | 0.01 | 1 | 0.27 |
| 莱芜 | 12.73 | 363 | 99.45 | 2 990 | 1.49 | 275 | 75.34 |
| 廊坊 | 36.35 | 334 | 91.51 | 0 | 0.00 | 0 | 0.00 |
| 石家庄 | 3.89 | 125 | 34.25 | 0 | 0.00 | 0 | 0.00 |
| 太原 | 3.54 | 172 | 47.12 | 0 | 0.00 | 0 | 0.00 |
| 泰安 | 9.84 | 362 | 99.18 | 3 | 0.02 | 2 | 0.55 |
| 唐山 | 26.16 | 365 | 100.00 | 2 720 | 0.70 | 161 | 44.11 |
| 天津 | 8.02 | 365 | 100.00 | 1 | 0.00 | 1 | 0.27 |
| 邢台 | 10.67 | 323 | 88.49 | 0 | 0.00 | 0 | 0.00 |
| 长治 | 10.35 | 233 | 63.84 | 9 129 | 25.18 | 80 | 21.92 |
| 郑州 | 36.22 | 311 | 85.21 | 0 | 0.00 | 0 | 0.00 |
| 淄博 | 65.06 | 320 | 87.67 | 0 | 0.00 | 0 | 0.00 |

资料来源：笔者根据京津冀及周边地区国控污染源在线监测数据计算所得。

从 $SO_2$ 排放年均浓度来看，长治、太原、天津等城市年排放浓度较高（见图 6-14）。

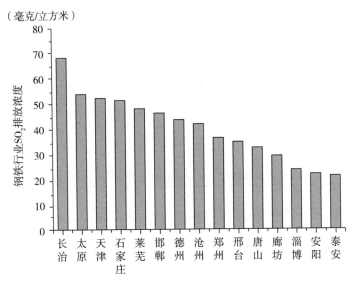

图 6-14 京津冀及周边地区 2018 年钢铁行业 $SO_2$ 排放年均浓度比较

资料来源：笔者根据京津冀及周边地区国控污染源在线监测数据计算所得。

从京津冀及周边地区 2018 年钢铁行业 $SO_2$ 排放日均浓度箱式图（见图 6-15）来看，长治、太原、石家庄等城市浓度较高。

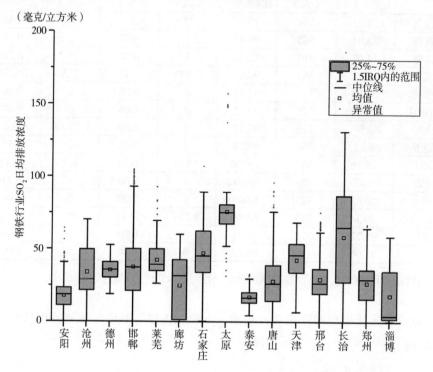

图 6-15　京津冀及周边地区 2018 年钢铁行业 $SO_2$ 排放日均浓度箱式图分布
资料来源：笔者根据京津冀及周边地区国控污染源在线监测数据计算所得。

从京津冀地区钢铁行业企业排放情况来看，首钢长治钢铁有限公司、山东九羊集团有限公司、唐山市丰南区经安钢铁有限公司 $SO_2$ 排放超标次数较多（见表 6-9）。

表 6-9　　　　　　京津冀及周边地区部分钢铁企业 $SO_2$ 排放统计

| 公司名称 | 城市 | 企业超标次数（次） | 企业 $SO_2$ 超标率（%） | 企业超标天数（天） | 超标天数比例（%） | $SO_2$ 平均浓度（毫克/立方米） |
|---|---|---|---|---|---|---|
| 首钢长治钢铁有限公司 | 长治 | 9 119 | 35.53 | 78 | 21.37 | 38.27 |
| 山东九羊集团有限公司 | 莱芜 | 2 429 | 3.52 | 172 | 47.12 | 41.61 |

116

续表

| 公司名称 | 城市 | 企业超标次数（次） | 企业 SO$_2$ 超标率（%） | 企业超标天数（天） | 超标天数比例（%） | SO$_2$平均浓度（毫克/立方米） |
|---|---|---|---|---|---|---|
| 唐山市丰南区经安钢铁有限公司 | 唐山 | 2 272 | 8.61 | 156 | 42.74 | 48.02 |
| 河北天柱钢铁集团有限公司 | 唐山 | 442 | 1.63 | 50 | 13.70 | 39.12 |
| 壶关县常浩炼铁有限公司 | 长治 | 211 | 5.23 | 41 | 11.23 | 41.35 |
| 山东钢铁股份有限公司莱芜分公司 | 莱芜 | 192 | 0.44 | 82 | 22.47 | 18.30 |
| 山东泰山钢铁集团有限公司 | 莱芜 | 155 | 0.92 | 39 | 10.68 | 47.38 |
| 莱芜钢铁集团银山型钢有限公司 | 莱芜 | 103 | 0.50 | 59 | 16.16 | 57.32 |
| 沧州中铁装备制造材料有限公司 | 沧州 | 73 | 0.99 | 12 | 3.29 | 34.68 |
| 莱芜钢铁集团银山型钢有限公司炼铁厂 | 莱芜 | 52 | 0.25 | 42 | 11.51 | 50.13 |

资料来源：笔者根据京津冀及周边地区国控污染源在线监测数据计算所得。

3. 钢铁行业 NO$_x$ 数据公开、超标及排放情况

京津冀及周边地区 31 个城市钢铁行业在线监测企业 NO$_x$ 排放数据公开及超标情况统计如表 6-10 所示。从数据公开情况来说，石家庄、泰安、太原等城市数据公开率普遍较低。从已公开的数据来看，京津冀及周边 31 个城市邯郸、莱芜、长治等城市钢铁行业氮氧化物超标次数高于其他城市。

表 6-10　　京津冀及周边 31 个城市 NO$_x$ 数据公开及超标情况统计

| 城市 | 数据公开比例（%） | 公开天数（天） | 公开天数比例（%） | 超标次数（次） | 超标比例（%） | 超标天数（天） | 超标天数比例（%） |
|---|---|---|---|---|---|---|---|
| 安阳 | 43.40 | 326 | 89.32 | 0 | 0.00 | 0 | 0.00 |
| 滨州 | 86.01 | 361 | 98.90 | 0 | 0.00 | 0 | 0.00 |
| 沧州 | 6.07 | 332 | 90.96 | 175 | 2.35 | 12 | 3.29 |
| 德州 | 58.95 | 274 | 75.07 | 2 | 0.00 | 1 | 0.27 |
| 邯郸 | 39.83 | 363 | 99.45 | 2 826 | 2.08 | 158 | 43.29 |
| 莱芜 | 14.65 | 363 | 99.45 | 2 554 | 1.31 | 214 | 58.63 |

续表

| 城市 | 数据公开比例（%） | 公开天数（天） | 公开天数比例（%） | 超标次数（次） | 超标比例（%） | 超标天数（天） | 超标天数比例（%） |
|---|---|---|---|---|---|---|---|
| 廊坊 | 46.80 | 334 | 91.51 | 0 | 0.00 | 0 | 0.00 |
| 石家庄 | 4.06 | 125 | 34.25 | 2 | 0.02 | 2 | 0.55 |
| 太原 | 3.77 | 162 | 44.38 | 0 | 0.00 | 0 | 0.00 |
| 泰安 | 9.84 | 362 | 99.18 | 5 | 0.03 | 3 | 0.82 |
| 唐山 | 31.15 | 365 | 100.00 | 4 | 0.00 | 3 | 0.82 |
| 天津 | 35.50 | 365 | 100.00 | 0 | 0.00 | 0 | 0.00 |
| 邢台 | 26.21 | 325 | 89.04 | 0 | 0.00 | 0 | 0.00 |
| 长治 | 11.82 | 233 | 63.84 | 9 064 | 25.01 | 77 | 21.10 |
| 郑州 | 36.26 | 310 | 84.93 | 0 | 0.00 | 0 | 0.00 |
| 淄博 | 65.06 | 320 | 87.67 | 1 | 0.01 | 1 | 0.27 |

资料来源：笔者根据京津冀及周边地区国控污染源在线监测数据计算所得。

从京津冀及周边地区钢铁行业氮氧化物排放平均浓度（见图6-16）来看，沧州、泰安、莱芜等城市排放浓度较高。

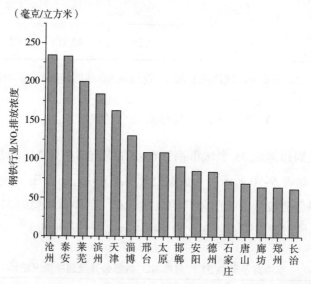

**图6-16　京津冀及周边地区2018年钢铁行业NO$_x$排放年均浓度比较**

资料来源：笔者根据京津冀及周边地区国控污染源在线监测数据计算所得。

从京津冀及周边地区钢铁行业NO$_x$排放日均值分布来看，沧州、泰安钢铁行业NO$_x$排放浓度普遍高于其他城市（见图6-17），廊坊、石家庄、长治等城市钢铁行业NO$_x$日均排放浓度较为分散，反映出这些城市钢铁行业工艺流程及排放水平有所差异，对于造成行业排放浓度不一致的原因，应予以关注，具体问题具体施策。

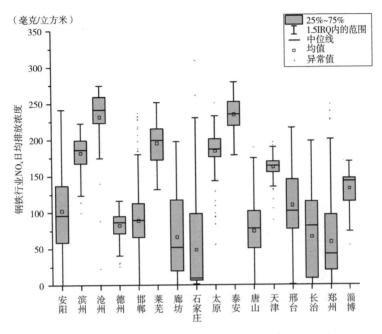

**图 6-17　京津冀及周边地区 2018 年钢铁行业 NOₓ 排放日均浓度箱式图分布**
资料来源：笔者根据京津冀及周边地区国控污染源在线监测数据计算所得。

对京津冀及周边 31 个城市钢铁行业企业 NOₓ 超标次数前 10 名的数据公开情况、NOₓ 年均排放浓度等进行比较分析如表 6-11 所示，首钢长治钢铁有限公司、河北新武安钢铁集团文安钢铁有限公司、邯郸钢铁集团有限责任公司超标次数最多，山东钢铁股份有限公司莱芜分公司 NOₓ 平均浓度高达 308.68 毫克 / 立方米。

**表 6-11　　京津冀及周边地区钢铁部分企业 NOₓ 排放年均浓度统计**

| 公司名称 | 城市 | 企业超标次数（次） | 超标率（%） | 超标天数（天） | 超标天数比例（%） | 平均浓度（毫克/立方米） |
|---|---|---|---|---|---|---|
| 首钢长治钢铁有限公司 | 长治 | 9 055 | 35.29 | 76 | 20.82 | 53.04 |
| 河北新武安钢铁集团文安钢铁有限公司 | 邯郸 | 5 197 | 42.27 | 277 | 75.89 | 74.08 |
| 邯郸钢铁集团有限责任公司 | 邯郸 | 2 824 | 7.40 | 158 | 43.29 | 53.25 |

| 公司名称 | 城市 | 企业超标次数（次） | 超标率（%） | 超标天数（天） | 超标天数比例（%） | 平均浓度（毫克/立方米） |
|---|---|---|---|---|---|---|
| 山东九羊集团有限公司 | 莱芜 | 2 048 | 3.25 | 125 | 34.25 | 154.96 |
| 莱芜钢铁集团银山型钢有限公司炼铁厂 | 莱芜 | 236 | 1.13 | 67 | 18.36 | 215.24 |
| 沧州中铁装备制造材料有限公司 | 沧州 | 175 | 2.35 | 12 | 3.29 | 234.36 |
| 山东钢铁股份有限公司莱芜分公司 | 莱芜 | 120 | 0.28 | 45 | 12.33 | 308.68 |
| 莱芜钢铁集团银山型钢有限公司 | 莱芜 | 87 | 0.42 | 39 | 10.68 | 183.23 |
| 山东钢铁股份有限公司莱芜分公司炼铁厂 | 莱芜 | 36 | 0.15 | 18 | 4.93 | 186.85 |
| 山西太钢不锈钢股份有限公司 | 太原 | 31 | 0.47 | 6 | 1.64 | 31.76 |

资料来源：笔者根据京津冀及周边地区国控污染源在线监测数据计算所得。

4. 钢铁行业烟尘数据公开、超标及排放情况

京津冀及周边地区钢铁行业在线监测企业烟尘排放数据公开及超标情况统计如表6-12所示。从数据公开情况来说，晋城、太原、天津等城市数据公开率普遍较低。从相关在线监测平台已公开的数据来看，晋城市钢铁行业烟尘超标比例最高。

表6-12　京津冀及周边31个城市钢铁行业烟尘数据公开及超标情况统计

| 城市 | 数据公开比例（%） | 公开天数（天） | 公开天数比例（%） | 超标次数（次） | 超标比例（%） | 超标天数（天） | 超标天数比例（%） |
|---|---|---|---|---|---|---|---|
| 安阳 | 53.28 | 326 | 89.32 | 0 | 0.00 | 0 | 0.00 |
| 滨州 | 85.96 | 361 | 98.90 | 13 | 0.04 | 11 | 3.01 |
| 沧州 | 21.35 | 332 | 90.96 | 0 | 0.00 | 0 | 0.00 |
| 德州 | 58.90 | 274 | 75.07 | 5 | 0.01 | 5 | 1.37 |
| 邯郸 | 35.69 | 363 | 99.45 | 11 | 0.00 | 11 | 3.01 |
| 晋城 | 7.99 | 78 | 21.37 | 3 395 | 37.32 | 44 | 12.05 |
| 莱芜 | 30.17 | 363 | 99.45 | 1 427 | 0.50 | 236 | 64.66 |

续表

| 城市 | 数据公开比例（%） | 公开天数（天） | 公开天数比例（%） | 超标次数（次） | 超标比例（%） | 超标天数（天） | 超标天数比例（%） |
|---|---|---|---|---|---|---|---|
| 廊坊 | 47.30 | 334 | 91.51 | 0 | 0.00 | 0 | 0.00 |
| 石家庄 | 14.01 | 334 | 91.51 | 2 | 0.01 | 2 | 0.55 |
| 太原 | 13.05 | 182 | 49.86 | 38 | 0.55 | 4 | 1.10 |
| 唐山 | 30.93 | 365 | 100.00 | 2 244 | 0.33 | 176 | 48.22 |
| 天津 | 11.25 | 365 | 100.00 | 0 | 0.00 | 0 | 0.00 |
| 邢台 | 29.21 | 324 | 88.77 | 1 | 0.00 | 1 | 0.27 |
| 长治 | 29.42 | 212 | 58.08 | 28 | 0.05 | 13 | 3.56 |
| 郑州 | 32.55 | 311 | 85.21 | 0 | 0.00 | 0 | 0.00 |

资料来源：笔者根据京津冀及周边地区国控污染源在线监测数据计算所得。

从钢铁行业烟尘排放年均浓度上说，郑州、长治、邢台等城市排放浓度较高（见图6-18）。

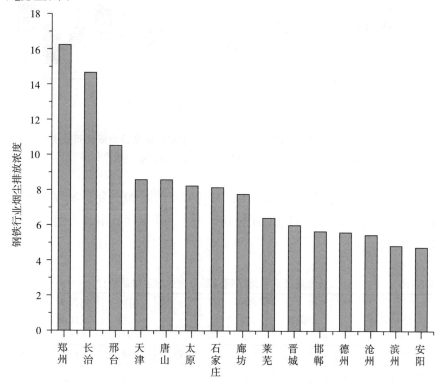

图6-18　京津冀及周边地区2018年钢铁行业烟尘排放年均浓度比较
资料来源：笔者根据京津冀及周边地区国控污染源在线监测数据计算所得。

从京津冀及周边地区钢铁行业烟尘排放日均值分布来看（见图6-19），沧州、廊坊、郑州钢铁行业烟尘排放浓度普遍高于其他城市，德州、晋城、石家庄等城市钢铁行业烟尘日均排放浓度比较集中，安阳、邯郸、唐山等城市钢铁行业烟尘排放出现较多的异常值，对于这些异常值应予以重点关注。

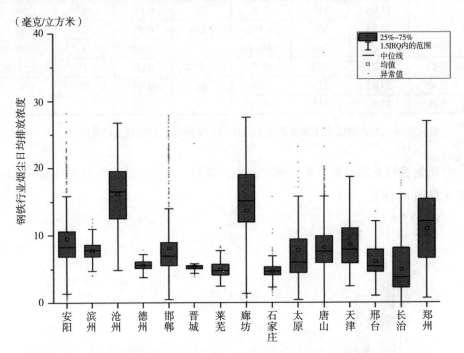

**图6-19 京津冀及周边地区2018年钢铁行业烟尘排放日均浓度箱式图分布**
资料来源：笔者根据京津冀及周边地区国控污染源在线监测数据计算所得。

根据京津冀及周边地区国控污染源在线监测数据2018年晋城福盛钢铁有限公司、唐山市丰南区经安钢铁有限公司、山东九羊集团有限公司烟尘超标次数较多（见表6-13）。

表6-13　　　　京津冀及周边地区钢铁部分企业烟尘排放统计

| 公司名称 | 城市 | 超标次数（次） | 超标率（%） | 超标天数（天） | 超标天数比例（%） | 年均浓度（毫克/立方米） |
|---|---|---|---|---|---|---|
| 晋城福盛钢铁有限公司 | 晋城市 | 3 395 | 37.32 | 44 | 12.05 | 5.46 |
| 唐山市丰南区经安钢铁有限公司 | 唐山市 | 2 183 | 4.10 | 155 | 42.47 | 8.32 |

| 公司名称 | 城市 | 超标次数（次） | 超标率（%） | 超标天数（天） | 超标天数比例（%） | 年均浓度（毫克/立方米） |
|---|---|---|---|---|---|---|
| 山东九羊集团有限公司 | 莱芜市 | 752 | 2.39 | 179 | 49.04 | 8.45 |
| 山东钢铁股份有限公司莱芜分公司炼铁厂 | 莱芜市 | 270 | 0.34 | 55 | 15.07 | 4.57 |
| 山东钢铁股份有限公司莱芜分公司 | 莱芜市 | 166 | 0.24 | 25 | 6.85 | 6.38 |
| 山东泰山钢铁集团有限公司 | 莱芜市 | 145 | 0.70 | 46 | 12.60 | 2.34 |
| 莱芜钢铁集团银山型钢有限公司炼铁厂 | 莱芜市 | 70 | 0.14 | 37 | 10.14 | 3.79 |
| 山西太钢不锈钢股份有限公司 | 太原市 | 38 | 0.55 | 4 | 1.10 | 3.34 |
| 潞城市兴宝钢铁有限责任公司 | 长治市 | 21 | 0.18 | 8 | 2.19 | 2.16 |
| 唐山国义特种钢铁有限公司 | 唐山市 | 12 | 0.05 | 2 | 0.55 | 10.20 |

资料来源：笔者根据京津冀及周边地区国控污染源在线监测数据计算所得。

# 第五节　京津冀及周边城市大气污染及排放特征聚类结果

将京津冀及周边城市大气环境质量状况、工业废气排放情况、社会经济特征等进行综合分析，选用空气质量 AQI 指数、工业废气排放量、第二产业比重、人口密度等指标。首先，对选定指标进行 z-score 标准化处理，如式（6-5）所示。

$$y_i = \frac{x_i - \bar{x}}{\sigma} \qquad (6-5)$$

式中，其中 $\bar{x}$ 是序列 $x_i$ 的平均值，$\sigma$ 为标准差，计算方法为式（6-6）、式（6-7）。

$$\bar{x} = \frac{1}{n} \sum_{i=1}^{n} x_i \qquad (6-6)$$

$$\sigma = \sqrt{\frac{1}{n-1} \sum_{i=1}^{n} (x_i - \bar{x})^2} \qquad (6-7)$$

运用层次聚类法（Hierarchical Clustering）（Karypis et al., 1999；何晓群，2015），用欧式距离来计算不同类别数据点间的距离（相似度），计算两类数据点间的相似性，对大气污染传输通道城市空间分布和排放特征进行聚类分析，计算方法如式（6-8）所示。

$$D_{ij} = \sqrt{\sum_{p=1}^{p} \left( x_{ip} - x_{jp} \right)^2} \tag{6-8}$$

相同聚类城市的大气环境质量及污染排放等具有相似的特征，建议加强同类城市间大气污染防治的协作机制（常纪文，2010；宁淼等，2012；魏巍贤和王月红，2017)，共同深化工业污染治理（张世秋，2014；柴发合等，2013；王金南等，2012）。

根据空气质量指数、工业废气排放、产业结构及人口特征等聚类结果来看，京津冀及周边31个城市被聚为5类，根据聚类结果，本研究将31个城市的特征分为中等空气质量—高产值—高排放—低人口密度、高空气质量—高产值—低排放—高人口密度、高空气质量—高产值--高排放—中人口密度等5个类别，具体分类结果如表6-14所示。

表6-14　　　京津冀及周边地区31个城市空气质量及污染排放情况

| 城市 | 空气质量AQI级别 | 工业总产值（万元） | 工业SO₂排放量（吨） | 工业烟尘排放量（吨） | 人口密度（人/平方米） | 第二产业占GDP比例（%） |
|---|---|---|---|---|---|---|
| 安阳 | 122.38 | 36 066 714 | 94 295 | 137 852 | 2 191 | 45.76 |
| 保定 | 120.74 | 41 202 379 | 49 850 | 31 698 | 1 111 | 56.63 |
| 北京 | 88.69 | 174 496 269 | 22 070 | 12 987 | 825 | 19.26 |
| 滨州 | 100.14 | 71 885 627 | 93 909 | 30 123 | 631 | 43.84 |
| 沧州 | 99.79 | 57 891 827 | 32 712 | 50 879 | 3 005 | 47.72 |
| 德州 | 108.71 | 97 895 933 | 69 924 | 39 637 | 536 | 49.26 |
| 邯郸 | 125.73 | 47 651 527 | 110 193 | 191 713 | 1 391 | 45.72 |
| 菏泽 | 108.51 | 71 891 200 | 64 581 | 52 047 | 702 | 47.65 |
| 鹤壁 | 103.38 | 19 147 792 | 37 425 | 13 775 | 942 | 63.34 |
| 衡水 | 116.37 | 17 875 542 | 29 919 | 12 481 | 496 | 56.78 |

续表

| 城市 | 空气质量AQI级别 | 工业总产值（万元） | 工业SO$_2$排放量（吨） | 工业烟尘排放量(吨) | 人口密度（人/平方米） | 第二产业占GDP比例（%） |
|---|---|---|---|---|---|---|
| 济南 | 105.12 | 53 407 532 | 70 327 | 92 900 | 935 | 34.62 |
| 济宁 | 94.74 | 54 720 650 | 83 194 | 54 597 | 1 116 | 45.78 |
| 焦作 | 111.72 | 52 808 372 | 38 881 | 23 292 | 1 712 | 44.08 |
| 晋城 | 103.67 | 8 730 082 | 74 377 | 51 043 | 2 657 | 32.4 |
| 晋中 | 99.07 | 10 892 131 | 91 219 | 80 364 | 472 | 30.09 |
| 开封 | 105.51 | 27 233 084 | 41 152 | 26 561 | 1 683 | 35.94 |
| 莱芜 | 103.13 | 17 088 470 | 64 055 | 144 785 | 574 | 50.14 |
| 廊坊 | 94.18 | 36 933 003 | 38 390 | 48 205 | 2 945 | 38.81 |
| 聊城 | 110.52 | 89 297 058 | 70 863 | 17 749 | 708 | 45.41 |
| 濮阳 | 106.52 | 34 288 355 | 21 449 | 21 676 | 2 699 | 46.81 |
| 石家庄 | 122.95 | 94 104 745 | 113 652 | 87 128 | 1 882 | 38.79 |
| 太原 | 104.43 | 21 592 702 | 64 656 | 34 473 | 1 906 | 35.19 |
| 泰安 | 95.18 | 61 999 153 | 43 417 | 16 190 | 776 | 40.84 |
| 唐山 | 102.67 | 93 263 153 | 214 723 | 466 902 | 730 | 54.75 |
| 天津 | 91.55 | 282 421 305 | 154 605 | 73 795 | 869 | 42.33 |
| 新乡 | 103.45 | 40 895 039 | 49 020 | 22 380 | 2 459 | 43.62 |
| 邢台 | 121.4 | 27 029 340 | 76 035 | 100 738 | 2 094 | 39.86 |
| 阳泉 | 101.36 | 5 389 954 | 78 128 | 31 096 | 1 073 | 42.41 |
| 长治 | 97.6 | 14 281 885 | 86 495 | 195 489 | 2 215 | 40.7 |
| 郑州 | 111.77 | 136 533 271 | 106 498 | 71 794 | 1 543 | 41.42 |
| 淄博 | 102.33 | 111 355 829 | 158 349 | 90 347 | 960 | 52.26 |

资料来源：笔者根据京津冀及周边地区空气质量数据统计及城市经济数据汇总所得。

（1）唐山，中等空气质量—高产值—高排放—低人口密度。唐山是京津冀及周边地区的重工业城市，2017年第二产业增加值4 081.4亿元，主要行业类型包括钢铁行业、装备制造业、能源行业、建材行业、化工行业等，根据

125

前文分析结果，唐山市国控废气污染源是京津冀及周边地区 31 个城市中最多的一个，从大气环境质量、工业排放和社会经济指标聚类的结果来看，唐山单独归为一类。

（2）北京，高空气质量—高产值—低排放—高人口密度。北京是全国政治文化中心，尤其是北京城六区人口密度是整个市辖区的 18 倍，从聚类结果来看，北京市工业污染排放强度比其他城市相对较低，大气环境质量总体较好、工业排放量较低、第二产业比例低、人口密度高，北京单独归为一类。

（3）天津、淄博，高空气质量—高产值—高排放—中人口密度。天津、淄博工业产业结构类似，空气质量及工业排放在大气污染传输通道城市中处于中等水平，聚类结果为一类。

（4）安阳、保定、滨州、德州、邯郸、菏泽、鹤壁、衡水、济南、济宁、晋中、莱芜、聊城、石家庄、泰安、邢台、阳泉、长治、郑州，低空气质量—低产值—高排放—高人口密度。这些城市是大气污染传输通道的重要城市，空气质量、工业排放及产业结构有着相似特征，尤其是山东省济南、莱芜、德州、滨州、聊城、菏泽等城市电力行业企业数量居多，行业分布结构相近，建议加强同类城市之间的协作治理。

（5）沧州、焦作、晋城、开封、廊坊、濮阳、太原、新乡，中等空气质量—低产值—低排放—高人口密度。这些城市空气质量和工业排放特征相似，尤其是晋城、太原、焦作、新乡等城市煤炭、矿产等资源丰富，均为资源型城市，工业结构接近，归为一类。

## 第六节　本章小结

京津冀及周边地区是大气污染防治的重点区域，大气污染传输通道城市聚集了电力、钢铁、水泥等重点行业，污染排放集中度高。本书运用包括大气污染传输通道"2+26"城市在内的 31 个城市 1 000 余家在线监控企业 3 712.3 万条污染源在线监测数据，分析了工业污染源的地区分布特征、工业污染物排放强度、工业污染源浓度排放强度、时间序列特征等，旨在为京津冀及周边地区大气污染实施精准化、综合性治理提供决策支持。

研究表明，阳泉、太原、长治、邢台、邯郸、鹤壁等城市单位工业产值污染物（$SO_2$、烟尘）排放强度及工业污染源浓度排放强度（$SO_2$、$NO_x$、烟尘）等均高于 31 个城市平均水平，工业排放量大，污染严重，排放技术水平有较大的提升空间，是京津冀及周边地区重点控制的对象。北京无论是工业 $SO_2$、烟尘，还是 $NO_x$，其单位工业产值的排放强度和污染源浓度排放强度均是最低值，北京的工业污染控制从本地化角度来说已经很难削减，建议加强京津冀及周边大气污染传输通道城市间的协作，进一步完善大气污染联防联控机制。

京津冀及周边 31 个城市工业污染物排放年度变化趋势明显，山东德州、菏泽、济宁、济南、聊城等城市 $SO_2$、$NO_x$ 及烟尘 2017 年排放浓度比 2015 年、2016 年有明显降低，工业大气污染综合治理效果显著。根据大气环境质量、工业排放及社会经济特征的聚类结果，北京、唐山差异巨大，各自为一类，安阳、保定、滨州、德州、邯郸、菏泽、鹤壁、衡水、济南、济宁、晋中、莱芜、聊城、石家庄、泰安、邢台、阳泉、长治、郑州等空气质量和工业排放及产业结构有着相似特征，建议加强大气污染传输通道城市之间的协作，实施大气污染防治"联防联控"机制。

# 第七章 重点城市行业污染源排放特征分析

## 第一节 企业排放数据有效率分析

### 一、废气行业排放数据信息公开总体情况

目前天津市在线监控企业 161 家，根据环境保护部 2013 年发布的《国家重点监控企业自行监测及信息公开办法》要求，自动监测数据应实时公布监测结果，其中废水自动监测设备为每 2 小时均值，废气自动监测设备为每 1 小时均值；废气在线监测的类型包括二氧化硫、氮氧化物和颗粒物，废水在线监测的污染物类型为氨氮和化学需氧量。因此，2016 年，采用在线监测的废气企业，每个排口二氧化硫、氮氧化物和颗粒物年度公布的数据均应为 8 784 个，废水企业氨氮和化学需氧量年度公布的数据应为 4 392 个。

根据从相关污染源监测数据平台爬取的数据，天津市废气企业 2016 年应公布数据 544 608 条，实际公布 367 153 条数据，废水企业应公布数据 83 448 条，实际公布 67 628 条，废气和废水企业数据公开率分别为 67.4% 和 81%。

### 二、企业排口 2016 年应有的数据有效率

废气排放企业的在线监测中，二氧化硫、氮氧化物和颗粒物（烟尘）的排放采用了每小时一次的监测频率，其他如汞及其化合物、氟化物等监测采用手动监测，这里不予考虑。

大气全年完整时间段应有的数据有效率为：

$$\frac{\text{企业该排口该污染物有效个数}}{8\,760\,\text{个(闰年的话为}\,8\,784\,\text{个)}} = \frac{\text{企业该排口该污染物所有数据个数} - \text{无效数值个数}}{8\,760\,\text{个(闰年的话为}\,8\,784\,\text{个)}}$$

$$(7-1)$$

天津泰科诺尔毛纺织有限公司废气排放口二氧化硫，天津滨海环保产业发展有限公司3号排气口二氧化硫和氮氧化物，天津钢管制造有限公司（天津钢管集团股份有限公司热处理淬火炉排放筒、热处理回火炉排放筒、管坯加热炉排放筒3个排气口二氧化硫，排口数据有效性情况均低于1%。天津市宝坻区发达造纸有限公司厂内燃煤锅炉烟筒的二氧化硫和氮氧化物数据有效性也只有33%，天津市废气企业各排口2016年应有数据及有效情况统计如表7-1所示。

表7-1　　　　天津市废气行业污染物监测数据有效性情况统计

| 公司名称 | 排放口 | 污染物 | 总数据个数（个） | 无效数据（个） | 应有数据（个） | 有效数据（个） | 数据有效率（%） |
|---|---|---|---|---|---|---|---|
| 天津渤化永利热电有限公司 | 1号排口（自动监测） | 烟尘 | 6 866 | 13 | 8 784 | 6 853 | 78.02 |
| 天津国电津能滨海热电有限公司（北塘电厂） | 1号机组排放口 | 烟尘 | 3 871 | 2 | 8 784 | 3 869 | 44.05 |
| 天津荣程祥矿产有限公司 | 265平方米烧结机尾除尘 | 烟尘 | 7 326 | 5 | 8 784 | 7 321 | 83.34 |
| 天津大唐国际盘山发电有限责任公司 | 3号净烟气烟道 | 烟尘 | 7 965 | 46 | 8 784 | 7 919 | 90.15 |
| 天津市宝坻区发达造纸有限公司 | 厂内燃煤锅炉烟筒 | 烟尘 | 3 266 | 13 | 8 784 | 3 253 | 37.03 |
| 天津渤化永利热电有限公司 | 2号排口（自动监测） | 烟尘 | 7 193 | 96 | 8 784 | 7 097 | 80.79 |
| 天津国电津能热电有限公司 | 1号锅炉2号出口 | 烟尘 | 6 974 | 2 | 8 784 | 6 972 | 79.37 |
| 天津荣程祥矿产有限公司 | 230平方米机尾除尘 | 烟尘 | 6 787 | 1 | 8 784 | 6 786 | 77.25 |
| 天津国电津能热电有限公司 | 2号排放口 | 烟尘 | 6 812 | 839 | 8 784 | 5 973 | 68.00 |
| 天津华能杨柳青热电有限责任公司 | 7号脱硫出口 | 烟尘 | 6 274 | 138 | 8 784 | 6 136 | 69.85 |

续表

| 公司名称 | 排放口 | 污染物 | 总数据个数（个） | 无效数据（个） | 应有数据（个） | 有效数据（个） | 数据有效率（%） |
|---|---|---|---|---|---|---|---|
| 国华能源发展（天津）有限公司 | 1号塔 | 烟尘 | 4 182 | 11 | 8 784 | 4 171 | 47.48 |
| 天津瀚洋汇和环保科技有限公司 | 2号废气排放口 | 烟尘 | 4 475 | 166 | 8 784 | 4 309 | 49.06 |
| 天津国电津能热电有限公司 | 1号锅炉1号出口 | 烟尘 | 6 974 | 2 | 8 784 | 6 972 | 79.37 |
| 天津渤化永利热电有限公司 | 4号排口（自动监测） | 烟尘 | 7 163 | 22 | 8 784 | 7 141 | 81.30 |
| 天津大唐国际盘山发电有限责任公司 | 4号净烟气烟道 | 烟尘 | 4 463 | 81 | 8 784 | 4 382 | 49.89 |
| 天津市天重江天重工有限公司 | 烧结机烟气排放塔 | 二氧化硫 | 8 368 | 1 | 8 784 | 8 367 | 95.25 |
| 中国石油化工股份有限公司天津分公司热电部 | 7号脱硫塔 | 二氧化硫 | 4 556 | 1 | 8 784 | 4 555 | 51.86 |
| 天津天钢联合特钢有限公司 | 230平方米烧结烟气脱硫1号出口 | 颗粒物 | 8 536 | 407 | 8 784 | 8 129 | 92.54 |
| 天津钢管制造有限公司（天津钢管集团股份有限公司） | 热处理淬火炉排放筒 | 二氧化硫 | 48 | 23 | 8 784 | 25 | 0.28 |
| 玖龙纸业（天津）有限公司 | 玖龙纸业废气2号排口 | 二氧化硫 | 7 645 | 65 | 8 784 | 7 580 | 86.29 |
| 天津大唐国际盘山发电有限责任公司 | 4号净烟气烟道 | 二氧化硫 | 4 467 | 82 | 8 784 | 4 385 | 49.92 |
| 天津荣程祥矿产有限公司 | 链箅机回转窑脱硫出口 | 二氧化硫 | 5 474 | 8 | 8 784 | 5 466 | 62.23 |
| 天津钢管制造有限公司（天津钢管集团股份有限公司） | 管坯加热炉排放筒 | 二氧化硫 | 53 | 23 | 8 784 | 30 | 0.34 |
| 天津渤化永利热电有限公司 | 1号排口（自动监测） | 二氧化硫 | 6 891 | 13 | 8 784 | 6 878 | 78.30 |
| 天津渤化永利热电有限公司 | 4号排口（自动监测） | 二氧化硫 | 7 163 | 22 | 8 784 | 7 141 | 81.30 |

| 公司名称 | 排放口 | 污染物 | 总数据个数（个） | 无效数据（个） | 应有数据（个） | 有效数据（个） | 数据有效率（%） |
|---|---|---|---|---|---|---|---|
| 天津国电津能热电有限公司 | 2号排放口 | 二氧化硫 | 6 805 | 841 | 8 784 | 5 964 | 67.90 |
| 天津天钢联合特钢有限公司 | 230平方米烧结烟气脱硫2号出口 | 二氧化硫 | 8 690 | 202 | 8 784 | 8 488 | 96.63 |
| 玖龙纸业（天津）有限公司 | 玖龙纸业废气1号排口 | 二氧化硫 | 8 572 | 97 | 8 784 | 8 475 | 96.48 |
| 天津天钢联合特钢有限公司 | 230平方米烧结烟气脱硫2号出口 | 二氧化硫 | 8 656 | 223 | 8 784 | 8 433 | 96.00 |
| 天津华能杨柳青热电有限责任公司 | 6号脱硫出口 | 二氧化硫 | 5 992 | 1 | 8 784 | 5 991 | 68.20 |
| 天津华能杨柳青热电有限责任公司 | 5号脱硫出口 | 二氧化硫 | 6 685 | 1 | 8 784 | 6 684 | 76.09 |
| 天津市宝坻区发达造纸有限公司 | 厂内燃煤锅炉烟筒 | 二氧化硫 | 3 284 | 33 | 8 784 | 3 251 | 37.01 |
| 天津国电津能热电有限公司 | 1号锅炉1号出口 | 二氧化硫 | 6 975 | 2 | 8 784 | 6 973 | 79.38 |
| 天津泰科诺尔毛纺织有限公司 | 废气排放口 | 二氧化硫 | 46 | 42 | 8 784 | 4 | 0.05 |
| 中国石油化工股份有限公司天津分公司热电部 | 8号脱硫塔 | 二氧化硫 | 7 475 | 1 | 8 784 | 7 474 | 85.09 |
| 国华能源发展（天津）有限公司 | 1号塔 | 二氧化硫 | 4 186 | 10 | 8 784 | 4 176 | 47.54 |
| 天津荣程祥矿产有限公司 | 265平方米烧结脱硫出口 | 二氧化硫 | 7 356 | 1 | 8 784 | 7 355 | 83.73 |
| 天津大唐国际盘山发电有限责任公司 | 3号净烟气烟道 | 二氧化硫 | 7 967 | 48 | 8 784 | 7 919 | 90.15 |
| 天津渤化永利热电有限公司 | 2号排口（自动监测） | 二氧化硫 | 7 193 | 96 | 8 784 | 7 097 | 80.79 |
| 天津天钢联合特钢有限公司 | 230平方米烧结烟气脱硫2号出口 | 颗粒物 | 8 638 | 51 | 8 784 | 8 587 | 97.76 |

| 公司名称 | 排放口 | 污染物 | 总数据个数（个） | 无效数据（个） | 应有数据（个） | 有效数据（个） | 数据有效率（％） |
|---|---|---|---|---|---|---|---|
| 天津钢管制造有限公司（天津钢管集团股份有限公司） | 热处理回火炉排放筒 | 二氧化硫 | 53 | 28 | 8 784 | 25 | 0.28 |
| 天津滨海环保产业发展有限公司 | 3号排气筒 | 二氧化硫 | 23 | 1 | 8 784 | 22 | 0.25 |
| 天津国电津能热电有限公司 | 1号锅炉2号出口 | 二氧化硫 | 6 974 | 2 | 8 784 | 6 972 | 79.37 |
| 天津市宝坻区发达造纸有限公司 | 厂内燃煤锅炉烟筒 | 氮氧化物 | 3 279 | 32 | 8 784 | 3 247 | 36.96 |
| 天津荣程祥矿产有限公司 | 链篦机回转窑脱硫出口 | 氮氧化物 | 5 480 | 1 | 8 784 | 5 479 | 62.37 |
| 天津天钢联合特钢有限公司 | 230平方米烧结烟气脱硫1号出口 | 氮氧化物 | 8 680 | 240 | 8 784 | 8 440 | 96.08 |
| 天津大唐国际盘山发电有限责任公司 | 3号净烟气烟道 | 氮氧化物 | 7 964 | 48 | 8 784 | 7 916 | 90.12 |
| 天津冶金集团轧三友发钢铁有限公司 | 烧结机烟气脱硫点位 | 氮氧化物 | 4 611 | 1 | 8 784 | 4 610 | 52.48 |
| 天津天钢联合特钢有限公司 | 230平方米烧结烟气脱硫2号出口 | 氮氧化物 | 8 644 | 445 | 8 784 | 8 199 | 93.34 |
| 国华能源发展（天津）有限公司 | 1号塔 | 氮氧化物 | 4 185 | 12 | 8 784 | 4 173 | 47.51 |
| 天津渤化永利热电有限公司 | 2号排口（自动监测） | 氮氧化物 | 7 193 | 96 | 8 784 | 7 097 | 80.79 |
| 天津国电津能热电有限公司 | 1号锅炉2号出口 | 氮氧化物 | 6 969 | 2 | 8 784 | 6 967 | 79.31 |
| 玖龙纸业（天津）有限公司 | 玖龙纸业废气2号排口 | 氮氧化物 | 7 905 | 6 | 8 784 | 7 899 | 89.92 |
| 天津渤化永利热电有限公司 | 4号排口（自动监测） | 氮氧化物 | 7 164 | 22 | 8 784 | 7 142 | 81.31 |
| 天津大唐国际盘山发电有限责任公司 | 4号净烟气烟道 | 氮氧化物 | 4 454 | 83 | 8 784 | 4 371 | 49.76 |

续表

| 公司名称 | 排放口 | 污染物 | 总数据个数（个） | 无效数据（个） | 应有数据（个） | 有效数据（个） | 数据有效率（%） |
|---|---|---|---|---|---|---|---|
| 天津华能杨柳青热电有限责任公司 | 7 号脱硫出口 | 氮氧化物 | 6 272 | 1 | 8 784 | 6 271 | 71.39 |
| 天津渤化永利热电有限公司 | 1 号排口（自动监测） | 氮氧化物 | 6 889 | 13 | 8 784 | 6 876 | 78.28 |
| 国华能源发展（天津）有限公司 | 扩建 1 号塔 | 氮氧化物 | 6 288 | 3 | 8 784 | 6 285 | 71.55 |
| 天津市天重江天重工有限公司 | 烧结机烟气排放塔 | 氮氧化物 | 8 371 | 1 | 8 784 | 8 370 | 95.29 |
| 天津国电津能热电有限公司 | 1 号锅炉 1 号出口 | 氮氧化物 | 6 969 | 2 | 8 784 | 6 967 | 79.31 |
| 天津滨海环保产业发展有限公司 | 3 号排气筒 | 氮氧化物 | 23 | 1 | 8 784 | 22 | 0.25 |
| 天津国电津能热电有限公司 | 2 号排放口 | 氮氧化物 | 6 811 | 839 | 8 784 | 5 972 | 67.99 |

资料来源：笔者根据京津冀及周边地区国控污染源在线监测数据计算所得。

# 第二节　案例城市企业排放数据超标情况分析

从 2016 年天津市行业企业不同排口超标次数情况统计来看（见表 7-2），玖龙纸业（天津）有限公司玖龙纸业废气 1 号排口的氮氧化物超标 4 793 次、烟尘排放超标 3 613 次，中国石油化工股份有限公司天津分公司热电部 6 号脱硫塔氮氧化物排放超标 3 487 次。超标较为严重的有玖龙纸业（天津）有限公司废气 1 号排口、废气 2 号排口的氮氧化物、烟尘，中国石油化工股份有限公司天津分公司热电部 3 号、4 号、6 号和 7 号脱硫塔的氮氧化物，6 号脱硫塔的二氧化硫，天津大唐国际盘山发电有限责任公司 4 号净烟气烟道的二氧化硫等。

表 7-2 　　　　　2016 年天津市行业企业不同排口超标次数情况统计

| 公司名称 | 排放口 | 污染物 | 超标次数（次） |
|---|---|---|---|
| 玖龙纸业（天津）有限公司 | 玖龙纸业废气 1 号排口 | 氮氧化物 | 4 793 |
| 玖龙纸业（天津）有限公司 | 玖龙纸业废气 1 号排口 | 烟尘 | 3 613 |
| 中国石油化工股份有限公司天津分公司热电部 | 6 号脱硫塔 | 氮氧化物 | 3 484 |
| 玖龙纸业（天津）有限公司 | 玖龙纸业废气 2 号排口 | 氮氧化物 | 2 737 |
| 玖龙纸业（天津）有限公司 | 玖龙纸业废气 2 号排口 | 烟尘 | 2 549 |
| 中国石油化工股份有限公司天津分公司热电部 | 7 号脱硫塔 | 氮氧化物 | 1 303 |
| 玖龙纸业（天津）有限公司 | 玖龙纸业废气 2 号排口 | 二氧化硫 | 1 091 |
| 玖龙纸业（天津）有限公司 | 玖龙纸业废气 1 号排口 | 二氧化硫 | 919 |
| 天津大唐国际盘山发电有限责任公司 | 4 号净烟气烟道 | 二氧化硫 | 541 |
| 中国石油化工股份有限公司天津分公司热电部 | 3 号、4 号脱硫塔 | 氮氧化物 | 270 |
| 中国石油化工股份有限公司天津分公司热电部 | 6 号脱硫塔 | 二氧化硫 | 159 |
| 天津华能杨柳青热电有限责任公司 | 7 号脱硫出口 | 氮氧化物 | 92 |
| 天津华能杨柳青热电有限责任公司 | 7 号脱硫出口 | 二氧化硫 | 91 |
| 天津荣程联合钢铁集团有限公司 | 转炉二次除尘 | 烟尘 | 75 |
| 中国石油化工股份有限公司天津分公司热电部 | 6 号脱硫塔 | 烟尘 | 73 |
| 天津荣程祥矿产有限公司 | 230 平方米机尾除尘 | 烟尘 | 68 |
| 中沙（天津）石化有限公司 | 外排污水 | 氨氮（$NH_3$-N） | 59 |
| 天津康达环保水务有限公司（天津市源洁水处理有限公司） | 出水口 | 氨氮（$NH_3$-N） | 50 |
| 中国石油化工股份有限公司天津分公司热电部 | 10 号脱硫塔 | 二氧化硫 | 41 |

| 公司名称 | 排放口 | 污染物 | 超标次数（次） |
|---|---|---|---|
| 国华能源发展（天津）有限公司 | 1号塔 | 二氧化硫 | 24 |
| 天津大唐国际盘山发电有限责任公司 | 4号净烟气烟道 | 氮氧化物 | 22 |
| 天津渤化永利热电有限公司 | 3号排口（自动监测） | 烟尘 | 22 |

资料来源：笔者根据京津冀及周边地区国控污染源在线监测数据计算所得。

从2016年12个月天津市行业企业不同排口超标率统计情况（见表7-3）来看2016年1月国华能源发展（天津）有限公司1号塔的二氧化硫，玖龙纸业（天津）有限公司玖龙纸业废气1号排口、废气2号排口的烟尘和二氧化硫，天津创业环保集团股份有限公司（张贵庄污水处理厂）总排口的氨氮，天津荣程联合钢铁集团有限公司转炉二次除尘的烟尘，中国石油化工股份有限公司天津分公司热电部6号脱硫塔的氮氧化物、二氧化硫和烟尘，7号脱硫塔的氮氧化物排放超标。

表7-3　　　　2016年天津市行业企业不同排口月超标情况统计

| 超标月份 | 公司排口 | 污染物 | 超标次数（次） | 超标率（%） |
|---|---|---|---|---|
| 2016年1月 | 中国石油化工股份有限公司天津分公司热电部6号脱硫塔 | 氮氧化物 | 742 | 99.73 |
| 2016年1月 | 中国石油化工股份有限公司天津分公司热电部7号脱硫塔 | 氮氧化物 | 737 | 99.06 |
| 2016年3月 | 中国石油化工股份有限公司天津分公司热电部6号脱硫塔 | 氮氧化物 | 735 | 98.79 |
| 2016年3月 | 玖龙纸业（天津）有限公司玖龙纸业废气1号排口 | 烟尘 | 732 | 98.39 |
| 2016年4月 | 中国石油化工股份有限公司天津分公司热电部6号脱硫塔 | 氮氧化物 | 713 | 99.03 |
| 2016年4月 | 玖龙纸业（天津）有限公司玖龙纸业废气2号排口 | 烟尘 | 707 | 98.19 |

续表

| 超标月份 | 公司排口 | 污染物 | 超标次数（次） | 超标率（%） |
|---|---|---|---|---|
| 2016 年 1 月 | 玖龙纸业（天津）有限公司玖龙纸业废气 2 号排口 | 烟尘 | 706 | 99.58 |
| 2016 年 1 月 | 玖龙纸业（天津）有限公司玖龙纸业废气 1 号排口 | 烟尘 | 704 | 95.01 |
| 2016 年 4 月 | 玖龙纸业（天津）有限公司玖龙纸业废气 1 号排口 | 烟尘 | 702 | 97.50 |
| 2016 年 2 月 | 中国石油化工股份有限公司天津分公司热电部 6 号脱硫塔 | 氮氧化物 | 694 | 99.71 |
| 2016 年 2 月 | 玖龙纸业（天津）有限公司玖龙纸业废气 1 号排口 | 烟尘 | 693 | 99.71 |
| 2016 年 1 月 | 玖龙纸业（天津）有限公司玖龙纸业废气 1 号排口 | 氮氧化物 | 669 | 90.28 |
| 2016 年 2 月 | 玖龙纸业（天津）有限公司玖龙纸业废气 1 号排口 | 氮氧化物 | 625 | 89.80 |
| 2016 年 5 月 | 中国石油化工股份有限公司天津分公司热电部 6 号脱硫塔 | 氮氧化物 | 576 | 100.00 |
| 2016 年 3 月 | 玖龙纸业（天津）有限公司玖龙纸业废气 1 号排口 | 氮氧化物 | 558 | 75.00 |
| 2016 年 5 月 | 玖龙纸业（天津）有限公司玖龙纸业废气 2 号排口 | 烟尘 | 542 | 72.85 |
| 2016 年 6 月 | 玖龙纸业（天津）有限公司玖龙纸业废气 1 号排口 | 氮氧化物 | 541 | 75.24 |
| 2016 年 1 月 | 玖龙纸业（天津）有限公司玖龙纸业废气 2 号排口 | 氮氧化物 | 537 | 75.74 |
| 2016 年 5 月 | 玖龙纸业（天津）有限公司玖龙纸业废气 1 号排口 | 烟尘 | 529 | 93.96 |
| 2016 年 7 月 | 玖龙纸业（天津）有限公司玖龙纸业废气 1 号排口 | 氮氧化物 | 501 | 69.01 |
| 2016 年 9 月 | 玖龙纸业（天津）有限公司玖龙纸业废气 1 号排口 | 氮氧化物 | 496 | 68.89 |
| 2016 年 5 月 | 玖龙纸业（天津）有限公司玖龙纸业废气 2 号排口 | 氮氧化物 | 482 | 64.78 |

续表

| 超标月份 | 公司排口 | 污染物 | 超标次数（次） | 超标率（%） |
|---|---|---|---|---|
| 2016 年 5 月 | 玖龙纸业（天津）有限公司玖龙纸业废气 1 号排口 | 氮氧化物 | 466 | 82.04 |
| 2016 年 6 月 | 玖龙纸业（天津）有限公司玖龙纸业废气 2 号排口 | 氮氧化物 | 462 | 66.28 |
| 2016 年 4 月 | 玖龙纸业（天津）有限公司玖龙纸业废气 1 号排口 | 氮氧化物 | 457 | 63.47 |
| 2016 年 8 月 | 玖龙纸业（天津）有限公司玖龙纸业废气 1 号排口 | 氮氧化物 | 408 | 54.84 |
| 2016 年 2 月 | 中国石油化工股份有限公司天津分公司热电部 7 号脱硫塔 | 氮氧化物 | 383 | 99.74 |
| 2016 年 3 月 | 玖龙纸业（天津）有限公司玖龙纸业废气 2 号排口 | 烟尘 | 363 | 76.26 |
| 2016 年 9 月 | 玖龙纸业（天津）有限公司玖龙纸业废气 2 号排口 | 氮氧化物 | 317 | 44.40 |
| 2016 年 9 月 | 玖龙纸业（天津）有限公司玖龙纸业废气 2 号排口 | 二氧化硫 | 267 | 37.45 |
| 2016 年 6 月 | 玖龙纸业（天津）有限公司玖龙纸业废气 1 号排口 | 烟尘 | 232 | 32.36 |
| 2016 年 4 月 | 天津大唐国际盘山发电有限责任公司 4 号净烟气烟道 | 二氧化硫 | 231 | 37.02 |
| 2016 年 3 月 | 玖龙纸业（天津）有限公司玖龙纸业废气 2 号排口 | 氮氧化物 | 225 | 47.27 |
| 2016 年 7 月 | 玖龙纸业（天津）有限公司玖龙纸业废气 2 号排口 | 氮氧化物 | 210 | 28.53 |
| 2016 年 8 月 | 玖龙纸业（天津）有限公司玖龙纸业废气 2 号排口 | 氮氧化物 | 207 | 27.82 |
| 2016 年 1 月 | 玖龙纸业（天津）有限公司玖龙纸业废气 2 号排口 | 二氧化硫 | 203 | 28.63 |
| 2016 年 2 月 | 中国石油化工股份有限公司天津分公司热电部 3 号、4 号脱硫塔 | 氮氧化物 | 183 | 63.54 |
| 2016 年 4 月 | 玖龙纸业（天津）有限公司玖龙纸业废气 2 号排口 | 氮氧化物 | 178 | 24.72 |

续表

| 超标月份 | 公司排口 | 污染物 | 超标次数(次) | 超标率(%) |
|---|---|---|---|---|
| 2016 年 6 月 | 玖龙纸业（天津）有限公司玖龙纸业废气 2 号排口 | 二氧化硫 | 166 | 23.25 |
| 2016 年 3 月 | 天津大唐国际盘山发电有限责任公司 4 号净烟气烟道 | 二氧化硫 | 166 | 38.97 |
| 2016 年 2 月 | 玖龙纸业（天津）有限公司玖龙纸业废气 2 号排口 | 烟尘 | 153 | 100.00 |
| 2016 年 1 月 | 天津大唐国际盘山发电有限责任公司 4 号净烟气烟道 | 二氧化硫 | 139 | 47.28 |
| 2016 年 7 月 | 玖龙纸业（天津）有限公司玖龙纸业废气 1 号排口 | 二氧化硫 | 134 | 18.11 |
| 2016 年 8 月 | 玖龙纸业（天津）有限公司玖龙纸业废气 2 号排口 | 二氧化硫 | 128 | 17.23 |
| 2016 年 10 月 | 玖龙纸业（天津）有限公司玖龙纸业废气 2 号排口 | 二氧化硫 | 120 | 16.13 |
| 2016 年 6 月 | 玖龙纸业（天津）有限公司玖龙纸业废气 2 号排口 | 二氧化硫 | 113 | 16.24 |
| 2016 年 7 月 | 中国石油化工股份有限公司天津分公司热电部 7 号脱硫塔 | 氮氧化物 | 110 | 15.28 |
| 2016 年 1 月 | 玖龙纸业（天津）有限公司玖龙纸业废气 1 号排口 | 二氧化硫 | 99 | 13.36 |
| 2016 年 5 月 | 玖龙纸业（天津）有限公司玖龙纸业废气 2 号排口 | 二氧化硫 | 93 | 12.52 |
| 2016 年 8 月 | 玖龙纸业（天津）有限公司玖龙纸业废气 2 号排口 | 二氧化硫 | 92 | 13.01 |
| 2016 年 2 月 | 玖龙纸业（天津）有限公司玖龙纸业废气 2 号排口 | 氮氧化物 | 92 | 60.93 |
| 2016 年 10 月 | 天津华能杨柳青热电有限责任公司 7 号脱硫出口 | 二氧化硫 | 89 | 11.96 |
| 2016 年 10 月 | 天津华能杨柳青热电有限责任公司 7 号脱硫出口 | 氮氧化物 | 84 | 11.29 |
| 2016 年 5 月 | 玖龙纸业（天津）有限公司玖龙纸业废气 1 号排口 | 二氧化硫 | 84 | 14.58 |

续表

| 超标月份 | 公司排口 | 污染物 | 超标次数（次） | 超标率（%） |
|---|---|---|---|---|
| 2016 年 10 月 | 玖龙纸业（天津）有限公司玖龙纸业废气 1 号排口 | 二氧化硫 | 83 | 11.16 |
| 2016 年 1 月 | 中国石油化工股份有限公司天津分公司热电部 6 号脱硫塔 | 二氧化硫 | 81 | 10.89 |
| 2016 年 2 月 | 玖龙纸业（天津）有限公司玖龙纸业废气 1 号排口 | 二氧化硫 | 74 | 10.72 |
| 2016 年 6 月 | 中国石油化工股份有限公司天津分公司热电部 7 号脱硫塔 | 氮氧化物 | 73 | 33.80 |
| 2016 年 1 月 | 中国石油化工股份有限公司天津分公司热电部 6 号脱硫塔 | 烟尘 | 72 | 9.68 |
| 2016 年 3 月 | 中国石油化工股份有限公司天津分公司热电部 3 号、4 号脱硫塔 | 氮氧化物 | 69 | 9.27 |
| 2016 年 9 月 | 玖龙纸业（天津）有限公司玖龙纸业废气 1 号排口 | 二氧化硫 | 68 | 9.73 |
| 2016 年 7 月 | 玖龙纸业（天津）有限公司玖龙纸业废气 2 号排口 | 二氧化硫 | 61 | 12.37 |
| 2016 年 10 月 | 玖龙纸业（天津）有限公司玖龙纸业废气 1 号排口 | 氮氧化物 | 58 | 7.80 |
| 2016 年 3 月 | 玖龙纸业（天津）有限公司玖龙纸业废气 1 号排口 | 二氧化硫 | 54 | 7.50 |
| 2016 年 6 月 | 玖龙纸业（天津）有限公司玖龙纸业废气 2 号排口 | 烟尘 | 49 | 6.82 |
| 2016 年 6 月 | 天津康达环保水务有限公司（天津市源洁水处理有限公司）出水口 | 氨氮（$NH_3-N$） | 48 | 13.33 |
| 2016 年 11 月 | 玖龙纸业（天津）有限公司玖龙纸业废气 2 号排口 | 二氧化硫 | 48 | 6.67 |
| 2016 年 2 月 | 中国石油化工股份有限公司天津分公司热电部 6 号脱硫塔 | 二氧化硫 | 41 | 5.89 |
| 2016 年 11 月 | 玖龙纸业（天津）有限公司玖龙纸业废气 1 号排口 | 二氧化硫 | 40 | 5.56 |
| 2016 年 2 月 | 玖龙纸业（天津）有限公司玖龙纸业废气 2 号排口 | 二氧化硫 | 34 | 22.22 |

续表

| 超标月份 | 公司排口 | 污染物 | 超标次数（次） | 超标率（%） |
|---|---|---|---|---|
| 2016 年 1 月 | 天津荣程联合钢铁集团有限公司转炉二次除尘 | 烟尘 | 34 | 4.57 |
| 2016 年 12 月 | 天津荣程祥矿产有限公司 230 平方米机尾除尘 | 烟尘 | 29 | 4.05 |
| 2016 年 4 月 | 玖龙纸业（天津）有限公司玖龙纸业废气 1 号排口 | 二氧化硫 | 25 | 3.47 |
| 2016 年 6 月 | 中沙（天津）石化有限公司外排污水 | 氨氮（$NH_3$–N） | 24 | 6.67 |
| 2016 年 6 月 | 中国石油化工股份有限公司天津分公司热电部 6 号脱硫塔 | 氮氧化物 | 24 | 100.00 |
| 2016 年 1 月 | 国华能源发展（天津）有限公司 1 号塔 | 二氧化硫 | 24 | 3.33 |
| 2016 年 10 月 | 玖龙纸业（天津）有限公司玖龙纸业废气 2 号排口 | 氮氧化物 | 23 | 3.09 |
| 2016 年 7 月 | 天津荣程联合钢铁集团有限公司转炉二次除尘 | 烟尘 | 22 | 2.96 |
| 2016 年 5 月 | 天津渤化永利热电有限公司 3 号排口（自动监测） | 烟尘 | 22 | 2.96 |
| 2016 年 7 月 | 玖龙纸业（天津）有限公司玖龙纸业废气 2 号排口 | 烟尘 | 20 | 3.71 |
| 2016 年 5 月 | 中国石油化工股份有限公司天津分公司热电部 6 号脱硫塔 | 二氧化硫 | 20 | 3.47 |
| 2016 年 7 月 | 玖龙纸业（天津）有限公司玖龙纸业废气 1 号排口 | 烟尘 | 19 | 2.55 |
| 2016 年 3 月 | 中国石油化工股份有限公司天津分公司热电部 10 号脱硫塔 | 二氧化硫 | 19 | 4.66 |
| 2016 年 6 月 | 天津荣程联合钢铁集团有限公司转炉二次除尘 | 烟尘 | 18 | 2.60 |
| 2016 年 10 月 | 天津华能杨柳青热电有限责任公司 7 号脱硫出口 | 烟尘 | 17 | 2.80 |
| 2016 年 3 月 | 天津国华盘山发电有限责任公司 2 号净烟气 | 烟尘 | 17 | 2.29 |
| 2016 年 3 月 | 玖龙纸业（天津）有限公司玖龙纸业废气 2 号排口 | 二氧化硫 | 16 | 3.36 |

续表

| 超标月份 | 公司排口 | 污染物 | 超标次数（次） | 超标率（%） |
|---|---|---|---|---|
| 2016 年 11 月 | 天津荣程祥矿产有限公司 230 平方米机尾除尘 | 烟尘 | 16 | 2.34 |
| 2016 年 3 月 | 中国石油化工股份有限公司天津分公司热电部 6 号脱硫塔 | 二氧化硫 | 15 | 2.02 |
| 2016 年 10 月 | 天津荣程祥矿产有限公司 230 平方米机尾除尘 | 烟尘 | 15 | 2.06 |
| 2016 年 10 月 | 天津冶金集团轧三友发钢铁有限公司烧结机烟气脱硫点位 | 氮氧化物 | 15 | 2.12 |
| 2016 年 3 月 | 国华能源发展（天津）有限公司扩建 1 号塔 | 二氧化硫 | 13 | 1.75 |
| 2016 年 3 月 | 天津国投津能发电有限公司 2 号净烟气 | 氮氧化物 | 13 | 3.19 |
| 2016 年 4 月 | 中沙（天津）石化有限公司外排污水 | 氨氮（$NH_3$-N） | 13 | 3.62 |
| 2016 年 2 月 | 天津渤化永利化工股份有限公司（天津碱厂临港分厂）总排口 | 氨氮（$NH_3$-N） | 12 | 3.45 |
| 2016 年 2 月 | 中沙（天津）石化有限公司外排污水 | 氨氮（$NH_3$-N） | 12 | 3.45 |
| 2016 年 5 月 | 天津市华博水务有限公司（双桥污水处理厂）总排口 | 氨氮（$NH_3$-N） | 12 | 3.24 |
| 2016 年 5 月 | 天津市津南区环科污水处理有限公司废水总排口 | 氨氮（$NH_3$-N） | 12 | 3.23 |
| 2016 年 11 月 | 玖龙纸业（天津）有限公司玖龙纸业废气 1 号排口 | 氮氧化物 | 12 | 1.67 |
| 2016 年 4 月 | 天津华宝污水处理有限公司出水口 | 氨氮（$NH_3$-N） | 12 | 3.33 |
| 2016 年 1 月 | 天津创业环保集团股份有限公司（张贵庄污水处理厂）总排口 | 氨氮（$NH_3$-N） | 12 | 3.23 |
| 2016 年 5 月 | 天津港东疆建设开发有限公司接触池 | 化学需氧量 | 11 | 2.96 |
| 2016 年 6 月 | 天津大唐国际盘山发电有限责任公司 4 号净烟气烟道 | 氮氧化物 | 11 | 2.93 |

资料来源：笔者根据京津冀及周边地区国控污染源在线监测数据计算所得。

## 第三节　案例城市企业排放浓度数据统计情况

### 一、火电行业企业年均排放浓度统计情况

1. 氮氧化物年均值

天津市火电行业应执行《火电厂大气污染物排放标准（GB 13223—2011）》，根据环境保护部《关于执行大气污染物特别排放限值的公告》，对京津冀地区火电、钢铁等行业执行特别排放限值标准。

图 7-1 是天津市火电行业氮氧化物排放的年均值，特别排放限值要求 $NO_x$ 排放为 50 毫克 / 立方米，本章对于排放标准限值的要求采用的是天津市污染源企业自行监测方案中的排放限值要求，氮氧化物排放标准限值为 100 毫克 / 立方米，从目前各企业排放年均值看出，天津华能杨柳青热电有限责任公司、国华能源发展（天津）有限公司氮氧化物排放超标。[①]

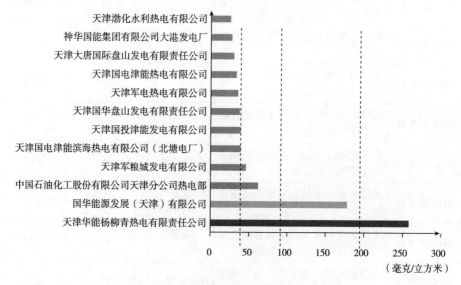

**图 7-1　火电行业企业氮氧化物排放年均值（不分排口）**
资料来源：笔者根据京津冀及周边地区国控污染源在线监测数据计算所得。

---

① 本部分计算结果为笔者根据京津冀及周边地区国控污染源在线监测数据计算所得。计算结果仅代表笔者本人观点。

将火电行业各企业不同排口的年均值进行分析，发现天津华能杨柳青热电有限责任公司 7 号脱硫出口排放严重超标（见图 7-2）。

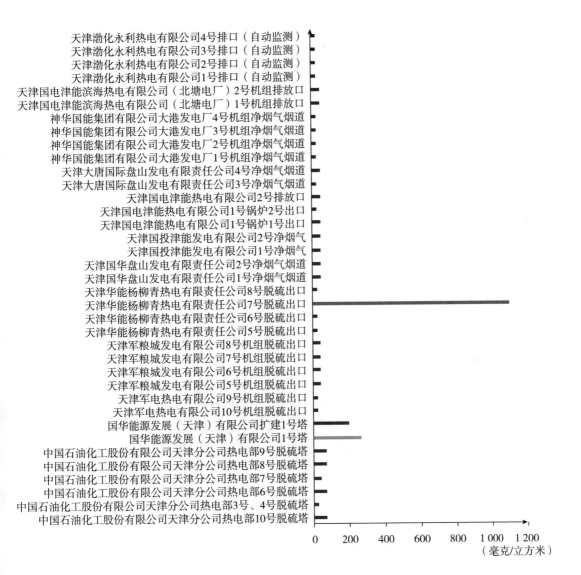

**图 7-2　火电行业企业各排口氮氧化物排放年均值**

资料来源：笔者根据京津冀及周边地区国控污染源在线监测数据计算所得。

去掉天津华能杨柳青热电有限责任公司 7 号脱硫出口的值，对火电行业企业其他排口氮氧化物排放年均值作进一步分析发现国华能源发展（天津）有限公司氮氧化物排放年均值浓度远高于同行业其他企业（见图7-3）。

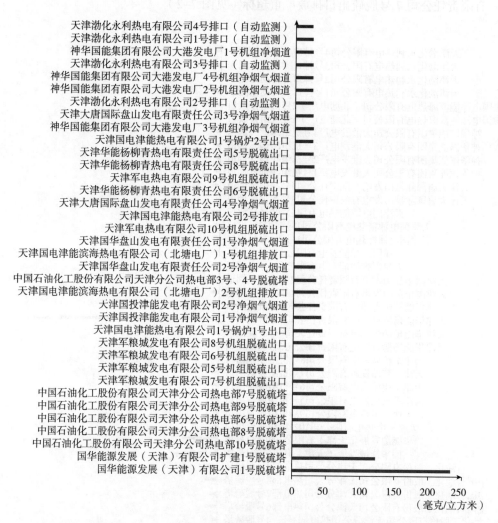

**图7-3 火电行业企业各排口氮氧化物排放年均值**
资料来源：笔者根据京津冀及周边地区国控污染源在线监测数据计算所得。

2.二氧化硫排放年均值

特别排放限值要求燃煤锅炉和以油为燃料的锅炉或燃气轮机组的 $SO_2$ 排放限值为50毫克/立方米，以气体为燃料的锅炉或燃气轮机组 $SO_2$ 排放限值为35毫克/立方米，本部分对于排放标准限值的要求采用的是天津市污染源企业自行监测方案中的排放限值要求，燃煤和燃油 $SO_2$ 排放标准限值为 100 毫克 / 立方米。

图 7-4 是天津市火电行业二氧化硫排放的年均值，从目前各企业排放年均值看出，天津华能杨柳青热电有限责任公司 $SO_2$ 排放超标。

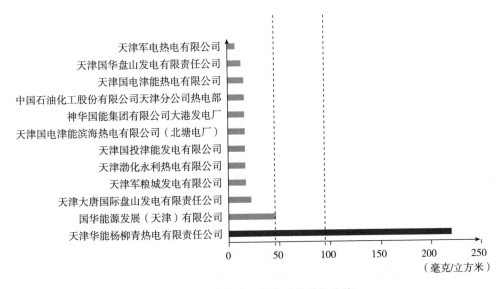

**图 7-4　火电行业二氧化硫排放年均值**

资料来源：笔者根据京津冀及周边地区国控污染源在线监测数据计算所得。

进一步分析，天津市火电行业各企业排口二氧化硫排放的年均值，从目前各企业排放年均值看出，天津华能杨柳青热电有限责任公司 7 号脱硫出口 $SO_2$ 排放严重超标。将此排口的 $SO_2$ 排放年均值去掉后，对其他行业企业排口的 $SO_2$ 排放年均值进一步分析发现，火电行业其他企业 $SO_2$ 排放年均值分布较为均匀。

3. 烟尘排放年均值

特别排放限值要求燃煤锅炉和以油为燃料的锅炉或燃气轮机组的烟尘排放限值为 20 毫克 / 立方米，以气体为燃料的锅炉或燃气轮机组烟尘排放限值为 5 毫克 / 立方米。

图 7-5 是天津市火电行业烟尘 / 颗粒物排放的年均值，本部分对于排放标准限值的要求采用的是天津市污染源企业自行监测方案中的排放限值要求，燃

煤和燃油 SO$_2$ 排放标准限值为 20 毫克 / 立方米，从火电行业烟尘排放年均值来看，烟尘基本达标。

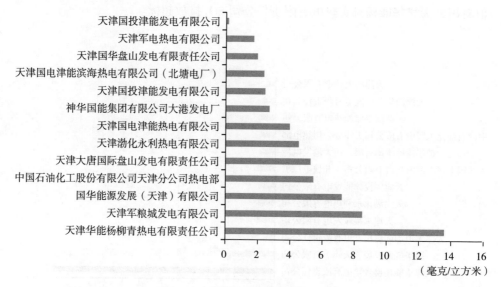

**图 7-5　火电行业烟尘排放年均值**

资料来源：笔者根据京津冀及周边地区国控污染源在线监测数据计算所得。

从火电行业各企业排口烟尘年均值排放情况来看，天津华能杨柳青热电有限责任公司 7 号脱硫出口烟尘排放超标。

## 二、火电行业企业月均值排放浓度统计情况

### 1. 二氧化硫排放情况

2016 年火电行业企业二氧化硫月均值分布情况如表 7-4 所示，天津华能杨柳青热电有限责任公司 2016 年 10 月二氧化硫排放严重超标，进一步发现是天津华能杨柳青热电有限责任公司 7 号脱硫出口排放严重超标，该排口月均浓度达 9 871 毫克 / 立方米，而天津市火电行业二氧化硫平均浓度为 18.8 毫克 / 立方米。另外，国华能源发展（天津）有限公司二氧化硫排放浓度高于其他公司的月均值浓度。天津国投津能发电有限公司 2016 年排放二氧化硫排放月均值浓度最低（见表 7-5）。

表7-4　　2016年天津市火电行业不同月份的二氧化硫浓度均值

单位：毫克／立方米

| 公司排口 | 1月 | 2月 | 3月 | 4月 | 5月 | 6月 | 7月 | 8月 | 9月 | 10月 | 11月 | 12月 |
|---|---|---|---|---|---|---|---|---|---|---|---|---|
| 国华能源发展（天津）有限公司 | 54.551 | 58.2 | 53.856 | 42.210 | 45.237 | 18.466 | 21.428 | 49.793 | 63.367 | 45.8 | 44.644 | 60.562 |
| 神华国能集团有限公司大港发电厂 | 17.074 | 19.5 | 17.054 | 14.295 | 14.679 | 16.520 | 18.435 | 16.75 | 15.367 | 15.626 | 15.475 | 16.050 |
| 天津渤化永利热电有限公司 | | 15.2 | 17.987 | 15.222 | 17.298 | 16.200 | 13.919 | 18.949 | 15.899 | 15.158 | 15.53 | 21.651 |
| 天津大唐国际盘山发电有限责任公司 | 26.391 | 31.6 | 27.045 | 29.308 | 22.085 | 21.049 | 20.297 | 18.884 | 16.709 | 18.012 | 18.287 | 20.983 |
| 天津国电津能滨海热电有限公司（北塘电厂） | | | | | 16.506 | 11.321 | 16.623 | 18.002 | 18.110 | 18.187 | 18.011 | 15.989 |
| 天津国电津能热电有限公司 | 16.461 | 18.4 | 16.942 | 17.129 | 10.841 | 14.603 | 25.862 | 12.961 | 11.316 | 14.472 | 15.509 | 14.10 |
| 天津国华盘山发电有限责任公司 | 16.488 | 12 | 14.35 | 10.906 | 12.262 | 11.589 | 14.138 | 10.73 | 13.830 | 13.752 | 15.629 | 14.062 |
| 天津国投津能发电有限公司 | 11.726 | 15.2 | 16.472 | 26.824 | 18.372 | 16.339 | 12.128 | 13.215 | 16.929 | 15.982 | 16.854 | 20.551 |
| 天津华能杨柳青热电有限责任公司 | 17.145 | 17.2 | 16.374 | 17.844 | 15.328 | 14.288 | 12.644 | 12.937 | 13.897 | 2 478.604 | 14.553 | 13.597 |

续表

| 公司排口 | 1月 | 2月 | 3月 | 4月 | 5月 | 6月 | 7月 | 8月 | 9月 | 10月 | 11月 | 12月 |
|---|---|---|---|---|---|---|---|---|---|---|---|---|
| 天津军电电热有限公司 | 8.832 | 10.2 | 8.262 | 5.85 | 9.154 | 8.340 | 9.367 | 6.520 | 6.590 | 6.516 | 5.859 | 5.840 |
| 天津军粮城发电有限公司 | 19.668 | 19.3 | 13.676 | 16.698 | 15.805 | 14.117 | 17.339 | 17.609 | 20.966 | 18.352 | 17.373 | 17.275 |
| 中国石油化工股份有限公司天津分公司热电部 | 24.765 | 27.9 | 20.431 | 12.245 | 20.095 | 21.377 | 18.812 | 10.984 | 13.185 | 11.644 | 7.513 | 5.682 |
| 国华能源发展（天津）有限公司1号塔 | 49.610 | 13.842 | | 31.077 | 17.420 | 17.842 | 21.428 | 32.687 | 14.279 | 22.250 | 26.51 | 9.681 |
| 国华能源发展（天津）有限公司扩建1号塔 | 59.848 | 66.713 | 53.856 | 48.032 | 59.897 | 44.958 | | 59.202 | 65.186 | 64.771 | 53.226 | 63.099 |
| 神华国能集团有限公司大港发电厂1号机组净烟气烟道 | 16.945 | 16.026 | 13.403 | 10.919 | 8.76 | 14.171 | 21.975 | 18.430 | 18.130 | 14.786 | 13.004 | 13.211 |
| 神华国能集团有限公司大港发电厂2号机组净烟气烟道 | 19.510 | 22.991 | 20.604 | 18.431 | 22.213 | 22.112 | 20.482 | 18.918 | 19.915 | 17.25 | 14.446 | 16.267 |

资料来源：笔者根据京津冀及周边地区国控污染源在线监测数据计算所得。

表7-5　天津市2016年火电行业企业各排口不同月份二氧化硫月均值情况

| 公司排口 | 1月 | 2月 | 3月 | 4月 | 5月 | 6月 | 7月 | 8月 | 9月 | 10月 | 11月 | 12月 |
|---|---|---|---|---|---|---|---|---|---|---|---|---|
| 国华能源发展（天津）有限公司1号塔 | 49.700 | 13.842 | | 31.077 | 17.412 | 17.842 | 21.428 | 32.687 | 14.279 | 22.250 | 26.51 | 9.682 |
| 国华能源发展（天津）有限公司扩建1号塔 | 59.848 | 66.713 | 53.856 | 48.032 | 59.897 | 44.958 | | 59.202 | 65.186 | 64.771 | 53.226 | 63.099 |
| 神华国能集团有限公司大港发电厂1号机组净烟道 | 16.945 | 16.026 | 13.403 | 10.919 | 8.76 | 14.171 | 21.975 | 18.430 | 18.130 | 14.786 | 13.004 | 13.211 |
| 神华国能集团有限公司大港发电厂2号机组净烟道 | 19.510 | 22.991 | 20.604 | 18.431 | 22.213 | 22.112 | 20.482 | 18.918 | 19.915 | 17.25 | 14.446 | 16.267 |
| 神华国能集团有限公司大港发电厂3号机组净烟道 | | | 11.658 | 12.358 | 19.555 | 14.380 | 15.976 | 13.107 | 15.234 | 17.887 | 21.228 | 19.280 |
| 神华国能集团有限公司大港发电厂4号机组净烟道 | 13.211 | 17.168 | 16.732 | 19.48 | | 12.816 | 15.995 | 16.729 | 13.834 | 13.495 | 12.347 | 13.870 |
| 天津渤化永利热电有限公司1号排口（自动监测） | | | 18.889 | 15.254 | 18.593 | 22.205 | 21.477 | 26.996 | 15.629 | 15.554 | 15.810 | 21.665 |

149

续表

| 公司排口 | 1月 | 2月 | 3月 | 4月 | 5月 | 6月 | 7月 | 8月 | 9月 | 10月 | 11月 | 12月 |
|---|---|---|---|---|---|---|---|---|---|---|---|---|
| 天津渤化永利热电有限公司2号排口（自动监测） | | | 17.349 | 14.268 | 13.295 | 16.401 | 11.562 | 18.342 | 16.171 | 16.028 | 15.571 | 21.710 |
| 天津渤化永利热电有限公司3号排口（自动监测） | | | 18.365 | 14.451 | 15.895 | 14.119 | 9.460 | 11.226 | 15.451 | 15.434 | 15.315 | 22.251 |
| 天津渤化永利热电有限公司4号排口（自动监测） | | | 17.344 | 16.916 | 21.411 | 18.273 | 13.177 | 20.345 | 16.344 | 15.683 | 15.404 | 20.977 |
| 天津大唐国际盘山发电有限责任公司3号净烟气烟道 | 22.041 | 22.614 | 21.278 | 21.004 | 22.085 | 21.169 | 20.555 | 19.411 | 16.976 | 18.012 | 18.654 | 21.172 |
| 天津大唐国际盘山发电有限责任公司4号净烟气烟道 | 43.425 | 100 | 41.121 | 40.244 | | 19.432 | 20.038 | 20.303 | 16.979 | | 17.325 | 19.311 |
| 天津国电津能滨海热电有限公司（北塘电厂）1号机组排放口 | | | | | 16.506 | | 18.632 | 19.126 | 18.986 | | 18.537 | 16.510 |
| 天津国电津能滨海热电有限公司（北塘电厂）2号机组排放口 | | | | | | 11.321 | 13.303 | 16.427 | 12.544 | 18.187 | 17.494 | 15.377 |

续表

| 公司排口 | 1月 | 2月 | 3月 | 4月 | 5月 | 6月 | 7月 | 8月 | 9月 | 10月 | 11月 | 12月 |
|---|---|---|---|---|---|---|---|---|---|---|---|---|
| 天津国电津能热电有限公司1号锅炉1号出口 | 22.344 | 24.364 | 25.009 | 24.472 | | 21.987 | 36.927 | 20.382 | 21.178 | 20.234 | 19.952 | 20.072 |
| 天津国电津能热电有限公司1号锅炉2号出口 | 7.593 | 7.994 | 6.567 | 6.278 | | 6.835 | 31.596 | 8.940 | 8.426 | 6.378 | 3.991 | 5.043 |
| 天津国电津能热电有限公司2号排放口 | 19.446 | 22.819 | 22.346 | 17.773 | 10.841 | 15.189 | 13.664 | 15.601 | | 18.583 | 18.717 | 17.182 |
| 天津国华盘山发电有限责任公司1号净烟气烟道 | 20.747 | 11.334 | 13.891 | 10.906 | 12.305 | | 14.546 | 11.963 | 14.408 | 17.657 | 15.227 | 15.324 |
| 天津国华盘山发电有限责任公司2号净烟气烟道 | 12.230 | 12.751 | 14.417 | | 11.844 | 11.589 | 14.080 | 10.027 | 9.944 | 13.210 | 16.030 | 12.799 |
| 天津国投津能发电有限公司1号净烟气烟道 | | 15.237 | 14.329 | 100.904 | 17.355 | 18.623 | 13.212 | 15.748 | 19.054 | 15.238 | 17.820 | 20.669 |
| 天津国投津能发电有限公司2号净烟气烟道 | 11.726 | 13.792 | 20.064 | 20.095 | 19.310 | 14.969 | 11.031 | 10.682 | 15.287 | 15.900 | 15.973 | 14.779 |
| 天津华能杨柳青热电有限责任公司5号脱硫出口 | 11.175 | 12.263 | 14.520 | 16.803 | 15.582 | 16.752 | 13.317 | 11.562 | | 14.682 | 13.099 | 12.922 |
| 天津华能杨柳青热电有限责任公司6号脱硫出口 | 23.268 | 22.190 | 18.611 | | 6.183 | 11.100 | 9.198 | 10.923 | 12.790 | 13.575 | 13.584 | 13.521 |

续表

| 公司排口 | 1月 | 2月 | 3月 | 4月 | 5月 | 6月 | 7月 | 8月 | 9月 | 10月 | 11月 | 12月 |
|---|---|---|---|---|---|---|---|---|---|---|---|---|
| 天津华能杨柳青热电有限责任公司7号脱硫出口 | 19.837 | 20.423 | 22.179 | 21.730 | | | 13.633 | 15.641 | 15.069 | 9871.78 | 16.059 | 14.724 |
| 天津华能杨柳青热电有限责任公司8号脱硫出口 | 14.276 | 14.551 | 15.645 | 17.570 | 15.135 | 16.657 | 12.601 | 13.221 | 13.962 | 14.330 | 14.957 | 13.112 |
| 天津军电热电有限公司10号机组脱硫出口 | 12.205 | 14.237 | 12.1256 | | 11.555 | 9.924 | 13.208 | 7.672 | 6.590 | 6.518 | 6.302 | 6.333 |
| 天津军电热电有限公司9号机组脱硫出口 | 5.465 | 6.100 | 4.530 | 5.85 | 7.337 | 4.510 | 6.590 | 5.123 | | 6.601 | 5.711 | 5.347 |
| 天津军粮城发电有限公司5号机组脱硫出口 | 30.453 | 36.623 | 18.544 | 18.615 | | 16.385 | 17.210 | 15.647 | 19.210 | 19.688 | 18.643 | 18.272 |
| 天津军粮城发电有限公司6号机组脱硫出口 | 18.135 | 22.248 | | | | | 21.029 | 19.452 | 23.85 | 20.763 | 19.053 | 19.363 |
| 天津军粮城发电有限公司7号机组脱硫出口 | 11.785 | 14.515 | 11.254 | 11.579 | | | 15.014 | 18.343 | 18.639 | 15.710 | 15.339 | 17.530 |
| 天津军粮城发电有限公司8号机组脱硫出口 | 17.920 | 20.226 | 18.976 | 12.138 | 15.805 | 13.817 | 15.008 | 16.994 | 17.213 | 16.673 | 15.587 | 13.936 |

续表

| 公司排口 | 1月 | 2月 | 3月 | 4月 | 5月 | 6月 | 7月 | 8月 | 9月 | 10月 | 11月 | 12月 |
|---|---|---|---|---|---|---|---|---|---|---|---|---|
| 中国石油化工股份有限公司天津分公司热电部10号脱硫塔 | 31.355 | 34.397 | 29.059 | 12.287 | 25.448 | 20.407 | 16.099 | 18.765 | 23.270 | | 4.682 | 8.522 |
| 中国石油化工股份有限公司天津分公司热电部3号、4号脱硫塔 | | | 1.333 | 4.107 | 1.272 | 1.040 | 1.5511 | 2.686 | 1.292 | 1.926 | 3.239 | 2.977 |
| 中国石油化工股份有限公司天津分公司热电部6号脱硫塔 | 22.856 | 19.006 | 9.453 | 9.193 | 12.221 | 17.917 | | | 9.375 | 9.194 | 8.874 | 4.729 |
| 中国石油化工股份有限公司天津分公司热电部7号脱硫塔 | 16.472 | 20.833 | | | | 13.716 | 9.391 | 4.882 | 4.523 | 6.722 | 4.196 | 3.664 |
| 中国石油化工股份有限公司天津分公司热电部8号脱硫塔 | 26.844 | 30.070 | 26.509 | 19.015 | 32.758 | 42.410 | 46.940 | 41.339 | 15.724 | 12.735 | 8.865 | 4.544 |
| 中国石油化工股份有限公司天津分公司热电部9号脱硫塔 | 26.300 | 32.437 | 20.446 | 15.685 | 32.812 | 21.833 | 21.652 | 23.727 | 19.539 | 27.177 | 12.256 | 7.992 |

资料来源：笔者根据京津冀及周边地区国控污染源在线监测数据计算所得。

2. 氮氧化物排放情况

2016 年火电行业企业氮氧化物月均值分布情况如表 7–6、表 7–7 所示，国华能源发展（天津）有限公司氮氧化物月均排放普遍高于其他企业，天津华能杨柳青热电有限责任公司 7 号脱硫出口 2016 年 10 月氮氧化物排放严重超标，该排口月均浓度达 10 786 毫克 / 立方米，除国华能源发展（天津）有限公司、天津华能杨柳青热电有限责任公司外，天津市火电行业氮氧化物平均浓度为 40 毫克 / 立方米。国华能源发展（天津）有限公司 7 月 $NO_x$ 排放达到峰值。

单位：毫克／立方米

表 7-6　　2016 年天津市火电行业不同月份的氮氧化物浓度均值

| 公司排口 | 1月 | 2月 | 3月 | 4月 | 5月 | 6月 | 7月 | 8月 | 9月 | 10月 | 11月 | 12月 |
|---|---|---|---|---|---|---|---|---|---|---|---|---|
| 国华能源发展（天津）有限公司 | 196.40 | 148.32 | 120.25 | 155.95 | 179.69 | 180.01 | 321.61 | 188.90 | 161.20 | 203.60 | 148.16 | 132.65 |
| 神华国能集团有限公司大港发电厂 | 25.65 | 28.18 | 27.56 | 27.17 | 27.99 | 31.11 | 26.99 | 28.99 | 27.90 | 27.34 | 24.78 | 23.57 |
| 天津渤化永利热电有限公司 | | | 28.50 | 22.19 | 28.37 | 27.82 | 25.17 | 28.13 | 25.45 | 23.49 | 22.67 | 22.43 |
| 天津大唐国际盘山发电有限责任公司 | 40.26 | 38.75 | 32.87 | 36.04 | 30.60 | 32.10 | 24.15 | 25.77 | 20.66 | 21.98 | 25.80 | 29.53 |
| 天津国电津能滨海热电有限公司（北塘电厂） | | | | | 39.73 | 41.67 | 40.47 | 36.82 | 36.90 | 39.04 | 37.96 | 38.71 |
| 天津国电津能热电有限公司 | 39.83 | 38.57 | 34.81 | 31.80 | 26.55 | 27.20 | 55.73 | 25.34 | 22.18 | 29.42 | 33.61 | 33.67 |
| 天津国华盘山发电有限责任公司 | 39.26 | 37.99 | 36.74 | 36.78 | 35.98 | 36.69 | 37.90 | 38.78 | 38.26 | 38.66 | 37.64 | 37.34 |
| 天津国投津能发电有限公司 | 34.45 | 40.23 | 42.58 | 37.07 | 38.69 | 38.38 | 39.07 | 39.43 | 39.09 | 38.62 | 38.52 | 39.53 |
| 天津华能杨柳青热电有限责任公司 | 33.48 | 32.68 | 31.65 | 31.84 | 33.47 | 34.25 | 33.75 | 33.95 | 33.77 | 2 722.34 | 37.59 | 36.81 |
| 天津军电热电有限公司 | 38.68 | 38.58 | 38.23 | 33.88 | 35.15 | 37.40 | 37.29 | 35.27 | 33.68 | 32.48 | 29.06 | 33.46 |
| 天津军粮城发电有限公司 | 49.04 | 53.63 | 54.18 | 46.95 | 44.32 | 42.31 | 45.78 | 42.33 | 40.87 | 38.61 | 41.76 | 52.07 |
| 中国石油化工股份有限公司天津分公司热电部 | 84.49 | 88.87 | 71.53 | 65.97 | 69.72 | 63.78 | 61.72 | 52.21 | 65.05 | 47.14 | 36.78 | 34.56 |

资料来源：笔者根据京津冀及周边地区国控污染源在线监测数据计算所得。

155

表 7-7　2016 年天津市火电行业不同企业排口月份的氮氧化物浓度均值

单位：毫克/立方米

| 公司排口 | 1月 | 2月 | 3月 | 4月 | 5月 | 6月 | 7月 | 8月 | 9月 | 10月 | 11月 | 12月 |
|---|---|---|---|---|---|---|---|---|---|---|---|---|
| 国华能源发展（天津）有限公司扩建1号塔 | 133.25 | 139.29 | 120.25 | 116.07 | 144.65 | 106.60 | | 129.81 | 159.41 | 145.87 | 117.73 | 130.11 |
| 神华国能集团有限公司大港发电厂1号机组净烟气烟道 | 23.27 | 27.85 | 24.83 | 25.64 | 26.44 | 27.62 | 26.48 | 27.52 | 27.46 | 24.09 | 24.48 | 27.61 |
| 神华国能集团有限公司大港发电厂2号机组净烟气烟道 | | | 30.25 | 28.20 | 32.73 | 31.11 | 30.41 | 29.54 | 30.12 | 25.21 | 21.05 | 21.25 |
| 神华国能集团有限公司大港发电厂3号机组净烟气烟道 | 25.80 | 28.42 | 28.92 | 27.70 | 29.30 | 32.95 | 29.98 | 31.26 | 30.47 | 30.19 | 28.34 | 23.20 |
| 神华国能集团有限公司大港发电厂4号机组净烟气烟道 | | 31.21 | 27.51 | 30.16 | | 32.52 | 22.93 | 26.40 | 25.20 | 26.55 | 25.41 | 24.06 |
| 天津渤化永利热电有限公司1号排口（自动监测） | | | | 20.40 | 23.57 | 35.86 | 22.94 | 24.92 | 25.66 | 24.43 | 23.23 | 21.72 |
| 天津渤化永利热电有限公司2号排口（自动监测） | | | 32.29 | 23.41 | 34.16 | 32.54 | 29.37 | 33.76 | 25.16 | 25.08 | 22.57 | 22.85 |
| 天津渤化永利热电有限公司3号排口（自动监测） | | | 30.25 | 23.43 | 33.83 | 25.75 | 27.78 | 29.62 | 24.76 | 23.68 | 22.32 | 23.39 |

续表

| 公司排口 | 1月 | 2月 | 3月 | 4月 | 5月 | 6月 | 7月 | 8月 | 9月 | 10月 | 11月 | 12月 |
|---|---|---|---|---|---|---|---|---|---|---|---|---|
| 天津渤化永利热电有限公司4号排口(自动监测) | 30.55 | | 26.16 | 21.52 | 21.93 | 24.26 | 20.60 | 24.67 | 26.24 | 24.01 | 22.56 | 21.77 |
| 天津大唐国际盘山发电有限责任公司3号净烟气烟道 | 38.14 | 38.75 | 28.51 | 28.35 | 30.60 | 28.60 | 24.24 | 26.74 | 21.32 | 21.98 | 25.58 | 29.86 |
| 天津大唐国际盘山发电有限责任公司4号净烟气烟道 | 65.59 | | 43.21 | 46.07 | | 41.63 | 24.05 | 27.53 | 20.27 | | 25.45 | 26.34 |
| 天津国电津能滨海热电有限公司(北塘电厂)1号机组排放口 | | | | | 39.73 | | 39.72 | 36.02 | 36.75 | | 35.62 | 38.03 |
| 天津国电津能滨海热电有限公司(北塘电厂)2号机组排放口 | | | | | | 41.67 | 41.61 | 37.90 | 37.35 | 39.04 | 39.19 | 39.39 |
| 天津国电津能热电有限公司1号出口 | 46.26 | 44.64 | 41.11 | 37.85 | | 33.10 | 75.64 | 36.22 | 35.88 | 34.65 | 42.14 | 38.34 |
| 天津国电津能热电有限公司2号出口 | 32.91 | 29.73 | 26.61 | 25.11 | | 21.61 | 70.86 | 22.84 | 23.05 | 19.87 | 27.24 | 26.60 |
| 天津国电津能热电有限公司2号排放口 | 40.30 | 41.34 | 40.26 | 38.68 | 26.55 | 25.50 | 30.45 | 27.68 | | 55.90 | 33.71 | 36.06 |
| 天津国华盘山发电有限责任公司1号净气烟道 | 38.46 | 38.35 | 35.91 | 36.78 | 36.08 | | 37.68 | 38.33 | 38.15 | 38.57 | 36.51 | 36.80 |
| 天津国华盘山发电有限责任公司2号净气烟道 | | 37.63 | 37.06 | | 35.58 | 36.69 | 38.58 | 39.07 | 38.81 | 38.50 | 38.77 | 37.88 |

续表

| 公司排口 | 1月 | 2月 | 3月 | 4月 | 5月 | 6月 | 7月 | 8月 | 9月 | 10月 | 11月 | 12月 |
|---|---|---|---|---|---|---|---|---|---|---|---|---|
| 天津国投津能发电有限公司1号净烟气烟道 | 40.06 | 42.92 | 41.39 | 43.00 | 39.90 | 41.29 | 40.85 | 40.54 | 40.80 | 39.72 | 40.22 | 39.64 |
| 天津国投津能发电有限公司2号净烟气烟道 | 34.45 | 57.46 | 50.79 | 36.61 | 37.48 | 36.99 | 37.82 | 38.31 | 38.15 | 37.14 | 37.60 | 33.69 |
| 天津华能杨柳青热电有限责任公司5号脱硫出口 | 32.73 | 32.36 | 31.97 | 31.96 | 34.08 | 28.07 | 32.28 | 34.85 | | 32.34 | 35.10 | 35.15 |
| 天津华能杨柳青热电有限责任公司6号脱硫出口 | 39.99 | 38.42 | 32.54 | | 39.93 | 33.49 | 32.13 | 30.79 | 32.30 | 33.25 | 36.64 | 36.04 |
| 天津华能杨柳青热电有限责任公司7号脱硫出口 | 34.20 | 32.37 | 32.82 | 31.80 | | | 34.13 | 35.72 | 35.87 | 10786.44 | 41.70 | 37.31 |
| 天津华能杨柳青热电有限责任公司8号脱硫出口 | 26.98 | 27.41 | 30.59 | 31.01 | 32.81 | 36.26 | 34.69 | 34.66 | 33.30 | 34.86 | 37.20 | 38.59 |
| 天津军电热电有限公司10号机组脱硫出口 | 40.72 | 41.28 | 40.51 | | 40.65 | 40.32 | 39.42 | 35.88 | 33.68 | 32.45 | 28.34 | 32.44 |
| 天津军电热电有限公司9号机组脱硫出口 | 36.64 | 35.88 | 36.15 | 33.88 | 31.13 | 28.18 | 36.73 | 34.64 | | 31.63 | 29.25 | 34.49 |
| 天津军粮城发电有限公司5号机组脱硫出口 | 55.62 | 62.70 | | 50.84 | | 42.23 | 46.21 | 42.23 | 42.30 | 36.18 | 41.08 | 48.69 |
| 天津军粮城发电有限公司6号机组脱硫出口 | 49.53 | 53.38 | 51.04 | | | | 46.45 | 41.80 | 38.15 | 34.42 | 38.80 | 52.40 |

续表

| 公司排口 | 1月 | 2月 | 3月 | 4月 | 5月 | 6月 | 7月 | 8月 | 9月 | 10月 | 11月 | 12月 |
|---|---|---|---|---|---|---|---|---|---|---|---|---|
| 天津军粮城发电有限公司7号机组脱硫出口 | 46.05 | 53.74 | 54.91 | 58.35 | | | 44.67 | 44.60 | 43.18 | 44.88 | 47.13 | 56.38 |
| 天津军粮城发电有限公司8号机组脱硫出口 | 44.72 | 53.51 | 53.30 | 36.13 | 44.32 | 41.99 | 45.56 | 40.68 | 40.45 | 36.41 | 38.82 | 50.83 |
| 中国石油化工股份有限公司天津分公司热电部10号脱硫塔 | | 84.88 | 71.67 | 63.75 | 79.74 | 77.36 | 88.16 | 89.04 | 85.54 | | 37.69 | 36.76 |
| 中国石油化工股份有限公司天津分公司电部3号、4号脱硫塔 | 77.89 | 63.73 | 43.96 | 38.36 | 40.12 | 38.33 | 32.71 | 34.39 | 36.36 | 35.01 | 31.77 | 31.28 |
| 中国石油化工股份有限公司天津分公司热电部6号脱硫塔 | 92.23 | 97.59 | 90.33 | 92.23 | 97.44 | 95.29 | | | 41.76 | 41.22 | 34.08 | 31.86 |
| 中国石油化工股份有限公司天津分公司电部7号脱硫塔 | 91.67 | 93.15 | | | | 49.09 | 44.22 | 38.40 | 35.87 | 35.66 | 35.88 | 32.64 |
| 中国石油化工股份有限公司天津分公司热电部8号脱硫塔 | 79.28 | 90.51 | 74.86 | 69.74 | 75.83 | 73.75 | 81.37 | 86.96 | 89.47 | 62.27 | 39.22 | 35.71 |
| 中国石油化工股份有限公司天津分公司热电部9号脱硫塔 | 81.36 | 90.49 | 77.43 | 57.46 | 63.34 | 64.66 | 64.05 | 81.63 | 83.44 | 60.99 | 41.31 | 37.91 |

资料来源：笔者根据京津冀及周边地区国控污染源在线监测数据计算所得。

159

3. 烟尘排放情况

2016年火电行业企业烟尘月均值分布情况如表7-8、表7-9所示，国华能源发展（天津）有限公司烟尘月均排放值普遍高于其他企业，天津华能杨柳青热电有限责任公司7号脱硫出口10月烟尘排放严重超标，该排口月均浓度达601毫克/立方米，除天津华能杨柳青热电有限责任公司外，天津市火电行业烟尘平均浓度为4毫克/立方米。

表7-8 2016年天津市火电行业不同企业烟尘浓度月均值

单位：毫克/立方米

| 公司排口 | 1月 | 2月 | 3月 | 4月 | 5月 | 6月 | 7月 | 8月 | 9月 | 10月 | 11月 | 12月 |
|---|---|---|---|---|---|---|---|---|---|---|---|---|
| 国华能源发展（天津）有限公司 | 6.98 | 6.23 | 9.4 | 8.79 | 6.72 | 5.75 | 5.04 | 6.74 | 5.98 | 5.84 | 8.7 | 10.27 |
| 神华国能集团有限公司大港发电厂 | 3.13 | 3.12 | 2.8 | 2.87 | 2.71 | 2.78 | 2.917 | 2.79 | 2.64 | 2.29 | 2.13 | 2.034 |
| 天津渤化永利热电有限公司 | | | 3.4 | 3.2 | 5.14 | 4.66 | 3.033 | 3.52 | 6.23 | 6.11 | 5.03 | 4.741 |
| 天津大唐国际盘山发电有限责任公司 | 7.91 | 8.2 | 7.6 | 7.42 | 4.23 | 4.31 | 4.152 | 3.6 | 3.23 | 3.45 | 4.5 | 4.363 |
| 天津国电津能滨海热电有限公司（北塘电厂） | | | | | 1.81 | 1.64 | 2.06 | 2.33 | 2.92 | 3.04 | 2.38 | 2.529 |
| 天津国电津能热电有限公司 | 4.3 | 3.91 | 4.1 | 4.21 | 3.34 | 3.46 | 9.847 | 3.48 | 2.61 | 3.31 | 2.49 | 2.401 |
| 天津国华盘山发电有限责任公司 | 1.94 | 1.93 | 3.2 | 1.26 | 1.47 | 1.48 | 1.714 | 1.79 | 1.81 | 2.18 | 2.15 | 2.209 |
| 天津国投津能发电有限公司 | 2.35 | 2.33 | 1.2 | 2.47 | 1.32 | 2.52 | 1.351 | 2.53 | 2.51 | 1.36 | 2.34 | 2.012 |
| 天津华能杨柳青青热电有限责任公司 | 5.45 | 4.92 | 3.8 | 2.75 | 2.4 | 2.02 | 1.902 | 2.08 | 1.63 | 132 | 1.97 | 1.729 |
| 天津军电热电有限公司 | 1.78 | 2 | 2.3 | 1.99 | 1.55 | 1.28 | 1.628 | 1.61 | 1.07 | 1.25 | 1.89 | 1.97 |
| 天津军粮城发电有限公司 | 9.12 | 9.79 | 9.7 | 8.12 | 7.75 | 7.42 | 8.285 | 8.14 | 8.78 | 8.35 | 8.32 | 7.941 |
| 中国石油化工股份有限公司天津分公司热电部 | 9.13 | 8.22 | 6.9 | 7.26 | 6.26 | 6.64 | 7.189 | 4.83 | 4.33 | 1.38 | 1.69 | 1.314 |

资料来源：笔者根据京津冀及周边地区国控污染源在线监测数据计算所得。

表7-9　2016年天津市火电行业不同企业排口月份的烟尘浓度均值

单位：毫克/立方米

| 公司排口 | 1月 | 2月 | 3月 | 4月 | 5月 | 6月 | 7月 | 8月 | 9月 | 10月 | 11月 | 12月 |
|---|---|---|---|---|---|---|---|---|---|---|---|---|
| 国华能源发展（天津）有限公司1号塔 | 8.27 | 3.64 |  | 9.70 | 6.19 | 5.68 | 5.04 | 8.55 | 5.39 | 7.26 | 8.02 | 6.35 |
| 国华能源发展（天津）有限公司扩建1号塔 | 5.82 | 6.86 | 9.44 | 8.42 | 7.10 | 10.75 |  | 5.74 | 5.97 | 4.93 | 9.01 | 10.73 |
| 神华国能集团有限公司大港发电厂1号机组净烟气烟道 | 3.17 | 3.25 | 3.09 | 3.19 | 3.07 | 2.65 | 2.85 | 3.21 | 2.81 | 2.31 | 2.50 | 2.07 |
| 神华国能集团有限公司大港发电厂2号机组净烟气烟道 | 2.90 | 2.96 | 2.71 | 3.38 | 3.06 | 3.29 | 3.11 | 2.51 | 2.10 | 2.20 | 2.07 | 1.83 |
| 神华国能集团有限公司大港发电厂3号机组净烟气烟道 |  |  | 2.08 | 2.24 | 2.32 | 2.38 | 2.79 | 2.47 | 2.47 | 2.41 | 1.79 | 2.29 |
| 神华国能集团有限公司大港发电厂4号机组净烟气烟道 | 3.49 | 3.99 | 2.21 | 2.27 |  | 2.75 | 3.03 | 3.19 | 2.77 | 2.11 | 2.29 | 1.98 |
| 天津渤化永利热电有限公司1号排口（自动监测） |  |  | 3.22 | 2.80 | 2.68 | 3.45 | 1.34 | 2.24 | 6.14 | 6.43 | 5.06 | 4.76 |
| 天津渤化永利热电有限公司2号排口（自动监测） |  |  | 3.53 | 3.74 | 4.56 | 5.74 | 4.86 | 5.65 | 6.39 | 6.52 | 5.02 | 4.68 |
| 天津渤化永利热电有限公司3号排口（自动监测） |  |  | 3.32 | 2.89 | 9.14 | 3.65 | 4.13 | 4.25 | 6.22 | 6.12 | 5.03 | 4.80 |

续表

| 公司排口 | 1月 | 2月 | 3月 | 4月 | 5月 | 6月 | 7月 | 8月 | 9月 | 10月 | 11月 | 12月 |
|---|---|---|---|---|---|---|---|---|---|---|---|---|
| 天津渤化永利热电有限公司4号排口（自动监测） | | | 3.68 | 3.36 | 4.17 | 4.90 | 1.81 | 2.20 | 6.17 | 6.23 | 5.00 | 4.72 |
| 天津大唐国际盘山发电有限责任公司3号净烟气烟道 | 6.88 | 8.15 | 5.97 | 4.56 | 4.23 | 4.18 | 4.08 | 3.60 | 3.58 | 3.45 | 4.69 | 4.25 |
| 天津大唐国际盘山发电有限责任公司4号净烟气烟道 | 11.40 | 20.00 | 11.10 | 11.13 | | 4.70 | 4.22 | 3.92 | 2.81 | | 4.23 | 4.86 |
| 天津国电津能滨海热电有限公司（北塘电厂）1号机组排放口 | | | | | 1.81 | | 2.28 | 2.68 | 3.01 | | 2.85 | 2.65 |
| 天津国电津能滨海热电有限公司（北塘电厂）2号机组排放口 | | | | | | 1.64 | 1.71 | 1.83 | 2.27 | 3.04 | 2.13 | 2.41 |
| 天津国电津能热电有限公司1号锅炉1号出口 | 4.00 | 4.00 | 4.00 | 4.02 | | 2.70 | 12.98 | 2.97 | 2.65 | 2.67 | 3.01 | 2.86 |
| 天津国电津能热电有限公司1号锅炉2号出口 | 4.01 | 4.00 | 4.05 | 4.20 | | 3.89 | 13.66 | 4.63 | 4.27 | 4.22 | 2.32 | 2.00 |
| 天津国电津能热电有限公司2号排放口 | 4.88 | 3.74 | 4.23 | 4.24 | 3.34 | 4.10 | 4.89 | 4.62 | 2.87 | 2.87 | 2.20 | 2.34 |
| 天津国华盘山发电有限责任公司1号净烟气烟道 | 1.61 | 1.61 | 1.75 | 1.26 | 1.48 | | 1.91 | 1.99 | 1.78 | 1.42 | 1.61 | 1.34 |

续表

| 公司排口 | 1月 | 2月 | 3月 | 4月 | 5月 | 6月 | 7月 | 8月 | 9月 | 10月 | 11月 | 12月 |
|---|---|---|---|---|---|---|---|---|---|---|---|---|
| 天津国华盘山发电有限责任公司2号净烟气烟道 | 2.28 | 2.24 | 4.09 |  | 1.49 | 1.48 | 1.56 | 1.66 | 1.89 | 2.27 | 2.69 | 3.08 |
| 天津国投津能发电有限公司1号净烟气烟道 |  | 2.77 | 2.04 | 2.50 | 2.42 | 2.53 | 2.47 | 2.62 | 2.61 | 2.39 | 2.03 | 1.99 |
| 天津国投津能发电有限公司2号净烟气烟道 | 2.35 | 2.30 | 2.75 | 2.46 | 2.57 | 2.53 | 2.59 | 2.44 | 2.45 | 2.70 | 2.54 | 2.44 |
| 天津华能扬柳青热电有限责任公司5号脱硫出口 | 3.07 | 2.75 | 2.89 | 1.85 | 1.69 | 1.95 | 1.97 | 2.40 |  | 2.14 | 1.78 | 1.18 |
| 天津华能扬柳青热电有限责任公司6号脱硫出口 | 7.75 | 6.43 | 4.84 |  | 2.12 | 2.02 | 2.02 | 2.03 | 1.98 | 1.79 | 2.30 | 2.04 |
| 天津华能扬柳青热电有限责任公司7号脱硫出口 | 7.00 | 7.18 | 8.20 | 5.51 |  |  | 2.05 | 2.00 | 1.17 | 601.31 | 1.92 | 1.80 |
| 天津华能扬柳青热电有限责任公司8号脱硫出口 | 4.00 | 3.71 | 2.96 | 2.90 | 3.10 | 2.05 | 1.64 | 1.72 | 2.00 | 1.85 | 2.01 | 1.96 |
| 天津军电热电有限公司10号机组脱硫出口 | 1.73 | 2.21 | 2.62 |  | 1.07 | 1.15 | 1.24 | 1.50 | 1.07 | 1.06 | 1.97 | 1.95 |
| 天津军电热电有限公司9号机组脱硫出口 | 1.82 | 1.80 | 2.04 | 1.99 | 1.89 | 1.65 | 1.90 | 1.77 |  | 1.95 | 1.87 | 1.99 |
| 天津军粮城发电有限公司5号机组脱硫出口 | 8.81 | 8.27 |  | 8.64 |  | 9.11 | 8.03 | 8.14 | 8.64 | 8.12 | 8.40 | 8.34 |
| 天津军粮城发电有限公司6号机组脱硫出口 | 9.06 | 9.95 | 9.92 |  |  |  | 9.40 | 8.84 | 9.38 | 8.99 | 8.66 | 7.79 |

续表

| 公司排口 | 1月 | 2月 | 3月 | 4月 | 5月 | 6月 | 7月 | 8月 | 9月 | 10月 | 11月 | 12月 |
|---|---|---|---|---|---|---|---|---|---|---|---|---|
| 天津军粮城发电有限公司7号机组脱硫出口 | 9.29 | 9.81 | 9.63 | 10.30 |  |  | 8.98 | 8.55 | 8.51 | 8.36 | 8.17 | 7.81 |
| 天津军粮城发电有限公司8号机组脱硫出口 | 9.32 | 9.86 | 9.88 | 6.62 | 7.75 | 7.15 | 7.25 | 7.03 | 7.21 | 6.50 | 7.49 | 7.82 |
| 中国石油化工股份有限公司天津分公司热电部10号脱硫塔 | 8.99 | 8.96 | 8.99 | 8.86 | 8.89 | 8.96 | 10.04 | 9.73 | 10.71 |  | 1.00 | 1.08 |
| 中国石油化工股份有限公司天津分公司热电部3号、4号脱硫塔 |  | 1.00 | 1.00 | 1.48 | 1.38 | 1.09 | 1.11 | 1.18 | 1.00 | 2.08 | 2.08 | 2.01 |
| 中国石油化工股份有限公司天津分公司热电部6号脱硫塔 | 9.66 | 8.96 | 8.09 | 8.86 | 4.36 | 8.79 |  |  | 2.28 | 1.19 | 1.02 | 1.02 |
| 中国石油化工股份有限公司天津分公司热电部7号脱硫塔 | 9.00 | 8.98 |  |  |  | 1.05 | 1.20 | 1.69 | 1.90 | 1.54 | 2.35 | 1.98 |
| 中国石油化工股份有限公司天津分公司热电部8号脱硫塔 | 9.00 | 8.34 | 8.51 | 8.89 | 8.03 | 8.98 | 11.38 | 12.22 | 1.15 | 1.03 | 1.07 | 1.01 |
| 中国石油化工股份有限公司天津分公司热电部9号脱硫塔 | 9.00 | 9.12 | 9.00 | 8.87 | 8.95 | 8.93 | 12.68 | 14.88 | 1.25 | 1.10 | 2.14 | 1.14 |

资料来源：笔者根据京津冀及周边地区国控污染源在线监测数据计算所得。

## 三、火电行业企业日均值浓度统计情况

1. 各企业日均值 $SO_2$ 分布箱式图

从 2016 年火电行业各企业日均值分布情况来看，天津华能杨柳青热电有限责任公司 $SO_2$ 排放离群值较多（见图 7-6）。

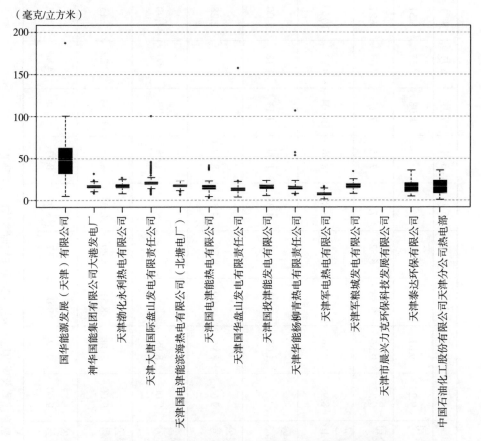

**图 7-6　2016 年火电行业 $SO_2$ 排放日均值浓度箱式图**
资料来源：笔者根据京津冀及周边地区国控污染源在线监测数据计算所得。

2. 各企业日均值 $NO_x$ 分布箱式图

从 2016 年火电行业各企业日均值分布情况来看，天津华能杨柳青热电有限

责任公司 NO$_x$ 排放离群值较多（见图 7–7）。

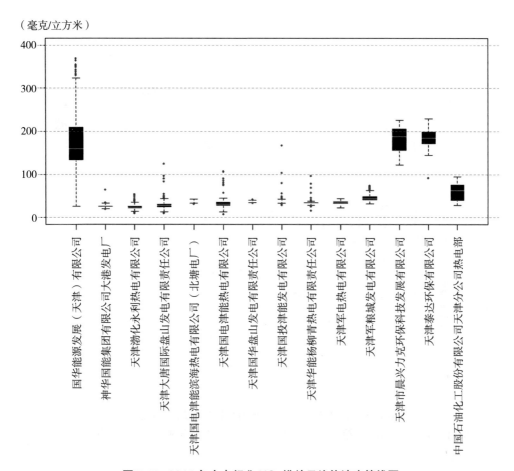

**图 7–7　2016 年火电行业 NO$_x$ 排放日均值浓度箱线图**
资料来源：笔者根据京津冀及周边地区国控污染源在线监测数据计算所得。

3. 各企业烟尘日均值分布箱式图

各企业烟尘日均值分布如图 7–8 所示。

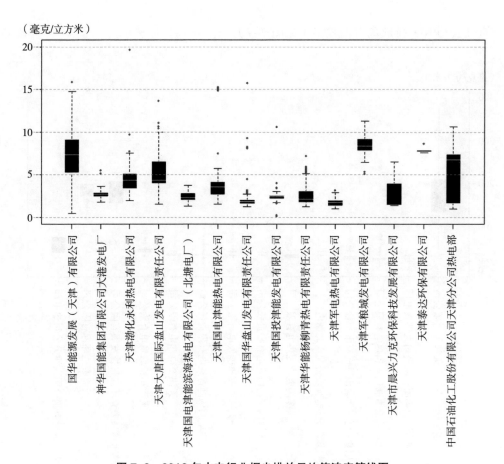

（毫克/立方米）

**图 7-8 2016 年火电行业烟尘排放日均值浓度箱线图**
资料来源：笔者根据京津冀及周边地区国控污染源在线监测数据计算所得。

# 第八章 京津冀及周边地区大气污染排放控制政策评估案例分析

## 第一节 环境政策分析理论基础

### 一、环境外部性

环境外部性是环境经济学中最基础的概念，空气质量是典型的公共物品，由移动源排放产生的污染问题会产生外部不经济性。新古典经济学的创始者马歇尔在分析个别厂商和行业经济运行时首创了"外部经济"和"内部经济"这一对概念。庇古提出从福利经济学的角度对外部性问题进行研究，在马歇尔提出的"外部经济"概念基础上扩充了"外部不经济"的概念，并提出了私人边际成本和社会边际成本、私人边际收益和社会边际收益等概念作为理论分析工具。庇古认为，由于私人边际成本（私人边际收益）和社会边际成本（社会边际收益）之间存在差异，完全依靠市场机制可以形成资源的最优配置从而实现帕累托最优是不可能的，因此，政府干预成为实现社会福利的必要条件。

庇古从福利经济学的角度提出了庇古税的理论来解决外部性的问题，在存在负的外部性的情况下，可以通过合理征税、收费的手段解决外部性问题；而如果存在正的外部性，则可以通过补贴的手段解决环境问题。通过政府的征税、收费或者补贴等政策手段的干预，可以让污染者减少污染物的排放量，将外部性降低到一个合理的水平，将污染者强加给他人的外部成本内部化。此后，"庇古税"成为政府干预经济、解决外部性的经典形式。但是在交易费用不为零的情况下，通过各种政策手段的比较权衡，才能确定是选择庇古税的方法还是选择科斯方法来解决外部性问题。

庇古理论在解决现实的环境问题中得到了广泛应用，如利用"污染者付费"原则解决环境污染带来的外部性问题，但是，运用庇古税解决环境外部性问题也存在一定的局限性，需要满足以下条件：政府清晰地了解有关引起外部性的边际成本和边际收益信息，能够确定最优税率或者最优补贴标准；政府干预的成本应小于外部性带来的损失。在大气污染排放控制领域，将环境外部性内部化的政策手段主要有三类：命令控制型、经济刺激型和劝说鼓励型。不恰当的政策工具设计可以导致风险更高环境损失。淘汰老旧车辆补贴政策则是一项典型的经济刺激类政策，淘汰老旧车辆这种行为会带来明显的正向外部性，但是由于政府管制部门和经济活动当事人之间存在信息不对称，存在车辆所有者对政府管理部门的信息获取不及时的问题，政策设计应具有良好的信息公开机制。对淘汰老旧车辆的车主进行补贴的行为必须坚持自愿的原则，即车辆的淘汰是自愿的而不是强制的，并且补贴手段必须考虑到政策的效果、效率和公平性等问题。

## 二、利益相关者分析

"利益相关者"即"干系人"的概念。"利益相关者"这一词最早出现在1984年弗里曼出版的《战略管理：利益相关者管理的分析方法》一书中，他明确提出了利益相关者管理理论。在公司治理中，不同的利益相关者具有不同的行为动机，不同利益相关者的不完全理性和机会主义行为影响了资源配置或效率，影响了最优决策的程度。因此，在政策分析中，综合考虑不同利益相关者的行为动机，根据利益相关者机会主义的特点制定政策是提高资源配置效率的方法。

从公共政策管理的角度来看，不同利益相关者对政策的偏好（民意）会显著影响政府决策。政策评估不但要关注政策实施结果的评估，还需要关注对公众和其他利益相关者对政策满意度的评估。

本书将依据利益相关者理论对现有法律框架下关于淘汰老旧车辆政策中不同干系人的行为动机和相互关系进行分析，考虑不同利益相关者的行为动机、利益诉求，权衡多方利益，综合分析环保部门、交通管理部门、老旧车辆车主、机动车解体厂、公众等利益相关者的价值偏好和行为动机，因此，利益相关者理论是本书政策分析和评估的依据。

## 三、环境政策评估

政策评估是检验政策效果、效率的基本途径。那格尔（1990）认为，政策评估是一种分析的过程，评估者通过搜集各种信息，运用定性和定量的分析方法和技术，对各项政策方案进行分析，确定各种方案的现实可行性及优缺点，以供决策者参考。

罗斯（Rossi et al.，1989）认为政策评估是系统地应用社会科学研究程序，用以评价社会问题解决方案的规划过程、执行和效用效果。安德森（Anderson，2009）认为政策评估是对有关政策的内容、执行和效果的评价活动。政策评估的着眼点是政策效果，而且是对政策全过程的评估。

邓恩（2011）认为评估的目的是获得关于政策产出的价值的信息。当政策实现了目标时，才确实是有价值的。评估的核心问题不是关于事实（事实是否存在）或行动的（行动是否完成），而是关于价值的（有什么价值）。对某项政策绩效的评价标准应包括效果、效率、公平性、充足性、回应性和适宜性六个方面。

西蒙（Simon，2007）的理性决策模型也反映了政策价值与政策事实之间的关系。西蒙认为理性决策的任务是在可能的选择中，选出其结果集合最符合价值标准的一种。西蒙筛选政策选择的标准是其实现既定目标的程度，把政策的优劣排序与政策价值联系起来，显然是把政策价值（而不是政策事实）作为评价标准。

在此之后，不同的政策评估标准都强调了价值的重要性。欧洲环境署将政策效果界定为政策目标的实现程度，政策效果的评估需要将政策的影响与政策目标相比较。宋国君（2008）将政策效果界定为政策实际执行情况达到政策预期目标的程度。以上定义都体现了政策目标或者说政策价值在评估中的核心地位。

美国联邦环保署有着较为完整的环境政策评估体系，其评估技术方法和评估制度一直走在国际前列。早在 20 世纪 80 年代，联邦政府就要求运用成本效益的方式评估不同环境政策的成本有效性，联邦政府以行政指令的方式，要求对所有主要的法规和规章进行成本效益分析和经济影响分析，通过规制影响分析（regulatory impact analysis，RIA）的方式进行，要求各项法规、规章在成本有效时才能实施。

宋国君（2008）在环境政策分析的一般模式中，将环境政策手段分为命令控制、经济刺激和劝说鼓励三大类，无论选择何种手段，均应保证政策工具的成本有效性。同时，他提出了环境政策评估的一般模式，将政策目标分成总体目标、环节目标和行动目标。行动目标是指污染控制行动的直接结果，环节目标是指污染控制行动产生的污染物排放削减的程度，总体目标是指环境质量和受体的改善，这三个层次的目标是与欧洲环境署模型中的产出、结果和效果基本对应的。

## 四、成本效益分析

成本效益分析是以新古典经济理论为基础，以寻求最大社会经济福利为目的的经济理论。成本效益分析的实践最初是美国联邦水利部门为了评价水资源投资而进行的，目标是要能有效地反映出与水利发展规划投资有关的费用和收益，之后成为美国最常用的经济评价手段，在自然资源经济学中发挥了重要作用。

成本效益分析影响了美国大部分健康政策，是福利经济学一项重要的分析工具，是一项使政府能够尽可能地分配市场资源、制定公共决策的基本方法，即用经济学的方法来实现帕累托最优的政策选择。而政策制定和政策实施过程中涉及的主体包括行政机构、立法机构等政府机构，研究机构、公共媒体、社会组织、普通大众等不同阶层。淘汰老旧车辆政策的主要目标就是有效地减少机动车污染排放，因此，为保证这一公共政策能有效的实施，必须充分考虑淘汰老旧车辆补贴政策各个环节的不同主体，并对政策的成本进行核算，以充分评估政策的效果和效率。

# 第二节　大气污染防治重要政策

## 一、政策目标

大气污染排放控制政策的最终目标是保护公众不受到空气污染造成的已知的或预计的对人体健康的负面影响。美国联邦环保署《清洁空气法案》(Clean Air Act) 提出的政策目标是"保护公众健康和人类福利",让不同地区的空气质量能够达到"足够的安全边界"。《欧盟环境空气质量标准法案》(2008-50-EC) 提出该指令内各项政策措施的目标是避免、预防、减轻对人体健康和环境的不利影响。《中华人民共和国大气污染防治法》总则第一条提出大气污染防治的总体目标是保护和改善环境,防治大气污染,保障公众健康。

2013 年以来,国务院、环境保护部、财政部各部门陆续下发有关大气污染防治的政策。《国务院关于印发大气污染防治行动计划的通知》(以下简称"气十条")提出了大气环境质量改善的奋斗目标:经过五年努力,全国空气质量总体改善,重污染天气较大幅度减少;京津冀、长三角、珠三角等区域空气质量明显好转。具体指标为:到 2017 年,全国地级及以上城市可吸入颗粒物浓度比 2012 年下降 10% 以上,优良天数逐年提高;京津冀、长三角、珠三角等区域细颗粒物浓度分别下降 25%、20%、15% 左右,其中北京市细颗粒物年均浓度控制在 60 微克／立方米左右。为达到"气十条"的要求,国务院与各省(区、市)人民政府签订大气污染防治目标责任书,将目标任务分解落实到地方人民政府和企业。将重点区域的细颗粒物指标、非重点地区的可吸入颗粒物指标作为经济社会发展的约束性指标,构建以环境质量改善为核心的目标责任考核体系。

## 二、重要政策清单

2016 年,环境保护部《京津冀大气污染防治强化措施(2016~2017 年)》中提出为全面实现《大气污染防治行动计划》目标,制定大气污染防治强化措施,包括:(1)限时完成农村散煤清洁化替代;(2)限时完成燃煤锅炉窑炉"清零"任务;(3)划定禁煤区和煤炭质量控制区;(4)限时完成关停淘汰任务;(5)提高城市管理水平;(6)加强机动车污染治理;(7)加大挥发性有机物(VOCs)综合治理力度;(8)传输通道城市限时完成重点行业污染治理;(9)以排污许可证强化"高架源"监督;(10)强化重污染天气应对措施;(11)传输通道城市工业企业生产调控措施等。

2017年,环境保护部会同京津冀及周边地区大气污染防治协作小组及有关单位制定《京津冀及周边地区2017年大气污染防治工作方案》,主要任务是以改善区域环境空气质量为核心,以减少重污染天气为重点,多措并举强化冬季大气污染防治,全面降低区域污染排放负荷。2018年6月国务院发布《中共中央 国务院关于全面加强生态环境保护 坚决打好污染防治攻坚战的意见》,提出到2020年,生态环境质量总体改善,主要污染物排放总量大幅减少,环境风险得到有效管控的总体目标。2018年6月国务院发布《关于印发打赢蓝天保卫战三年行动计划的通知》,提出到2020年,二氧化硫、氮氧化物排放总量分别比2015年下降15%以上;PM2.5未达标地级及以上城市浓度比2015年下降18%以上,地级及以上城市空气质量优良天数比率达到80%,重度及以上污染天数比率比2015年下降25%以上。并提出在工作领域上要突出四个重点。以大气污染最为严重的京津冀及周边、长三角、汾渭平原等地区作为重点区域,其中,北京是重中之重;以人民群众最为关注、超标最为严重的PM2.5作为重点指标;以重污染天气发生频率最高的秋冬季作为重点时段;以工业、散煤、柴油货车、扬尘等大气污染源治理作为重点领域。强化区域联防联控、执法督察、科技创新、宣传引导,动员社会各方力量,群防群治,打赢蓝天保卫战。

本书收集整理了2017年以来京津冀及周边地区大气污染传输通道城市部分大气污染防治政策措施(见表8-1),并将政策措施进一步进行分类,从产业结构调整、能源结构调整、燃煤燃气政策调整、重污染天气应对等方面对不同类型的污染源控制措施进行分解(见表8-2),以便下一步建立大气污染防治政策评估的指标体系,对不同类型的政策措施进行成本效益评估。

**表 8-1　　大气污染传输通道城市 2017~2018 年大气污染防治政策措施**

| 政策 | 发文时间 | 发文机构 |
|---|---|---|
| 《关于印发〈京津冀及周边地区 2017 年大气污染防治工作方案〉的通知》 | 2017 年 3 月 23 日 | 环境保护部、发改委、财政部、国家能源局和北京市、天津市、河北省、山西省、山东省、河南省政府 |
| 《关于印发〈京津冀及周边地区 2017~2018 年秋冬季大气污染综合治理攻坚行动方案〉的通知》 | 2017 年 8 月 21 日 | 环境保护部、发改委、工信部、公安部、财政部等 |
| 《关于印发〈京津冀及周边地区 2017~2018 年秋冬季大气污染综合治理攻坚行动强化督查方案〉的通知》 | 2017 年 8 月 29 日 | 环境保护部和北京市、天津市、河北省、山西省、山东省、河南省政府 |
| 关于印发《北京市工业污染源全面达标排放计划实施方案》的通知 | 2017 年 5 月 12 日 | 北京市环境保护局办公室 |
| 关于《北京市城镇居民"煤改电"、"煤改气"相关政策的意见》相关事项补充规定的函 | 2017 年 6 月 6 日 | 北京市环境保护局、北京市发展和改革委员会、北京市财政局、北京市城市管理委员会 |
| 《关于对部分载货汽车采取交通管理措施降低污染物排放的通告》 | 2017 年 8 月 21 日 | 北京市交通委员会、北京市环境保护局、北京市公安局公安交通管理局 |
| 《关于印发本市"十三五"重点污染物总量控制计划的通知》 | 2017 年 8 月 22 日 | 北京市环境保护局 |
| 《关于进一步加强建设工程施工现场扬尘治理工作的紧急通知》 | 2017 年 9 月 1 日 | 北京市住房和城乡建设委员会 |
| 《关于印发〈北京市"十三五"时期大气污染防治规划〉的通知》 | 2017 年 9 月 4 日 | 北京市环境保护局 |
| 《关于印发〈北京市空气重污染应急预案（2017 年修订）〉的通知》 | 2017 年 9 月 11 日 | 北京市政府 |
| 《关于印发〈北京市促进高排放老旧柴油货运车淘汰方案〉的通知》 | 2017 年 9 月 20 日 | 北京市环境保护局 |
| 《关于印发〈北京市建设系统空气重污染应急预案（2017 年修订）〉的通知》 | 2017 年 9 月 28 日 | 北京市住房和城乡建设委员会 |
| 《关于划定禁止使用高排放非道路移动机械区域的通告》 | 2017 年 11 月 5 日 | 北京市政府 |
| 《关于实施重型汽车地方排放标准有关事项的通知》 | 2017 年 12 月 15 日 | 北京市环境保护局 |
| 《关于印发〈天津市 2017 年大气污染防治工作方案〉的通知》 | 2017 年 4 月 13 日 | 天津市政府 |

| 政策 | 发文时间 | 发文机构 |
|---|---|---|
| 《天津市人民政府办公厅关于转发市环保局拟定的〈天津市控制污染物排放许可制实施计划〉的通知》 | 2017 年 4 月 15 日 | 天津市政府办公厅 |
| 《关于集中开展"小散乱污"企业专项整治的指导意见》 | 2017 年 4 月 26 日 | 天津市环保局、市市场监管委、市工业和信息化委、市国土房管局、市综合执法局、市安监局和市中小企业局 |
| 《印发〈关于深入推进重点污染源专项治理行动方案〉的通知》 | 2017 年 4 月 27 日 | 天津市政府办公厅 |
| 《天津市 2017~2018 年秋冬季大气污染综合治理攻坚行动方案》 | 2017 年 8 月 25 日 | 天津市委、市政府 |
| 《关于开展钢铁、水泥、石化行业排污许可证管理工作的公告》 | 2017 年 9 月 15 日 | 天津市环境保护局 |
| 《关于印发〈天津市重污染天气应急预案〉的通知》 | 2017 年 10 月 16 日 | 天津市政府办公厅 |
| 《关于印发〈天津市居民冬季清洁取暖工作方案〉的通知》 | 2017 年 11 月 21 日 | 天津市政府 |
| 《关于强力推进大气污染综合治理的意见》 | 2017 年 3 月 | 河北省委、省政府 |
| 《关于加快推进全省钢铁行业环保提标治理改造和达标验收进程衔接排污许可证核发工作的通知》 | 2017 年 8 月 | 河北省环保厅 |
| 《关于征求〈印刷业挥发性有机物排放标准（征求意见稿）〉等 5 项地方标准意见的函》 | 2017 年 8 月 8 日 | 河北省环保厅 |
| 《关于印发〈河北省 2017~2018 年秋冬季大气污染综合治理攻坚行动督查信息公开方案〉的通知》 | 2017 年 9 月 12 日 | 河北省大气污染防治工作领导小组 |
| 《关于印发〈山西省大气污染防治 2017 年行动计划〉的通知》 | 2017 年 4 月 12 日 | 山西省政府办公厅 |
| 《关于进一步控制燃煤污染改善空气质量的通知》 | 2017 年 4 月 17 日 | 山西省政府办公厅 |
| 《关于印发〈控制污染物排放许可制实施计划〉的通知》 | 2017 年 6 月 27 日 | 山西省政府办公厅 |
| 《关于印发〈山西省 2017~2018 年秋冬季大气污染综合治理攻坚行动方案〉的通知》 | 2017 年 9 月 28 日 | 山西省政府办公厅 |

续表

| 政策 | 发文时间 | 发文机构 |
|---|---|---|
| 《山东省〈京津冀及周边地区2017年大气污染防治工作方案〉实施细则》 | 2017年5月25日 | 山东省环境保护厅 |
| 《关于印发〈山东省大气污染防治目标任务完成情况评估办法〉的通知》 | 2017年8月14日 | 山东省政府办公厅 |
| 《关于印发山东省落实〈京津冀及周边地区2017~2018年秋冬季大气污染综合治理攻坚行动方案〉实施细则的通知》 | 2017年9月26日 | 山东省政府办公厅 |
| 《关于印发〈山东省重污染天气应急预案〉的通知》 | 2017年12月8日 | 山东省政府办公厅 |
| 《关于征求〈河南省燃煤电厂大气污染物排放标准〉（征求意见稿）意见的函》 | 2017年3月29日 | 河南省环境保护厅 |
| 《关于印发〈河南省2017年挥发性有机物专项治理工作方案〉的通知》 | 2017年5月23日 | 河南省环境保护厅 |
| 《关于印发〈河南省"十三五"煤炭消费总量控制工作方案〉的通知》 | 2017年7月16日 | 河南省政府办公厅 |
| 《关于印发〈河南省排污许可证管理实施细则〉的通知》 | 2017年10月24日 | 河南省环境保护厅办公室 |
| 《关于印发打赢蓝天保卫战三年行动计划的通知》 | 2018年6月27日 | 国务院 |
| 《2018~2019年蓝天保卫战重点区域强化督查方案》 | 2018年6月7日 | 生态环境部 |
| 《北京市打赢蓝天保卫战三年行动计划》 | 2018年9月7日 | 北京市人民政府 |
| 《天津市打赢蓝天保卫战三年作战计划》 | 2018年7月29日 | 天津市人民政府 |
| 《河北省打赢蓝天保卫战三年行动方案》 | 2018年8月23日 | 河北省人民政府 |
| 《山西省打赢蓝天保卫战三年行动计划》 | 2018年7月29日 | 山西省人民政府 |
| 《山东省打赢蓝天保卫战作战方案暨2013~2020年大气污染防治规划三期行动计划（2018~2020年）》 | 2018年8月3日 | 山东省人民政府 |
| 《柴油货车污染治理攻坚战行动计划》 | 2019年1月2日 | 生态环境部、国家发展和改革委员会、工业和信息化部 |

资料来源：笔者整理而得。

表8-2　京津冀及周边地区大气污染传输通道城市大气污染防治政策措施类型

| 措施类型 | 具体措施 | 北京 | 天津 | 石家庄 | 唐山 | 廊坊 | 保定 | 沧州 | 衡水 | 邢台 | 邯郸 | 大原 | 阳泉 | 长治 | 晋城 | 济南 | 淄博 | 济宁 | 德州 | 聊城 | 滨州 | 菏泽 | 郑州 | 开封 | 安阳 | 鹤壁 | 新乡 | 焦作 | 濮阳 |
|---|---|---|---|---|---|---|---|---|---|---|---|---|---|---|---|---|---|---|---|---|---|---|---|---|---|---|---|---|---|
| 产业结构调整 | "小散乱污"企业整改取缔 | √ | √ | √ | √ | √ | √ | √ | √ | √ | √ | √ | √ | √ | √ | √ | √ | √ | √ | √ | √ | √ | √ | √ | √ | √ | √ |  | √ |
|  | 压减钢铁等产能、淘汰落后产能 |  | √ |  | √ |  |  |  |  | √ | √ | √ |  |  |  |  |  |  |  |  |  |  | √ |  | √ |  |  | √ |  |
|  | 重污染企业关停、搬迁或退出 | √ | √ |  | √ | √ | √ | √ | √ | √ | √ | √ | √ | √ | √ | √ | √ | √ |  | √ | √ | √ | √ | √ | √ | √ | √ | √ | √ |
|  | 燃煤总量控制 | √ | √ | √ | √ | √ | √ | √ | √ | √ | √ | √ | √ | √ | √ | √ | √ | √ | √ | √ | √ | √ | √ | √ | √ | √ | √ | √ | √ |
|  | 老旧燃煤锅炉改造或淘汰 | √ | √ | √ | √ | √ | √ | √ | √ | √ | √ | √ | √ | √ | √ | √ | √ | √ | √ | √ | √ | √ | √ | √ | √ | √ | √ | √ | √ |
| 能源结构调整/燃煤燃气政策调整 | 燃气锅炉低氮改造 | √ | √ |  |  |  |  |  |  |  |  |  |  |  |  |  |  | √ |  |  |  |  |  |  |  |  |  |  |  |
|  | 农村散煤治理 | √ | √ | √ | √ | √ | √ | √ | √ | √ | √ | √ |  |  | √ | √ | √ | √ | √ | √ | √ | √ | √ | √ | √ | √ | √ | √ | √ |
|  | "煤改气"或"煤改电"工程 | √ | √ | √ | √ | √ | √ | √ | √ | √ | √ | √ | √ | √ | √ | √ | √ | √ | √ | √ | √ | √ | √ | √ | √ | √ | √ | √ | √ |
|  | 提高城镇集中供暖率、供热锅炉并网 | √ | √ |  | √ | √ | √ | √ | √ | √ | √ | √ | √ | √ | √ | √ | √ | √ | √ | √ | √ | √ | √ | √ | √ | √ | √ | √ | √ |
|  | "禁煤区"建设 | √ | √ |  |  | √ | √ |  |  |  |  |  | √ |  | √ |  |  |  |  |  |  |  |  |  |  |  |  |  |  |
|  | "城中村"拆除改造、连片棚户区改造 |  | √ |  |  |  |  |  |  |  |  | √ |  |  |  |  |  |  |  |  |  |  |  |  |  |  |  |  |  |

续表

| 措施类型 | 具体措施 | 北京 | 天津 | 石家庄 | 唐山 | 廊坊 | 保定 | 沧州 | 衡水 | 邢台 | 邯郸 | 太原 | 阳泉 | 长治 | 晋城 | 济南 | 淄博 | 济宁 | 德州 | 聊城 | 滨州 | 菏泽 | 郑州 | 开封 | 安阳 | 鹤壁 | 新乡 | 焦作 | 濮阳 |
|---|---|---|---|---|---|---|---|---|---|---|---|---|---|---|---|---|---|---|---|---|---|---|---|---|---|---|---|---|---|
| | 特别排放限值 | √ | | √ | √ | √ | √ | √ | √ | √ | √ | √ | √ | √ | √ | √ | √ | √ | √ | √ | √ | √ | √ | √ | √ | √ | √ | √ | √ |
| 工业大气污染控制措施 | 重点企业安装大气污染源自动监控设施 | √ | √ | √ | √ | √ | √ | √ | √ | √ | √ | √ | √ | √ | √ | √ | √ | √ | √ | √ | √ | √ | √ | √ | √ | √ | √ | √ | √ |
| | 重点行业无组织排放专项治理 | √ | √ | √ | √ | √ | √ | √ | √ | √ | √ | √ | √ | √ | √ | √ | √ | √ | √ | √ | √ | √ | √ | √ | √ | √ | √ | √ | √ |
| | 工业企业错峰生产 | | √ | √ | √ | √ | √ | √ | √ | √ | √ | √ | √ | √ | √ | √ | √ | √ | √ | √ | √ | √ | √ | √ | √ | √ | √ | √ | √ |
| | 错峰运输 | | √ | √ | √ | √ | √ | √ | √ | √ | √ | √ | √ | √ | √ | √ | √ | √ | √ | √ | √ | √ | √ | √ | √ | √ | √ | √ | √ |
| | 排污许可制度 | √ | √ | √ | √ | √ | √ | √ | √ | √ | √ | √ | √ | √ | √ | √ | √ | √ | √ | √ | √ | √ | √ | √ | √ | √ | √ | √ | √ |
| | 油气排放监管、油气回收治理 | √ | √ | √ | √ | √ | √ | √ | √ | √ | √ | √ | √ | √ | √ | √ | √ | √ | √ | √ | √ | √ | √ | √ | √ | √ | √ | √ | √ |
| | 制定限制各行业VOCs排放的地方标准 | √ | | | | | | | | | √ | | | | | | | | | | | | | | | | | | |
| | VOCs排放重点企业治理、指标改造 | √ | √ | √ | √ | √ | √ | √ | √ | √ | √ | √ | √ | √ | √ | √ | √ | √ | √ | √ | √ | √ | √ | √ | √ | √ | √ | √ | √ |
| 移动源污染治理 | 优化交通运输结构 | | √ | √ | √ | √ | √ | √ | √ | √ | √ | √ | √ | √ | √ | √ | √ | √ | √ | √ | √ | √ | √ | √ | √ | √ | √ | √ | √ |
| | 机动车排污监控 | √ | √ | √ | √ | √ | √ | √ | √ | √ | √ | √ | √ | √ | √ | √ | √ | √ | √ | √ | √ | √ | √ | √ | √ | √ | √ | √ | √ |
| | 柴油车达标监管 | √ | √ | √ | √ | √ | √ | √ | √ | √ | √ | √ | √ | √ | √ | √ | √ | √ | √ | √ | √ | √ | √ | √ | √ | √ | √ | √ | √ |
| | 推广使用新能源和清洁能源汽车 | √ | √ | √ | √ | √ | √ | √ | √ | √ | √ | √ | √ | √ | √ | √ | √ | √ | √ | √ | √ | √ | √ | √ | √ | √ | √ | √ | √ |

179

续表

| 措施类型 | 具体措施 | 北京 | 天津 | 石家庄 | 唐山 | 廊坊 | 保定 | 沧州 | 衡水 | 邢台 | 邯郸 | 太原 | 阳泉 | 长治 | 晋城 | 济南 | 淄博 | 济宁 | 德州 | 聊城 | 滨州 | 菏泽 | 郑州 | 开封 | 安阳 | 鹤壁 | 新乡 | 焦作 | 濮阳 |
|---|---|---|---|---|---|---|---|---|---|---|---|---|---|---|---|---|---|---|---|---|---|---|---|---|---|---|---|---|---|
| 移动源污染治理 | 新车环保登记审核 | | | √ | | | | | | | | | | | | | | | | | | | | | | | | | |
| | 老旧机动车淘汰更新 | √ | | | | | | | √ | √ | √ | | | | | | | | | | | | | | | | √ | √ | √ |
| | 提升油品标准、油品质量 | √ | √ | | √ | | √ | √ | √ | √ | √ | √ | | | | | | | | | | | √ | √ | √ | √ | √ | √ | √ |
| | 机动车限行或禁行 | √ | √ | | √ | | √ | √ | √ | √ | √ | √ | | | √ | | | | | | | | √ | √ | √ | √ | √ | √ | √ |
| | 高排放非道路移动机械管理 | √ | √ | | | | | | | | | √ | | | | | | | | | | | √ | √ | | | √ | | |
| 重污染天气应对 | 应急预案修订与细化 | √ | √ | | √ | | √ | √ | √ | √ | √ | √ | | | √ | √ | √ | √ | √ | √ | √ | √ | √ | √ | √ | √ | √ | √ | √ |
| | 企业应急限停产 | √ | √ | | √ | | √ | √ | √ | √ | √ | √ | | | √ | √ | √ | √ | √ | √ | √ | √ | √ | √ | √ | √ | √ | √ | √ |
| | 重点道路清扫、洒水作业 | √ | √ | | √ | | √ | √ | √ | √ | √ | √ | | | √ | √ | √ | √ | √ | √ | √ | √ | √ | √ | √ | √ | √ | √ | √ |
| | 重污染天气预测预报 | √ | √ | | √ | | √ | √ | √ | √ | √ | √ | | | √ | √ | √ | √ | √ | √ | √ | √ | √ | √ | √ | √ | √ | √ | √ |
| 城市扬尘综合管理 | 土石方建筑工地安装监测监控设备 | √ | √ | | √ | | √ | √ | √ | √ | √ | √ | | | √ | √ | √ | √ | √ | √ | √ | √ | √ | √ | √ | √ | √ | √ | √ |
| | 在建工程施工单位扬尘控制 | √ | √ | | √ | √ | √ | √ | √ | √ | √ | √ | | | √ | √ | √ | √ | √ | √ | √ | √ | √ | √ | √ | √ | √ | √ | √ |
| | 禁止露天焚烧秸秆、落叶、垃圾、烧烤等 | √ | √ | | √ | √ | √ | √ | √ | √ | √ | √ | | | √ | √ | √ | √ | √ | √ | √ | √ | √ | √ | √ | √ | √ | √ | √ |
| | 限制燃放烟花爆竹 | √ | √ | | √ | √ | √ | √ | √ | √ | √ | √ | | | √ | √ | √ | √ | √ | √ | √ | √ | √ | √ | √ | √ | √ | √ | √ |

续表

| 措施类型 | 具体措施 | 北京 | 天津 | 石家庄 | 唐山 | 廊坊 | 保定 | 沧州 | 衡水 | 邢台 | 邯郸 | 大原 | 阳泉 | 长治 | 晋城 | 济南 | 淄博 | 济宁 | 德州 | 聊城 | 滨州 | 菏泽 | 郑州 | 开封 | 安阳 | 鹤壁 | 新乡 | 焦作 | 濮阳 |
|---|---|---|---|---|---|---|---|---|---|---|---|---|---|---|---|---|---|---|---|---|---|---|---|---|---|---|---|---|---|
| 城市扬尘综合管理 | 禁止使用冒黑烟高排放工程机械 | √ | √ |  |  |  |  | √ |  |  |  |  |  |  |  |  |  |  |  |  |  |  |  |  |  |  |  |  |  |
|  | 矿山整治 |  |  | √ | √ | √ | √ | √ |  | √ |  |  |  |  |  |  |  |  |  |  |  |  |  |  | √ | √ | √ | √ | √ |
| 环境质量监测网络 | 增设空气监测站点、建设监测网能力 | √ | √ | √ | √ | √ | √ | √ | √ | √ | √ | √ | √ | √ | √ | √ | √ | √ | √ | √ | √ | √ | √ | √ | √ | √ | √ | √ | √ |
|  | 源排放清单编制、污染物来源解析 | √ | √ | √ | √ | √ | √ | √ | √ | √ | √ | √ | √ | √ | √ | √ | √ | √ | √ | √ | √ | √ | √ | √ | √ | √ | √ | √ | √ |
| 环境经济政策 | 大气污染物环境保护税（方案制定） | √ | √ | √ | √ | √ | √ | √ | √ | √ | √ | √ | √ | √ | √ | √ | √ | √ | √ | √ | √ | √ | √ | √ | √ | √ | √ | √ | √ |
|  | 冬季清洁取暖中央财政支持 |  |  |  |  |  |  |  | √ |  |  | √ |  |  |  | √ |  |  |  |  |  |  | √ | √ | √ | √ |  |  |  |
| 监管执法 | 设立环保警察 | √ | √ | √ | √ | √ | √ | √ | √ | √ | √ |  |  |  |  | √ | √ | √ | √ | √ | √ | √ |  |  |  |  |  |  |  |
|  | 环境保护部进行排名 | √ | √ | √ | √ | √ | √ | √ | √ | √ | √ | √ | √ | √ | √ | √ | √ | √ | √ | √ | √ | √ | √ | √ | √ | √ | √ | √ | √ |
|  | 中央环保督察 | √ | √ | √ | √ | √ | √ | √ | √ | √ | √ | √ | √ | √ | √ | √ | √ | √ | √ | √ | √ | √ | √ | √ | √ | √ | √ | √ | √ |

资料来源：笔者整理而得。

181

## 第三节　大气污染排放控制政策评估指标体系

对于政府管理部门来说，成本效益分析是一项使政府能够尽可能地分配市场资源、制定公共决策过程的基本方法，对于研究人员和第三方评估部门来说，对政策进行的成本效益分析是一种利用经济学的手段来评估政策有效性的重要手段，是实现帕累托最优的政策选择。大气污染排放控制政策评估的本质是确定政策的成本有效性，即用最小的管理和社会成本达到最大的环境效益，但是，由于信息不对称、地域差异、行业差异、污染物特征差异等因素，管理决策者很难充分保证"帕累托最优"。

环境保护成本的估算分为直接成本和间接成本，一般而言，直接成本有几种核算方式，包括（1）工业企业的污染防治成本，包括基础设施成本及人力成本等；（2）管理部门污染的防治成本，如中央政府、地方政府等不同层级管理部门针对某项空气污染物的污染防治投入；（3）消费者成本，公众的污染防治社会成本等。对于环境保护的效益估算，政策效益的评估指标主要指该项政策是否改善了环境质量，该项政策带来的减排效果如何等。管理部门污染的防治成本除了可以从政策实施部门获得既有的数据信息以外，一般情况下可以通过德尔菲法、专家打分法等，邀请评估专家给出判断，初步分析政策执行可能产生的各种效益，然后通过社会调查访谈、问卷调查等方法，从政策利益相关方尤其是政策受益者的回答中获取信息，并利用统计学方法和工具进行分析和评价，以量化政策的效果及效益。因数据获取的局限性，本书主要根据环境政策评估的理论及方法，选择对京津冀地区大气污染防治的典型政策措施的成本效益进行评估。

## 第四节　大气污染防治强化督查政策效果评估

国务院于 2018 年 6 月发布《打赢蓝天保卫战三年行动计划》，强调以京津冀及周边、长三角、汾渭平原等地区为重点，开展大气污染防治专项行动，为此，生态环境部对这些重点区域、重点领域持续开展了大气污染防治强化督查工作。环保督查作为一种典型的命令控制型手段，从督查试点到全面开展综合性督查，通过约谈、限期治理、挂牌督办等方式，识别出重点环境问题，成为近年来一项重要的环境管理制度。开展环境督查，"督"是手段，"促"是主要目的。持续开展大气污染防治强化督查是"蓝天保卫战三年行动计划"的重要内容，是深化环境综合整治的重要方式。

本书对《京津冀及周边地区 2017~2018 年秋冬季大气污染综合治理攻坚行动方案》的落实情况通过"回头看"的方式，对大气污染防治强化督查中发现的问题进行数据清洗、问题识别以及量化分析，识别出京津冀及周边地区"2+26"城市重点环境问题，为京津冀及周边地区污染治理提供政策依据。

为研究大气污染强化督查政策是否有效改善了"2+26"城市的空气质量状况，本书结合生态环境部发布的 2018 年《大气污染强化监督检查情况的各项通报》，筛选出"2+26"城市 2018 年的督查时间，将"2+26"城市各污染物的日均浓度作为因变量，2018 年 1~12 月不同日期是否有督查组在此城市进行督查作为自变量，将气象（温度、风速、降水等）和供暖因素作为控制因素，温度数据采用日平均温度（即每日最高温度和最低温度的均值），将大气污染防治强化督查政策这一自变量通过设定虚拟变量来表示。对政策虚拟变量的设定规则为，2018 年 1 月 1 日~12 月 31 日期间，若该城市该日期有督查则取值为 1，否则取值为 0。此外，本章设置了风力、是否降雨、是否供暖等虚拟变量来表示气象和供暖因素对空气质量的影响，建立如式（8-1）所示的模型。

$$Airquality_i = \lambda_i + \beta_i Supervision_i + \delta_i Rain + \gamma_i Tem + \alpha_i Wind\,\theta_i + Heat + \varepsilon$$

$$(8-1)$$

其中，$i$ 表示第 $i$ 种污染物，分别为 PM2.5、PM10、$SO_2$、$NO_2$ 等污染物；$Airquality_i$ 是第 $i$ 种污染物的浓度，$Supervision_i$ 是第 $i$ 种污染物大气污染防治强化督查政策的虚拟变量，$\lambda_i$ 是 $Supervision_i$ 对第 $i$ 种污染物的影响参数，虚拟变量 $Rain$、$Heat$、$Wind$，分别代表是否降雨、是否供暖、风力级别等因素，$Tem$ 代表日平均温度。

## 一、督查问题识别

通过对数据的清洗及统计发现，京津冀及周边"2+26"城市督查识别出的各类问题总数为 8 291 项（见图 8-1），其中，督查发现最多的问题是物料堆场未落实扬尘治理措施以及建筑工地未落实"六个百分百"①要求，分别为 1 926 例和 1 618 例；工业企业综合治理中，未落实 VOCs 整治要求与工业粉尘无组织排放问题分别为 859 例和 807 例。

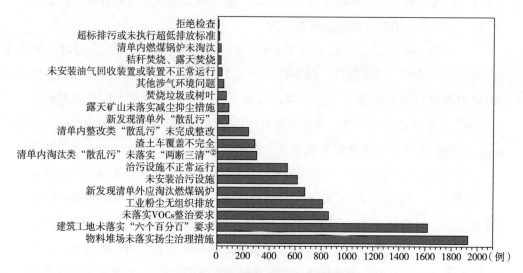

**图 8-1 重点区域强化督查第一阶段问题汇总**

注："两断三清"是指断水、断电、清原料、清设备、清场地。

资料来源：笔者根据通过大气污染防治督查收集的数据统计整理。

## 二、督查问题的地区分布

根据《环境空气质量标准》（GB3095-2012）的评价结果，2017 年河北省设区市Ⅲ级及以下空气质量污染天数平均为 143 天，占 2017 年全年总天数的 44.7%，低于全国平均水平。河北省聚集了钢铁、电力、焦化等大气污染重点行业，统计发现石家庄、保定、沧州、唐山等城市是大气污染防治强化督查问题的重灾区，京津冀及周边"2+26"城市督查问题统计情况如表 8-3 所示。

---

① "六个百分百"：施工工地 100% 围挡、施工工地道路 100% 硬化、土方和拆迁施工 100% 湿法作业、渣土车辆 100% 密闭运输、工地出入车辆 100% 冲洗、工地物料堆放 100% 覆盖。

表 8-3　　大气污染防治强化督查第一阶段"2+26"城市发生问题总数

| 排名 | 地级城市 | 发生次数 | 排名 | 地级城市 | 发生次数 |
|---|---|---|---|---|---|
| 1 | 石家庄市 | 1 149 | 15 | 开封市 | 164 |
| 2 | 保定市 | 883 | 16 | 天津市 | 155 |
| 3 | 沧州市 | 660 | 17 | 德州市 | 145 |
| 4 | 唐山市 | 602 | 18 | 衡水市 | 141 |
| 5 | 北京市 | 532 | 19 | 邯郸市 | 136 |
| 6 | 廊坊市 | 524 | 20 | 安阳市 | 131 |
| 7 | 邢台市 | 493 | 21 | 濮阳市 | 119 |
| 8 | 新乡市 | 432 | 22 | 鹤壁市 | 117 |
| 9 | 长治市 | 360 | 23 | 焦作市 | 117 |
| 10 | 太原市 | 282 | 24 | 淄博市 | 80 |
| 11 | 晋城市 | 255 | 25 | 济宁市 | 79 |
| 12 | 郑州市 | 247 | 26 | 菏泽市 | 54 |
| 13 | 济南市 | 211 | 27 | 滨州市 | 32 |
| 14 | 阳泉市 | 168 | 28 | 聊城市 | 23 |

资料来源：笔者通过大气污染防治督查收集的数据统计整理。

京津冀及周边"2+26"城市大气污染防治督查结果显示，从地区分布来看，京津冀及周边"2+26"城市督查问题排名中，问题最多的前 10 名有 6 个位于河北省，在大气污染防治"精准化管控、精细化管理"中，对环境督查问题频发的石家庄、保定、沧州、唐山等重点城市应予以重点关注。从督查问题的类型来看，出现频率最高的问题类型排名分别为：物料堆场未落实扬尘治理措施、建筑工地未落实"六个百分百"要求、未落实工业 VOCs 整治要求、工业粉尘无组织排放。

### 三、工业企业环境综合治理

工业固定源排放对大气污染危害大，应重点关注大气排放企业环保设施安装、运行及达标排放情况，京津冀及周边重点地区是否全面执行大气污染物特别排放限值，重点行业的无组织排放情况等。根据对京津冀及周边地区"2+26"

城市强化督查的结果来看，石家庄、唐山、新乡等城市工业粉尘无组织排放、部分企业未安装治污措施或治污设施不完全等问题较为突出，其中，新乡、石家庄、唐山等工业粉尘无组织排放的案例数量分别为121例、104例、88例，石家庄、唐山、新乡、沧州等城市工业企业存在未安装治污设施或治污设施不完全的问题，问题数量分别为158例、118例、94例、83例，这些案例均属于典型的大气污染违法行为，应按环评批复要求安装和使用治污设施，根据督查结果依法查处其环境违法行为。

1. 燃煤锅炉综合整治及"散乱污"淘汰类问题

大气污染防治强化督查结果显示，保定、石家庄、廊坊、沧州部分企业仍存在工业燃煤锅炉未淘汰的问题，保定、石家庄新发现清单外应淘汰燃煤锅炉分别为187、152起。关于"散乱污"企业综合整治情况问题的发生包括：淘汰类"散乱污"未落实或未完成"两断三清"；整改类"散乱污"未完成整改。从督查结果数据统计来看，唐山、石家庄、保定、沧州是发生该问题较多的地区。因此，对于淘汰类"散乱污"问题应按照"两断三清"标准关停取缔；对于整改类"散乱污"应责令其限期完成整治任务。

2. 工业 VOC 综合治理情况

《打赢蓝天保卫战三年行动计划》中提出开展实施 VOCs 专项整治方案，大气污染防治强化督查过程中发现沧州、石家庄、北京等城市工业企业未落实 VOCs 治理的问题达859例，沧州、石家庄、北京、邢台分别达149、134、84、72例。未落实 VOCs 治理的具体形式表现为：（1）VOCs 有机废气直排；（2）无任何 VOCs 污染治理设施；（3）VOCs 治理设施未运行；（4）VOCs 处理设施内部无过滤棉和活性炭等。数据统计发现，京津冀及周边地区家具、喷漆、建材、纺织制造等工业企业为 VOCs 主要污染源。《大气污染防治法》要求，对于含 VOCs 物料的生产、存储采用密闭工艺或在有集气系统的密闭空间进行，收集后的废气经处理达标后排放，存在违法生产行为的，依据《大气污染防治法》第一百零八条立案处罚。

### 3. 移动源综合治理

京津冀及周边"2+26"城市大气污染防治强化督查中，此次对于移动源问题的督查内容主要是渣土车覆盖不完全以及未安装油气回收装置等方面，督查结果显示石家庄、北京、长治等城市出现渣土运输车辆未采取密闭苫盖措施、未覆盖上路等问题。保定、开封、石家庄等个别城市出现未安装油气回收装置或者油气回收装置未正常运行的情况。

### 4. 面源综合治理

由于面源污染的随机性、广泛性、分散性等特点，增加了其在大气污染防治政策及管理中的难度，近年来随着环境管理的精细化，《打赢蓝天保卫战三年行动计划》中提出扬尘综合治理专项行动、露天矿山综合整治及露天焚烧控制等措施。

大气污染防治强化督查结果显示，保定和石家庄物料堆场未落实扬尘治理措施的问题最多，这些案例多分布于涞水县的石料加工厂和水泥厂、曲阳县的木材加工厂和建材公司等行业企业。建筑工地未落实"六个百分之百"要求的问题最多的城市为北京、石家庄和邢台，北京通州、大兴、朝阳、昌平等区域建筑工地扬尘污染值得关注。露天矿山综合整治中，石家庄、唐山、保定等个别城市出现大面积矿山料堆未遮盖、开采作业平台污染防护措施不完善、覆盖网有破损，部分石料粉覆盖不到位、砂石露天堆放，未采取防尘抑尘措施等问题。对于焚烧垃圾、秸秆焚烧等露天焚烧等问题的督查结果显示，保定、沧州、石家庄露天焚烧的问题数量远低于其他类型，说明近几年对露天焚烧的管控起到了明显效果。

## 四、政策实施效果

京津冀地区及周边"2+26"城市大气污染防治强化督查第一阶段督查识别出各类问题 8 291 项。从督查发现的问题类型来看，物料堆场和建筑工地未落实扬尘处理设施的问题较为严重，工业企业环境问题主要体现在 VOCs 治理、工业粉尘无组织排放、燃煤锅炉淘汰及整改等方面。

　　大气污染防治强化督查结果表明，保定、石家庄、北京等城市建筑及施工工地扬尘污染问题严重，北京建筑工地"六个百分百"未达标的问题尤为严重，需要进一步严格施工扬尘监管；河北省是工业大气污染防治的重点地区，石家庄、保定、唐山、沧州等城市工业 VOCs 综合治理、工业粉尘无组织排放、燃煤锅炉淘汰及整改、"散乱污"企业综合整治等均存在不同程度的问题，需要进一步深化工业污染治理。

　　用带有多个虚拟变量的多元线性回归模型对京津冀及周边"2+26"城市大气污染防治强化督查政策是否改善了空气质量进行相关性分析，同时控制了风力级别、降雨、降雪、温度等天气变量，并考虑了供暖期和非供暖期对空气质量变化的影响。研究结果表明，2018 年采取的大气污染防治强化督查专项政策和"2+26"城市空气质量污染物的浓度具有明显的负相关关系，即大气污染防治强化督查专项政策对降低"2+26"城市污染物浓度、改善空气质量起到了明显效果，大气污染强化督查期间对 AQI 总体空气质量改善有明显作用，尤其是对 PM10 和 SO$_2$ 两种污染物浓度的降低有明显促进作用。另外，数据表明，风力、降水、供暖等因素对空气质量也有明显的影响，其中，风力、降水和空气质量 AQI 级别及污染物浓度有明显的负相关关系，即风力越大空气质量污染物浓度越低，降水条件下的空气质量污染物浓度低于非降水条件下的污染物浓度；供暖和空气质量 AQI 级别及各污染物浓度则表现为正相关，即供暖季节空气质量污染物浓度普遍高于非供暖季节。各影响因素的具体影响情况如表 8-4 所示。

**表8-4　大气污染防治强化督查政策和空气质量污染物浓度相关性分析**

| 变量 | AQI | | PM2.5 | | PM10 | | SO₂ | | NO₂ | |
|---|---|---|---|---|---|---|---|---|---|---|
| | 参数估计 | P值 | 参数估计 | P值 | 参数估计 | P值 | 参数估计 | P值 | 参数估计 | P值 |
| 是否督查（Supervision） | -5.972 | 0.000*** | 1.019 | 0.188 | -17.170 | 0.000*** | -1.259 | 0.000*** | 2.440 | 0.000*** |
| 风力级别（Wind） | -3.033 | 0.000*** | -4.720 | 0.000*** | -2.185 | 0.000*** | -0.936 | 0.000*** | -3.733 | 0.000*** |
| 是否降雨（Rain） | -11.606 | 0.000*** | -2.103 | 0.022** | -20.289 | 0.000*** | -4.266 | 0.000*** | -7.452 | 0.000*** |
| 是否供暖（Heat） | 46.737 | 0.000*** | 43.348 | 0.000*** | 46.981 | 0.000*** | 7.906 | 0.000*** | 2.935 | 0.000*** |
| 日均温度（Tem） | 0.355 | 0.000*** | 0.180 | 0.001*** | 0.151 | 0.092* | -0.165 | 0.000*** | -0.584 | 0.000*** |
| 常数项 Constant term（C） | 87.081 | 0.000*** | 53.485 | 0.000*** | 112.974 | 0.000*** | 22.552 | 0.000*** | 57.346 | 0.000*** |

注：* 代表 90% 以内显著，** 代表 95% 以内显著，*** 代表 99% 显著。

资料来源：笔者根据本书结果统计整理。

189

大气污染防治强化督查可以精准地识别大气环境违法行为，有利于督促地方政府履行环境保护主体责任，减少环境保护"不作为"或"不到位"问题的发生。环保督查是一项重要的环境管理政策，建议将大气污染防治督查作为一项常态化和规范化的制度，建立督查、整改、跟踪督查、督办联动的长效督查机制，通过"科学决策、监企督政"结合，避免行政"一刀切"，着力解决突出的环境问题。

## 第五节　北京市淘汰高污染老旧车辆成本效益分析

移动源是氮氧化物（$NO_x$）、一氧化碳（CO）、挥发性有机物（VOC）等污染物排放的重点来源，是造成灰霾、光化学烟雾等污染的重要因素。特别是在北京、上海等特大型城市，移动源污染排放对人群健康造成的影响更应受到关注。北京市采取了多项措施控制机动车污染排放，其中，淘汰老旧车辆政策是较为典型的政策，其减排效果为众所周知，因此，本书对淘汰高污染老旧车辆政策带来的减排效果和付出的成本进行了分析。

### 一、政策成本估算方法

北京市自 2009 年启动了黄标车淘汰改造工作，对于老旧机动车提前淘汰更新也启动了优惠政策。当年发布的关于进一步促进本市老旧机动车淘汰更新方案中重点鼓励重型柴油车和国Ⅰ、国Ⅱ的私人小客车淘汰更新。报废更新老旧机动车，根据老旧机动车的排污量、残值、车辆类型、污染损失成本、政策衔接、车主意愿等各方面因素，每辆可得到 2 500~14 500 元不等的政府补贴。淘汰老旧车辆政策的管理部门包括北京市环保局、公安交通管理局等，此外，北京市搭建了老旧车辆第三方管理服务平台，设立了淘汰补贴业务办理网点，由第三方平台审核老旧机动车辆报废信息，老旧车车主通过老旧车辆服务平台办理补贴手续。环保局负责监督管理老旧车第三方管理服务平台工作、统计老旧车辆淘汰数据，公安交通管理部门负责车辆解体和车辆注销登记等手续。淘汰老旧车辆政策实施过程中涉及的成本包括：被淘汰车辆车主的补贴成本、政府部门管理人员工资成本和基础设施成本、第三方平台和业务办理网点人员工资和运营成本等。

具体估算方法如式（8-2）所示：

$$C_Q = P_i \times N \times \sum C_i = P_i \times N \times (C_A + C_1 + C_2 + C_3 + C_4 + \cdots + C_m) \quad (8-2)$$

其中，$C_Q$表示政府管理部门在淘汰老旧车辆政策中投入的总成本；$P_i$表示考虑通货膨胀率和货币政策的调整系数；$N$表示淘汰老旧车辆政策实施年数；$C_i$表示政府管理部门在淘汰老旧车辆政策中投入的年度成本；$C_A$表示淘汰老旧车辆补贴投入成本；$C_1$表示环保局、交管局等管理部门的人员工资成本；$C_2$表示政府管理部门基础设施和运营成本；$C_3$表示车辆淘汰业务办理网点和平台人员工资成本；$C_4$表示管理服务平台和办理网点基础设施和运营成本；$C_m$表示其他成本等。

淘汰车辆补贴成本$C_A = \sum C_j \times Q_j$，其中，$C_j$表示政府给予老旧车车主第$j$种类型的老旧车辆补贴标准；$Q_j$表示第$j$种类型的老旧车辆的淘汰数量（见图8-2）。

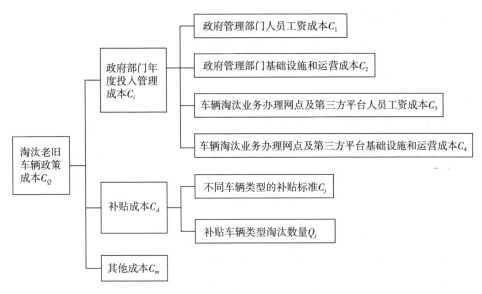

**图8-2　淘汰老旧车辆政策成本指标**

资料来源：笔者根据本书结果统计整理绘制。

## 二、政策效果估算方法

本书结合调研访谈获取的北京市不同年份淘汰的各车型数量，利用环境保护部环境统计系统核查所得到的不同车辆类型污染物的排放因子，评估了淘汰老旧车辆带来的减排效果（这里将淘汰车辆均按照国 I 排放标准的汽油车辆来计算，假定淘汰后的老旧车辆被更换为国 V 标准的车辆）。

具体核算方法为式（8-3）：

$$Q_i = \sum A_i \times VMT_i \times (B_i - C_i) \times T_i \qquad (8-3)$$

其中，$Q_i$ 表示淘汰老旧车辆政策带来的减排量。$A_i$ 表示为 $i$ 种车辆类型的机动车保有量，单位为辆；$B_i$ 表示为 $i$ 种类型老旧车辆的基本排放系数，单位为克/千米；$C_i$ 表示为 $i$ 种类型老旧车辆更换为新车后的基本排放系数，单位为克/千米；$VMT_i$ 表示为 $i$ 种类型车辆的年均行驶里程数，单位为千米；$T_i$ 表示 $i$ 种车辆类型一系列修正因子，包括发动机排量、温度、燃料类型、车龄状况等，本书估算中不考虑一系列修正因子。

## 三、数据获取

### 1. 淘汰老旧车辆的数量及行驶里程

通过对北京市环保局的调研访谈，2009~2013 年北京市共淘汰黄标车、老旧车共 87.3 万辆，年均淘汰量为 21.8 万辆，淘汰数量占北京市车辆总数约 4.8%（见表 8-5）。自 2011 年以后北京市老旧车辆的年均淘汰量超过 20 万辆，2015 年报废老旧车辆 16.3 万辆，2016 年报废老旧车辆 22.95 万辆，2017 年北京市全市淘汰 44.7 万辆车辆，超额完成年度任务。

表 8-5　　　2009~2013 年北京市不同类型车辆淘汰数量及行驶里程

| 项目 | 大型客车 | 中型客车 | 小型客车 | 重型货车 | 中型货车 | 轻型货车 | 微型客车 |
|---|---|---|---|---|---|---|---|
| 淘汰数量（辆） | 4 183 | 13 435 | 777 881 | 2 932 | 1 147 | 7 025 | 66 813 |
| 年均行驶里程（千米） | 58 000 | 31 300 | 11 803 | 17 438.9 | 8 548.9 | 8 548.9 | 10 834.2 |

资料来源：笔者根据本书调研访谈获得数据整理所得。

## 2. 政府管理部门人数

淘汰老旧车辆政策的成本包括：被淘汰车辆车主的补贴成本、政府部门管理成本、第三方管理服务平台和业务办理网点运营成本等。机动车尾号限行所涉及的管理部门主要是交通行政管理部门，据《北京市人民政府关于实施工作日高峰时段区域限行交通管理措施的通告》实施细则规定，违反限行规定给予罚款 100 元，北京市公安交通管理局共有 51 支大队，估算负责尾号限行政策监管、违法处理等管理人员有 500 人，每年需要投入大量的人力、物力和精力，管理成本巨大。

## 3. 北京在售车辆车型售价及油耗

根据北京市交通发展研究中心公开的数据显示，北京市 2015 年私人小型和微型机动车保有量为 452 万辆。尾号限行政策导致个人机动车辆在工作日期间每周限行一天，个人机动车将有约 1/7 的时间被闲置。由于个人车辆车型、品牌等不一致，车辆购置成本按照市场销售量较大的品牌车辆平均售价来计。本书对市场在售车型及品牌价格进行了调研，占据市场份额较大的车辆类型及售价如表 8-6 所示。

表 8-6　　　　　　　　　北京市在售车型及品牌价格调查情况

| 车辆品牌 | 市场平均售价（万元 / 辆） | 百千米油耗（升） |
|---|---|---|
| 上汽大众 | 15.3~31.5 | 5.8~7.2 |
| 一汽丰田 | 12.3~21.2 | 4.3~9.0 |
| 广汽丰田 | 15~26.2 | 4.5~10.5 |
| 广汽本田 | 15~29 | 5.7~8.5 |
| 哈弗 | 8.3~14.6 | 7.9~8.2 |
| 北京现代 | 14.4~24.0 | 7.5~10.9 |
| 一汽马自达 | 14.2~22.5 | 6.6~13.3 |
| 上汽通用别克 | 8.8~16 | 6.5~12.5 |
| 东风标致 | 13.4~26.9 | 6.1~10.9 |
| 北汽绅宝 | 6.3~15 | 9.5 |
| 上汽通用雪佛兰 | 6.6~16.4 | 6.1~11.5 |
| 一汽奥迪 | 24~57 | 5.7~10.9 |

资料来源：笔者根据本书调研访谈结果统计整理绘制。

### 4. 车辆基准排放因子

环境保护部 2015 年《道路机动车大气污染物排放清单编制技术指南（试行）》中公布了不同车辆类型的基准排放因子（见表 8-7）。

表 8-7 　　　　　　　　　　　不同车辆类型的基准排放因子　　　　　　　单位：克 / 千米

| 车辆类型 | 一氧化碳（CO） | | 氮氧化物（NO$_x$） | | 碳氢化合物（HC） | | PM2.5 | | PM10 | |
|---|---|---|---|---|---|---|---|---|---|---|
| | 国 I | 国 V | 国 I | 国 V | 国 I | 国 V | 国 I | 国 V | 国 I | 国 V |
| 微型和小型汽车 | 6.71 | 0.46 | 0.409 | 0.017 | 0.663 | 0.056 | 0.026 | 0.003 | 0.029 | 0.003 |
| 中型载客汽车 | 21.43 | 1.98 | 1.781 | 0.147 | 2.567 | 0.107 | 0.060 | 0.006 | 0.067 | 0.007 |
| 大型载客汽车 | 62.9 | 3.77 | 2.645 | 0.582 | 5.255 | 0.418 | 0.159 | 0.044 | 0.177 | 0.049 |
| 轻型载货汽车 | 26.16 | 2.37 | 2.006 | 0.172 | 3.324 | 0.169 | 0.060 | 0.006 | 0.067 | 0.007 |
| 中型载货汽车 | 75.79 | 4.50 | 2.979 | 0.680 | 6.777 | 0.573 | 0.159 | 0.044 | 0.177 | 0.049 |
| 重型载货汽车 | 75.79 | 4.50 | 2.979 | 0.680 | 6.759 | 0.555 | 0.159 | 0.044 | 0.177 | 0.049 |

注：研究假定老旧车辆为国 I 标准，淘汰后更换为国 V 标准。

资料来源：2015 年《道路机动车大气污染物排放清单编制技术指南（试行）》。

### 5. 不同排放标准车辆的数量

根据北京交通发展研究中心 2016 年公布的数据，2015 年私家车和公务车年均行驶里程平均为 12 584 千米。根据调研获取的北京市 2015 年不同排放标准的车辆数量如表 8-8 所示。

表 8-8 　　　　　　　　北京市 2015 年不同排放标准客车数量　　　　　　单位：辆 / 千米

| 排放标准 | 微型载客客车 | 小型载客客车 | 总计 |
|---|---|---|---|
| 国 I 及以下 | 84 998 | 302 943 | 387 941 |
| 国 II | 14 951 | 483 293 | 498 244 |

续表

| 排放标准 | 微型载客客车 | 小型载客客车 | 总计 |
|---|---|---|---|
| 国Ⅲ | 137 | 547 339 | 547 476 |
| 国Ⅳ | 21 198 | 2 579 083 | 2 600 281 |
| 国Ⅴ | 3 329 | 753 583 | 756 912 |

资料来源：笔者根据本书调研访谈结果统计整理绘制。

## 四、成本效益分析结论

### 1. 淘汰老旧车辆政策投入成本

（1）补贴成本。对老旧车车主的补贴是淘汰老旧车辆政策成本中最大的部分。补贴标准统一按照北京市《关于促进老旧机动车淘汰更新方案》（2015~2016）中公布的标准核定（见表8-9），并且假定报废车辆车龄全部在10年以上。本书估算，2009~2013年北京市累计淘汰87.3万辆高污染老旧车辆，北京市投入的补贴成本共计67亿元，平均每年补贴投入约为16.8亿元。

表8-9　　　　　　　　北京市淘汰老旧车辆政策补贴标准　　　　　　单位：元

| 车辆类型 | | 2013~2014年补贴标准 | | 2015~2016年补贴标准 | |
|---|---|---|---|---|---|
| | | 6~10年 | 10年以上 | 6~10年 | 10年以上 |
| 载客机动车 | 微型 | 3 500 | 3 000 | 3 500 | 3 000 |
| | 小型 | 7 000 | 6 500 | 8 500 | 8 000 |
| | 中型 | 6 500 | 6 000 | 8 000 | 7 500 |
| | 大型 | 16 500 | 14 500 | 21 500 | 19 500 |
| 载货机动车 | 微型 | 3 000 | —— | 3 000 | —— |
| | 轻型 | 5 500 | 5 000 | 6 500 | 6 000 |
| | 中型 | 9 500 | 7 500 | 10 500 | 8 500 |
| | 重型 | 12 500 | 10 500 | 17 500 | 15 500 |

资料来源：笔者根据本书调研访谈结果统计整理绘制。

（2）管理和运营成本。按照北京市统计局公布的 2016 年北京市城镇单位就业人员平均工资 119 928 元来计，北京市淘汰老旧车辆政策管理部门工作人员共 180 名，工资成本为 2 158 万元 / 年，另外，估算 6 个老旧车辆报废业务办理网点及各区县机动车排放管理部门基础设施及运营成本共计约 500 万 / 年，淘汰老旧车辆直接的管理成本共计 2 658 万 / 年。不考虑通货膨胀率及其他货币政策的影响，2009~2016 年，淘汰老旧车辆政策年度投入成本约为 17 亿元 / 年。[①]

### 2. 淘汰高污染老旧车辆政策带来的减排量

本书根据环境保护部《道路机动车大气污染物排放清单编制技术指南（试行）》中公布的不同车辆类型的基准排放因子计算了淘汰老旧车辆政策的减排量，北京市 2009~2013 年淘汰的 87.3 万辆老旧车辆，带来的减排量分别为一氧化碳（CO）9.02 万吨、氮氧化物（$NO_x$）5 320.7 吨、碳氢化合物（HC）8 788.0 吨，PM2.5 314.3 吨，PM10 325.2。北京市平均每年淘汰老旧机动车 21.3 万辆，可至少减少 一氧化碳（CO）2.26 万吨、氮氧化物（$NO_x$）1 330.2 吨、碳氢化合物（HC）2 197.0 吨，PM2.5 78.6 吨，PM10 81.3 吨。

# 第六节　本章小结

本章梳理了京津冀及周边地区大气污染防治重要政策措施清单，并建立了大气污染防治政策措施的评估方法及指标体系，对包括大气污染防治强化督查政策、淘汰老旧车辆在内的典型政策措施进行了成本有效性评估。政策评估结果表明，大气污染防治强化督查专项政策对降低"2+26"城市污染物浓度、改善空气质量起到了明显效果，尤其是对 PM10 和 $SO_2$ 两种污染物浓度的降低有明显的促进作用。本书建议采用多样化的政策手段及组合减少大气污染排放，切实改善京津冀环境空气质量。

---

① 资料来源:《中国统计年鉴 2017》。

# 第九章　结论与建议

## 第一节　研究结论

本书基于京津冀及周边地区 31 个城市 171 个空气质量监测站点的 PM2.5、PM10、$SO_2$、$NO_2$、$O_3$ 和 CO 等空气质量数据及 1 000 多家大气污染源排放的 $SO_2$、$NO_x$、烟尘在线监测的小时浓度数据，建立空气质量季节指数、空气质量人口暴露度、空气质量小时均值变化等指标，分析了 PM2.5、PM10、$SO_2$、$NO_2$、$O_3$（日最大八小时 90 分位数）的时空变化、人口暴露程度以及空气质量不同污染物之间的相关性等特征。另外，本书结合经济、人口等数据，研究了工业污染源排放强度、污染源排放浓度强度、大气排放重点企业分布密度等污染特征，挖掘出重点行业的污染排放特征和规律，建立大气污染防治政策评估的指标体系，对京津冀及周边地区大气污染传输通道城市典型政策措施进行评估，为京津冀及周边地区大气污染传输通道城市实施精准化、综合性治理提供了决策支持。

（1）本书结果表明，2015~2018 年京津冀及周边地区城市空气质量 AQI 指数明显改善，尤其是 PM2.5 和 PM10 污染总体改善非常显著，2018 年 31 个城市的 PM2.5 年均浓度为 58.5 微克 / 立方米，比 2017 年 85.6 微克 / 立方米下降 46.3%，2018 年 PM10 年均浓度为 110.5 微克 / 立方米，比 2017 年 156 微克 / 立方米下降 41.2%，但是仍未达到国家二级标准，超标现象仍然普遍存在。

2018 年京津冀及周边地区 31 个城市二氧化硫年均值均达到二级及以上标准，近年来国家 $SO_2$ 污染控制效果明显。2018 年天津、石家庄、唐山、邯郸、邢台、保定、沧州、廊坊、太原、阳泉、晋城、济南、淄博等城市臭氧最大 8 小时第 90

分位数浓度相对 2015 年有所上升，臭氧恶化明显，2018 年 31 个城市最大 8 小时第 90 分位数浓度均超过 160 微克 / 立方米，高达 211 微克 / 立方米。

（2）空气质量各污染物指标具有明显的季节特征和小时变化特征，其中 PM2.5、PM10、SO₂、NO₂ 等冬季效应明显，O₃ 则具有明显的夏季效应。京津冀及周边地区 PM2.5、PM10、SO₂、NO₂ 四种污染物的季节性趋势较为一致，1~12 月，PM10、SO₂、NO₂ 等污染物均呈倒"U"型分布，1 月、7 月、8 月、12 月空气质量 PM10、SO₂、NO₂ 季节性指数较为明显，且 7 月、8 月季节性指数偏低，1 月、12 月季节性指数偏高，说明 7 月、8 月这 4 种污染物浓度较低，峰值出现在 1 月、12 月，污染物呈"冬季高，夏季低"的趋势。

O₃ 的季节性指数与 PM2.5、PM10、SO₂、NO₂ 4 种污染物相比呈相反的趋势，1~12 月空气质量 O₃ 污染呈倒"U"型分布，O₃ 污染物浓度峰值出现在 1 月、11 月、12 月等月份，污染物呈"夏季高，冬季低"的趋势。空气质量小时变化特征分析中，PM2.5、PM10 及 NO₂ 峰值出现在早高峰 8~10 点以及凌晨，O₃ 峰值则出现在 16 点。

（3）北京城六区人口密度是大气污染传输通道城市中最高的，人群集中，空气质量人口暴露程度最高。沧州、濮阳、安阳、晋城、邢台、新乡、廊坊等城市空气质量人口暴露程度高于京津冀及周边其他城市平均值及全国平均水平。

（4）社会经济、气象、工业排放等均是空气质量的影响因素。宏观层面，大气污染传输通道城市中，人均 GDP 及产业结构等指标对空气质量影响显著，现阶段经济发展水平下，随着人均 GDP 水平的提高，有利于空气质量的改善。第二产业比例及工业排放则对空气质量污染浓度存在正相关关系，目前仍需进一步通过调整产业结构、减少工业排放，来实现空气质量改善的最终目标。微观层面，空气质量各污染物排放存在较强的相关性，京津冀及周边 31 个城市 PM2.5、PM10、SO₂、NO₂ 4 种污染物存在良好的协同效应，尤其是 PM2.5 和 PM10 的相关性最强。另外，风力、气温对空气质量有重要影响，将风力、气温等气象因素及工业污染源排放浓度等作为影响变量，建立多元回归模型，结果表明安阳、北京、滨州、德州、焦作、济宁、开封、濮阳等城市工业污染排放和空气质量有正相关关系，工业固定源对这些城市空气质量有重要影响。

（5）从工业污染源排放特征来看，北京无论是工业$SO_2$、烟尘，还是$NO_x$，其单位工业产值的排放强度和污染源浓度排放强度均是最低值。阳泉、太原、长治，邢台、邯郸、鹤壁等城市单位工业产值污染物（$SO_2$、烟尘）排放强度及工业污染源浓度排放强度（$SO_2$、$NO_x$、烟尘）等均高于京津冀及周边31个城市平均水平，工业排放量大，污染严重，是京津冀及周边地区重点控制的对象。

从工业污染源浓度排放特征来看，京津冀及周边地区31个城市工业污染物排放年度变化趋势明显，尤其是山东德州、菏泽、济宁、济南、聊城等城市$SO_2$、$NO_x$及烟尘2017年排放浓度比2015年、2016年有明显降低，工业大气污染综合治理效果显著。从电力行业、钢铁行业污染排放特征来看，邯郸、鹤壁等城市火电行业$SO_2$排放浓度普遍高于其他城市，河北省邯峰发电有限责任公司$SO_2$常年超标。从京津冀地区钢铁行业企业排放情况来看，首钢长治钢铁有限公司、山东九羊集团有限公司、唐山市丰南区经安钢铁有限公司$SO_2$排放超标次数较多。

（6）本书从成本效益的角度建立了大气污染防治政策措施的评估方法及指标体系，并对包括大气污染防治强化督查政策、淘汰老旧车辆、尾号限行等在内的典型政策措施进行了成本有效性评估。评估结果表明，大气污染防治强化督查专项政策对降低"2+26"城市污染物浓度、改善空气质量起到了明显效果，尤其是对PM10和$SO_2$两种污染物浓度的降低有明显促进作用。从减排效果上来说，淘汰老旧车辆政策的成本有效性较高。

# 第二节　展望及建议

1. 建立空气质量改善的长效机制，打好"蓝天保卫战"

2018年全国环境保护工作会议中提出要"坚决打赢蓝天保卫战"，以京津冀及周边、长三角、汾渭平原等重点区域为主战场，强化区域联防联控。加快产业结构、能源结构和交通运输结构调整，持续淘汰落后产能。结合对

2013~2017年以来全国空气质量状况的分析，对京津冀及周边、长三角、汾渭平原等重点区域的颗粒物进行重点控制，针对臭氧和氮氧化物等污染物状况恶化的问题提出具体计划和解决方案，建立空气质量改善的长效机制。

加快调整产业结构，持续淘汰落后产能。加快全国层面各城市建成区内重污染企业搬迁改造，全面推进"散乱污"企业及集群综合整治。将所有固定污染源纳入环境监管，对重点工业污染源全面安装烟气在线监控。加快能源结构调整，以居民家用散煤和中小型燃煤设施为重点，加快推进以电代煤、以气代煤，加大散煤治理财政补贴和价格支持力度。加大高排放、污染重的煤电机组淘汰力度，推进实施重点区域和重点城市煤炭消费总量控制，新建项目实行煤炭减量替代。加快交通运输结构调整，重点关注移动源排放控制。重点区域提前实施机动车"国六"排放标准，建立"天地车人"一体化的机动车排放监控系统。加快淘汰老旧汽车和非道路移动工程机械、农业机械和船舶，鼓励新能源运输车辆、船舶的推广使用。完善政策措施效果评估方法，持续评价政策效果。梳理重点区域环境质量改善政策清单，跟进政策措施实行进度，构建政策措施效果评估方法，定期开展政策效果评估，为政策的调整与修订提供支撑。

2. 应进一步加强环境大数据综合应用和集成分析，为环境质量管理决策提供有力支撑

2013年以来，我国开始发布城市空气质量和重点污染源主要污染物排放实时数据，为大气环境质量及污染源排放时空分布及监管决策研究提供了数据支撑。大数据作为新的技术手段和思维方式，能在合理时间内收集、管理、处理原始数据，助力掌握城市大气污染的产生、排放、流动等全过程信息，提高环境监管的精细化水平、环境管理的定量化水平和环境决策的科学性，为环境管理逐渐向网络化和智能化转变创造良好的技术环境，为各级主管部门决策提供支持。数据清洗、数据挖掘、数据分析是环境质量及污染排放特征分析中非常重要的环节，对城市环境质量实时监测数据及重点污染源主要污染物排放实时数据进行数据挖掘和数据分析，可以发现环境监测数据造假、违法偷排等环境监管漏洞，为精准打击违法违规行为提供诊断依据。要加强

生态环境大数据综合应用和集成分析，为生态环境保护科学决策提供有力支撑。

3. 加强京津冀及周边地区大气污染防治联控机制，着力解决区域性突出环境问题

雾霾等区域性大气污染不是一个城市可以孤立解决的问题。《京津冀协同发展规划纲要》中指出要在生态环境保护、产业升级转移等重点领域率先取得突破。在生态环境保护方面，打破行政区域限制，加强生态环境保护和治理，建立一体化的环境准入和退出机制。虽然 2015~2018 年，京津冀及周边地区空气质量呈明显改善的趋势，但是 PM2.5 仍存在普遍超标的问题，$O_3$ 污染呈恶化趋势，京津冀及周边地区城市空气质量治理情况任重道远。沧州、濮阳、安阳、晋城、邢台、新乡、廊坊等城市空气质量人口暴露程度高于京津冀及周边其他城市平均值及全国平均水平，尤其是北京城六区人群集中，空气质量人口暴露程度最高，而北京市工业排放强度在京津冀地区中处于最低，北京的工业污染控制从本地化角度来说已经很难削减，应进一步完善京津冀及周边大气污染传输通道城市间协作机制，如北京可以通过技术及资本援助来带动河北、天津地区的产业技术改造和升级，提高区域内环境资源利用效率，共同解决区域性突出环境问题。

4. 针对空气质量变化规律及不同城市大气污染源排放特征，实施大气污染防治的精准控制及精细化管理

京津冀及周边地区 31 个城市空气质量季节趋势及小时变化趋势明显，PM10、$SO_2$、$NO_2$ 等污染物呈"冬季高，夏季低"的趋势，$O_3$ 污染呈现"夏季高，冬季低"的趋势。夜间重型柴油车辆及早晚交通高峰拥堵是 PM2.5 及 PM10 的污染的重要原因。因此，应根据空气质量的季节性特征及小时变化趋势，挖掘大气环境质量的规律和影响因素，因情施策。从工业污染源排放特征来看，不同城市产业结构、行业企业数量、企业技术水平不一致。通过分析重点行业企业的污染物排放情况，识别重点行业企业的排放技术水平差异，树立行业排放标杆，识别行业排放"黑名单"，实施大气污染防治的精准控制及精细化管理，

实施"一市一策""一厂一策"等政策措施非常必要。

5.政府决策应充分考虑到政策的成本有效性，采用多样化的政策手段达到大气污染减排效果

为全面实现《大气污染防治行动计划》目标，切实改善京津冀环境空气质量，京津冀及周边地区采取大气污染防治强化措施，包括限时完成农村散煤清洁化替代、限时完成燃煤锅炉窑炉"清零"任务、划定禁煤区和煤炭质量控制区、限时完成关停淘汰任务、加强机动车污染治理等措施。对于政府管理部门来说，政府能够尽可能公平、有效地分配市场资源，达到政策效果，因此，为达到大气污染防治行动计划的目标，政策制定应充分考虑到不同政策的成本有效性，采用多样化的政策手段组合减少大气污染排放。

# 附 录

附表          工业固定源对空气质量影响的模型变量统计特征

| 城市 | 变量名 | 单位 | 样本数量 | 最小值 | 最大值 | 均值 | 方差 |
|---|---|---|---|---|---|---|---|
| 安阳 | AirqualityPM2.5 | 微克/立方米 | 365 | 12 | 366 | 81.49 | 62.644 |
| | AirqualityPM10 | 微克/立方米 | 365 | 18 | 629 | 140.03 | 80.047 |
| | AirqualityNO$_2$ | 微克/立方米 | 365 | 15 | 126 | 47.51 | 18.058 |
| | AirqualitySO$_2$ | 微克/立方米 | 365 | 3 | 135 | 29.75 | 20.238 |
| | IndustrialpollutionNO$_x$ | 毫克/立方米 | 365 | 55.32 | 238.18 | 138.77 | 32.161 |
| | IndustrialpollutionSO$_2$ | 毫克/立方米 | 365 | 8 | 79.63 | 40.74 | 9.091 |
| | IndustrialpollutionPM | 毫克/立方米 | 365 | 6.5 | 30.56 | 12.80 | 3.142 |
| | Averagetem | ℃ | 365 | −3 | 32 | 15.66 | 10.024 |
| | Wind | 虚拟变量 | 365 | 1 | 4 | 1.72 | 0.757 |
| | Rain | 虚拟变量 | 365 | 0 | 1 | 0.23 | 0.423 |
| 保定 | AirqualityPM2.5 | 微克/立方米 | 365 | 11 | 550 | 83.07 | 65.417 |
| | AirqualityPM10 | 微克/立方米 | 365 | 15 | 756 | 136.28 | 87.380 |
| | AirqualityNO$_2$ | 微克/立方米 | 365 | 8 | 141 | 49.64 | 24.434 |
| | AirqualitySO$_2$ | 微克/立方米 | 365 | 4 | 189 | 28.30 | 22.209 |
| | IndustrialpollutionNO$_x$ | 毫克/立方米 | 340 | 0 | 15 | 4.92 | 2.070 |
| | IndustrialpollutionSO$_2$ | 毫克/立方米 | 339 | 0 | 115.8 | 72.03 | 21.816 |
| | IndustrialpollutionPM | 毫克/立方米 | 337 | 0 | 51.95 | 17.46 | 6.644 |
| | Averagetem | ℃ | 365 | −5 | 32 | 13.68 | 10.925 |

| 城市 | 变量名 | 单位 | 样本数量 | 最小值 | 最大值 | 均值 | 方差 |
|------|--------|------|---------|--------|--------|------|------|
| 保定 | Wind | 虚拟变量 | 365 | 2 | 5 | 2.21 | 0.453 |
|      | Rain | 虚拟变量 | 365 | 0 | 1 | 0.18 | 0.383 |
| 北京 | AirqualityPM2.5 | 微克/立方米 | 365 | 5 | 430 | 56.20 | 54.015 |
|      | AirqualityPM10 | 微克/立方米 | 365 | 0 | 744 | 84.18 | 68.863 |
|      | AirqualityNO$_2$ | 微克/立方米 | 365 | 10 | 146 | 43.27 | 20.263 |
|      | AirqualitySO$_2$ | 微克/立方米 | 365 | 1 | 82 | 7.14 | 8.146 |
|      | IndustrialpollutionNO$_x$ | 毫克/立方米 | 361 | 0.42 | 58.51 | 4.10 | 4.519 |
|      | IndustrialpollutionSO$_2$ | 毫克/立方米 | 362 | 0 | 30.27 | 4.34 | 2.954 |
|      | IndustrialpollutionPM | 毫克/立方米 | 362 | 3.92 | 83.28 | 38.98 | 15.446 |
|      | Averagetem | ℃ | 365 | −10 | 63 | 28.13 | 21.758 |
|      | Wind | 虚拟变量 | 365 | 1 | 5 | 2.32 | 0.648 |
|      | Rain | 虚拟变量 | 365 | 0 | 1 | 0.19 | 0.394 |
| 滨州 | AirqualityPM2.5 | 微克/立方米 | 365 | 6 | 303 | 66.75 | 42.479 |
|      | AirqualityPM10 | 微克/立方米 | 365 | 12 | 436 | 104.78 | 58.764 |
|      | AirqualityNO$_2$ | 微克/立方米 | 365 | 11 | 119 | 40.30 | 18.281 |
|      | AirqualitySO$_2$ | 微克/立方米 | 365 | 3 | 105 | 29.38 | 18.343 |
|      | IndustrialpollutionNO$_x$ | 毫克/立方米 | 0 | | | | |
|      | IndustrialpollutionSO$_2$ | 毫克/立方米 | 364 | 41.43 | 100.83 | 52.79 | 6.096 |
|      | IndustrialpollutionPM | 毫克/立方米 | 365 | 2.87 | 6.68 | 4.27 | 0.601 |
|      | Averagetem | ℃ | 365 | −5.5 | 33 | 14.53 | 10.783 |
|      | Wind | 虚拟变量 | 365 | 2 | 4 | 2.42 | 0.595 |
|      | Rain | 虚拟变量 | 365 | 0 | 1 | 0.19 | 0.392 |

| 城市 | 变量名 | 单位 | 样本数量 | 最小值 | 最大值 | 均值 | 方差 |
|------|--------|------|----------|--------|--------|------|------|
| 沧州 | AirqualityPM2.5 | 微克/立方米 | 365 | 17 | 269 | 65.52 | 42.955 |
| | AirqualityPM10 | 微克/立方米 | 365 | 22 | 646 | 107.71 | 63.535 |
| | AirqualityNO$_2$ | 微克/立方米 | 365 | 17 | 108 | 46.34 | 17.196 |
| | AirqualitySO$_2$ | 微克/立方米 | 365 | 10 | 126 | 30.52 | 17.833 |
| | IndustrialpollutionNO$_x$ | 毫克/立方米 | 330 | 15.07 | 363.64 | 49.13 | 39.948 |
| | IndustrialpollutionSO$_2$ | 毫克/立方米 | 333 | 46.83 | 248.75 | 101.04 | 18.203 |
| | IndustrialpollutionPM | 毫克/立方米 | 321 | 3.95 | 35.58 | 10.37 | 3.965 |
| | Averagetem | ℃ | 365 | −5.5 | 33 | 14.66 | 11.080 |
| | Wind | 虚拟变量 | 365 | 2 | 5 | 2.78 | 0.658 |
| | Rain | 虚拟变量 | 365 | 0 | 1 | 0.12 | 0.320 |
| 长治 | AirqualityPM2.5 | 微克/立方米 | 354 | 7 | 217 | 62.35 | 33.827 |
| | AirqualityPM10 | 微克/立方米 | 354 | 17 | 429 | 107.67 | 49.010 |
| | AirqualityNO$_2$ | 微克/立方米 | 354 | 10 | 112 | 40.78 | 15.931 |
| | AirqualitySO$_2$ | 微克/立方米 | 354 | 5 | 320 | 43.50 | 50.177 |
| | IndustrialpollutionNO$_x$ | 毫克/立方米 | 317 | 0.03 | 389.6 | 97.25 | 48.991 |
| | IndustrialpollutionSO$_2$ | 毫克/立方米 | 323 | 0.03 | 154.33 | 33.54 | 16.490 |
| | IndustrialpollutionPM | 毫克/立方米 | 193 | 0 | 501.43 | 12.89 | 39.833 |
| | Averagetem | ℃ | 365 | −7.5 | 29 | 11.82 | 9.677 |
| | Wind | 虚拟变量 | 365 | 1 | 5 | 2.11 | 0.471 |
| | Rain | 虚拟变量 | 365 | 0 | 1 | 0.31 | 0.462 |
| 德州 | AirqualityPM2.5 | 微克/立方米 | 354 | 7 | 294 | 69.34 | 47.862 |
| | AirqualityPM10 | 微克/立方米 | 354 | 11 | 497 | 128.30 | 70.084 |
| | AirqualityNO$_2$ | 微克/立方米 | 354 | 8 | 99 | 39.07 | 17.256 |
| | AirqualitySO$_2$ | 微克/立方米 | 354 | 4 | 108 | 23.14 | 14.088 |
| | IndustrialpollutionNO$_x$ | 毫克/立方米 | 358 | 48.99 | 95.49 | 79.49 | 7.907 |

续表

| 城市 | 变量名 | 单位 | 样本数量 | 最小值 | 最大值 | 均值 | 方差 |
|---|---|---|---|---|---|---|---|
| 德州 | IndustrialpollutionSO$_2$ | 毫克/立方米 | 360 | 13.17 | 26.32 | 19.67 | 2.214 |
| | IndustrialpollutionPM | 毫克/立方米 | 358 | 3.75 | 8.74 | 5.69 | 1.272 |
| | Averagetem | ℃ | 365 | −4.5 | 33 | 15.29 | 10.595 |
| | Wind | 虚拟变量 | 365 | 2 | 4 | 2.78 | 0.491 |
| | Rain | 虚拟变量 | 365 | 0 | 1 | 0.19 | 0.396 |
| 邯郸 | AirqualityPM2.5 | 微克/立方米 | 354 | 15 | 323 | 85.83 | 53.834 |
| | AirqualityPM10 | 微克/立方米 | 354 | 34 | 478 | 156.95 | 80.166 |
| | AirqualityNO$_2$ | 微克/立方米 | 354 | 12 | 130 | 50.97 | 20.880 |
| | AirqualitySO$_2$ | 微克/立方米 | 354 | 2 | 217 | 36.57 | 31.310 |
| | IndustrialpollutionNO$_x$ | 毫克/立方米 | 342 | 31 | 234.21 | 91.69 | 23.280 |
| | IndustrialpollutionSO$_2$ | 毫克/立方米 | 341 | 15.73 | 2 077.04 | 105.53 | 111.437 |
| | IndustrialpollutionPM | 毫克/立方米 | 337 | 5.52 | 66 | 10.36 | 6.072 |
| | Averagetem | ℃ | 365 | −3.5 | 33 | 15.59 | 10.449 |
| | Wind | 虚拟变量 | 365 | 1 | 4 | 2.23 | 0.451 |
| | Rain | 虚拟变量 | 365 | 0 | 1 | 0.16 | 0.366 |
| 鹤壁 | AirqualityPM2.5 | 微克/立方米 | 354 | 18 | 300 | 64.83 | 45.497 |
| | AirqualityPM10 | 微克/立方米 | 354 | 26 | 472 | 122.95 | 62.741 |
| | AirqualityNO$_2$ | 微克/立方米 | 354 | 14 | 125 | 46.56 | 19.109 |
| | AirqualitySO$_2$ | 微克/立方米 | 354 | 5 | 112 | 27.69 | 17.198 |
| | IndustrialpollutionNO$_x$ | 毫克/立方米 | 267 | 10.08 | 265.75 | 81.75 | 44.243 |
| | IndustrialpollutionSO$_2$ | 毫克/立方米 | 270 | 0 | 170.27 | 23.58 | 18.655 |
| | IndustrialpollutionPM | 毫克/立方米 | 271 | 0.43 | 18.44 | 7.62 | 4.537 |
| | Averagetem | ℃ | 365 | −3.5 | 31.5 | 14.93 | 10.095 |
| | Wind | 虚拟变量 | 365 | 1 | 5 | 2.73 | 0.782 |

续表

| 城市 | 变量名 | 单位 | 样本数量 | 最小值 | 最大值 | 均值 | 方差 |
|---|---|---|---|---|---|---|---|
| 鹤壁 | Rain | 虚拟变量 | 365 | 0 | 1 | 0.24 | 0.428 |
| 衡水 | AirqualityPM2.5 | 微克/立方米 | 354 | 17 | 346 | 77.27 | 50.772 |
| | AirqualityPM10 | 微克/立方米 | 354 | 17 | 550 | 139.12 | 80.400 |
| | AirqualityNO$_2$ | 微克/立方米 | 354 | 13 | 101 | 40.05 | 17.657 |
| | AirqualitySO$_2$ | 微克/立方米 | 354 | 2 | 94 | 18.97 | 14.042 |
| | IndustrialpollutionNO$_x$ | 毫克/立方米 | 326 | 12.87 | 159.99 | 28.92 | 18.173 |
| | IndustrialpollutionSO$_2$ | 毫克/立方米 | 328 | 3.32 | 138.7 | 14.23 | 16.823 |
| | IndustrialpollutionPM | 毫克/立方米 | 326 | 1.39 | 81.11 | 3.31 | 6.008 |
| | Averagetem | ℃ | 365 | −4 | 33 | 15.03 | 10.707 |
| | Wind | 虚拟变量 | 365 | 1 | 5 | 2.19 | 0.555 |
| | Rain | 虚拟变量 | 365 | 0 | 1 | 0.16 | 0.369 |
| 菏泽 | AirqualityPM2.5 | 微克/立方米 | 354 | 7 | 284 | 70.92 | 41.634 |
| | AirqualityPM10 | 微克/立方米 | 354 | 15 | 587 | 135.47 | 65.741 |
| | AirqualityNO$_2$ | 微克/立方米 | 354 | 13 | 99 | 39.65 | 15.423 |
| | AirqualitySO$_2$ | 微克/立方米 | 354 | 7 | 89 | 22.69 | 12.610 |
| | IndustrialpollutionNO$_x$ | 毫克/立方米 | 358 | 79.93 | 179.7 | 128.89 | 21.240 |
| | IndustrialpollutionSO$_2$ | 毫克/立方米 | 352 | 12.35 | 48.61 | 28.27 | 7.320 |
| | IndustrialpollutionPM | 毫克/立方米 | 365 | −4 | 32 | 16.24 | 9.897 |
| | Averagetem | ℃ | 365 | 2 | 4 | 2.36 | 0.509 |
| | Wind | 虚拟变量 | 365 | 0 | 1 | 0.21 | 0.410 |
| 焦作 | AirqualityPM2.5 | 虚拟变量 | 354 | 19 | 364 | 75.38 | 52.156 |
| | AirqualityPM10 | 微克/立方米 | 354 | 33 | 483 | 130.09 | 69.703 |
| | AirqualityNO$_2$ | 微克/立方米 | 354 | 14 | 95 | 39.38 | 15.796 |
| | AirqualitySO$_2$ | 微克/立方米 | 354 | 4 | 70 | 23.74 | 12.877 |

续表

| 城市 | 变量名 | 单位 | 样本数量 | 最小值 | 最大值 | 均值 | 方差 |
|---|---|---|---|---|---|---|---|
| 焦作 | IndustrialpollutionNO$_x$ | 微克/立方米 | 322 | 17.65 | 112.75 | 35.94 | 11.947 |
| | IndustrialpollutionSO$_2$ | 毫克/立方米 | 319 | 13.87 | 72.32 | 46.03 | 10.021 |
| | IndustrialpollutionPM | 毫克/立方米 | 318 | 2.95 | 44.24 | 9.86 | 3.652 |
| | Averagetem | ℃ | 365 | −1.5 | 34 | 17.01 | 10.087 |
| | Wind | 虚拟变量 | 365 | 1 | 5 | 1.49 | 0.713 |
| | Rain | 虚拟变量 | 365 | 0 | 1 | 0.24 | 0.425 |
| 济南 | AirqualityPM2.5 | 微克/立方米 | 354 | 7 | 277 | 65.35 | 42.948 |
| | AirqualityPM10 | 微克/立方米 | 354 | 14 | 508 | 132.32 | 68.708 |
| | AirqualityNO$_2$ | 微克/立方米 | 354 | 15 | 107 | 47.42 | 17.274 |
| | AirqualitySO$_2$ | 微克/立方米 | 354 | 6 | 101 | 25.14 | 14.199 |
| | IndustrialpollutionNO$_x$ | 毫克/立方米 | 356 | 56.38 | 143.3 | 93.87 | 22.519 |
| | IndustrialpollutionSO$_2$ | 毫克/立方米 | 350 | 13.78 | 35.55 | 21.79 | 4.758 |
| | IndustrialpollutionPM | 毫克/立方米 | 342 | 0 | 43.39 | 6.38 | 4.264 |
| | Averagetem | ℃ | 365 | −3.5 | 33.5 | 15.90 | 10.408 |
| | Wind | 虚拟变量 | 365 | 1 | 4 | 2.38 | 0.560 |
| | Rain | 虚拟变量 | 365 | 0 | 1 | 0.21 | 0.409 |
| 济宁 | AirqualityPM2.5 | 微克/立方米 | 354 | 14 | 265 | 57.41 | 37.036 |
| | AirqualityPM10 | 微克/立方米 | 354 | 24 | 707 | 112.09 | 61.912 |
| | AirqualityNO$_2$ | 微克/立方米 | 354 | 12 | 114 | 40.99 | 16.861 |
| | AirqualitySO$_2$ | 微克/立方米 | 354 | 6 | 82 | 26.60 | 13.292 |
| | IndustrialpollutionNO$_x$ | 毫克/立方米 | 359 | 45.26 | 88.42 | 65.91 | 10.920 |
| | IndustrialpollutionSO$_2$ | 毫克/立方米 | 359 | 9.35 | 32.97 | 16.04 | 5.521 |
| | IndustrialpollutionPM | 毫克/立方米 | 356 | 1.46 | 7.68 | 3.81 | 1.504 |
| | Averagetem | ℃ | 365 | −2 | 32 | 16.18 | 10.059 |
| | Wind | 虚拟变量 | 365 | 1 | 4 | 2.15 | 0.507 |

| 城市 | 变量名 | 单位 | 样本数量 | 最小值 | 最大值 | 均值 | 方差 |
|------|--------|------|----------|--------|--------|------|------|
| 济宁 | Rain | 虚拟变量 | 365 | 0 | 1 | 0.20 | 0.398 |
| 开封 | AirqualityPM2.5 | 微克/立方米 | 354 | 11 | 281 | 68.43 | 46.905 |
| | AirqualityPM10 | 微克/立方米 | 354 | 14 | 666 | 115.81 | 64.134 |
| | $AirqualityNO_2$ | 微克/立方米 | 354 | 11 | 98 | 38.57 | 18.157 |
| | $AirqualitySO_2$ | 微克/立方米 | 354 | 2 | 67 | 20.04 | 13.689 |
| | $IndustrialpollutionNO_x$ | 毫克/立方米 | 314 | 19.42 | 93.65 | 30.85 | 7.716 |
| | $IndustrialpollutionSO_2$ | 毫克/立方米 | 314 | 7.89 | 40.82 | 19.57 | 5.976 |
| | IndustrialpollutionPM | 毫克/立方米 | 314 | 1.88 | 25.11 | 12.62 | 4.972 |
| | Averagetem | ℃ | 365 | −2 | 32.5 | 16.46 | 9.671 |
| | Wind | 虚拟变量 | 365 | 1 | 4 | 1.35 | 0.733 |
| | Rain | 虚拟变量 | 365 | 0 | 1 | 0.25 | 0.435 |
| 莱芜 | AirqualityPM2.5 | 微克/立方米 | 352 | 8 | 303 | 67.82 | 43.705 |
| | AirqualityPM10 | 微克/立方米 | 352 | 15 | 627 | 126.72 | 69.672 |
| | $AirqualityNO_2$ | 微克/立方米 | 352 | 12 | 117 | 43.04 | 17.704 |
| | $AirqualitySO_2$ | 微克/立方米 | 352 | 3 | 96 | 30.91 | 19.483 |
| | $IndustrialpollutionNO_x$ | 毫克/立方米 | 349 | 140.06 | 263.36 | 210.00 | 21.409 |
| | $IndustrialpollutionSO_2$ | 毫克/立方米 | 358 | 10.54 | 97.99 | 29.93 | 15.723 |
| | IndustrialpollutionPM | 毫克/立方米 | 358 | 4.98 | 23.36 | 8.75 | 2.896 |
| | Averagetem | ℃ | 363 | −4.5 | 31 | 14.79 | 10.234 |
| | Wind | 虚拟变量 | 363 | 2 | 4 | 3.04 | 0.425 |
| | Rain | 虚拟变量 | 363 | 0 | 1 | 0.23 | 0.422 |
| 廊坊 | AirqualityPM2.5 | 微克/立方米 | 354 | 10 | 356 | 60.39 | 50.079 |
| | AirqualityPM10 | 微克/立方米 | 354 | 16 | 815 | 106.40 | 76.080 |
| | $AirqualityNO_2$ | 微克/立方米 | 354 | 14 | 141 | 47.72 | 21.027 |
| | $AirqualitySO_2$ | 微克/立方米 | 354 | 2 | 78 | 13.50 | 12.043 |

续表

| 城市 | 变量名 | 单位 | 样本数量 | 最小值 | 最大值 | 均值 | 方差 |
|---|---|---|---|---|---|---|---|
| 廊坊 | IndustrialpollutionNO$_x$ | 毫克/立方米 | 325 | 12.66 | 127.07 | 74.77 | 19.568 |
| | IndustrialpollutionSO$_2$ | 毫克/立方米 | 323 | 6.21 | 38.23 | 28.14 | 5.105 |
| | IndustrialpollutionPM | 毫克/立方米 | 329 | 4.64 | 16.25 | 10.66 | 1.877 |
| | Averagetem | ℃ | 365 | −5.5 | 32 | 14.07 | 11.003 |
| | Wind | 虚拟变量 | 365 | 2 | 5 | 2.24 | 0.495 |
| | Rain | 虚拟变量 | 365 | 0 | 1 | 0.16 | 0.364 |
| 濮阳 | AirqualityPM2.5 | 微克/立方米 | 354 | 4 | 315 | 70.31 | 52.723 |
| | AirqualityPM10 | 微克/立方米 | 354 | 8 | 541 | 118.40 | 64.855 |
| | AirqualityNO$_2$ | 微克/立方米 | 354 | 12 | 93 | 39.42 | 17.256 |
| | AirqualitySO$_2$ | 微克/立方米 | 354 | 3 | 62 | 20.02 | 11.276 |
| | IndustrialpollutionNO$_x$ | 毫克/立方米 | 245 | 2.43 | 151.24 | 61.42 | 27.208 |
| | IndustrialpollutionSO$_2$ | 毫克/立方米 | 242 | 0 | 209.03 | 32.12 | 27.451 |
| | IndustrialpollutionPM | 毫克/立方米 | 240 | 1.13 | 19.74 | 6.19 | 5.435 |
| | Averagetem | ℃ | 365 | −3 | 31.5 | 15.22 | 10.171 |
| | Wind | 虚拟变量 | 365 | 1 | 5 | 1.97 | 1.066 |
| | Rain | 虚拟变量 | 365 | 0 | 1 | 0.25 | 0.432 |
| 石家庄 | AirqualityPM2.5 | 微克/立方米 | 354 | 16 | 405 | 82.17 | 63.006 |
| | AirqualityPM10 | 微克/立方米 | 354 | 23 | 613 | 153.26 | 88.301 |
| | AirqualityNO$_2$ | 微克/立方米 | 354 | 16 | 127 | 50.32 | 19.600 |
| | AirqualitySO$_2$ | 微克/立方米 | 354 | 5 | 143 | 32.05 | 24.361 |
| | IndustrialpollutionNO$_x$ | 毫克/立方米 | 337 | 0 | 139.35 | 87.24 | 20.093 |
| | IndustrialpollutionSO$_2$ | 毫克/立方米 | 341 | 0 | 74.18 | 29.81 | 8.612 |
| | IndustrialpollutionPM | 毫克/立方米 | 335 | 0 | 59.13 | 7.45 | 3.840 |
| | Averagetem | ℃ | 365 | −5 | 33.5 | 15.34 | 10.728 |

| 城市 | 变量名 | 单位 | 样本数量 | 最小值 | 最大值 | 均值 | 方差 |
|---|---|---|---|---|---|---|---|
| 石家庄 | Wind | 虚拟变量 | 365 | 1 | 5 | 2.23 | 0.499 |
| | Rain | 虚拟变量 | 365 | 0 | 1 | 0.19 | 0.394 |
| 泰安 | AirqualityPM2.5 | 微克/立方米 | 354 | 11 | 213 | 59.09 | 36.604 |
| | AirqualityPM10 | 微克/立方米 | 354 | 17 | 430 | 100.54 | 51.655 |
| | AirqualityNO$_2$ | 微克/立方米 | 354 | 14 | 94 | 38.02 | 15.363 |
| | AirqualitySO$_2$ | 微克/立方米 | 354 | 4 | 83 | 24.97 | 15.700 |
| | IndustrialpollutionNO$_x$ | 毫克/立方米 | 359 | 58.63 | 137.4 | 102.83 | 17.371 |
| | IndustrialpollutionSO$_2$ | 毫克/立方米 | 356 | 7.68 | 36.57 | 17.57 | 6.741 |
| | IndustrialpollutionPM | ℃ | 365 | −4 | 31 | 14.82 | 10.241 |
| | Averagetem | 虚拟变量 | 365 | 2 | 4 | 2.98 | 0.366 |
| | Wind | 虚拟变量 | 365 | 0 | 1 | 0.21 | 0.405 |
| 太原 | AirqualityPM2.5 | 微克/立方米 | 355 | 10 | 343 | 64.68 | 47.730 |
| | AirqualityPM10 | 微克/立方米 | 355 | 21 | 573 | 129.41 | 66.149 |
| | AirqualityNO$_2$ | 微克/立方米 | 355 | 10 | 117 | 50.18 | 17.802 |
| | AirqualitySO$_2$ | 微克/立方米 | 355 | 4 | 345 | 52.28 | 54.186 |
| | IndustrialpollutionNO$_x$ | 毫克/立方米 | 351 | 13.63 | 227.59 | 102.48 | 53.196 |
| | IndustrialpollutionSO$_2$ | 毫克/立方米 | 349 | 0 | 255.24 | 31.73 | 34.153 |
| | IndustrialpollutionPM | 毫克/立方米 | 341 | 1.31 | 22.49 | 7.92 | 4.666 |
| | Averagetem | ℃ | 365 | −8.5 | 30 | 11.83 | 10.591 |
| | Wind | 虚拟变量 | 365 | 1 | 5 | 1.60 | 0.920 |
| | Rain | 虚拟变量 | 365 | 0 | 1 | 0.24 | 0.430 |
| 唐山 | AirqualityPM2.5 | 微克/立方米 | 355 | 14 | 296 | 66.73 | 47.225 |
| | AirqualityPM10 | 微克/立方米 | 355 | 23 | 642 | 122.09 | 67.195 |

续表

| 城市 | 变量名 | 单位 | 样本数量 | 最小值 | 最大值 | 均值 | 方差 |
|---|---|---|---|---|---|---|---|
| 唐山 | AirqualityNO$_2$ | 微克/立方米 | 355 | 19 | 135 | 58.26 | 18.629 |
| | AirqualitySO$_2$ | 微克/立方米 | 355 | 11 | 132 | 39.10 | 19.511 |
| | IndustrialpollutionNO$_x$ | 毫克/立方米 | 340 | 4.63 | 146.03 | 111.12 | 19.306 |
| | IndustrialpollutionSO$_2$ | 毫克/立方米 | 347 | 1.35 | 64.75 | 36.37 | 9.527 |
| | IndustrialpollutionPM | 毫克/立方米 | 350 | 0.27 | 56.64 | 12.00 | 5.032 |
| | Averagetem | ℃ | 365 | −10 | 32 | 12.85 | 11.545 |
| | Wind | 虚拟变量 | 365 | 1 | 5 | 2.70 | 0.579 |
| | Rain | 虚拟变量 | 365 | 0 | 1 | 0.16 | 0.371 |
| 天津 | AirqualityPM2.5 | 微克/立方米 | 355 | 11 | 285 | 60.80 | 42.074 |
| | AirqualityPM10 | 微克/立方米 | 355 | 23 | 601 | 100.52 | 54.541 |
| | AirqualityNO$_2$ | 微克/立方米 | 355 | 19 | 135 | 53.27 | 19.141 |
| | AirqualitySO$_2$ | 微克/立方米 | 355 | 6 | 90 | 21.64 | 9.652 |
| | IndustrialpollutionNO$_x$ | 毫克/立方米 | 328 | 0 | 275.4 | 70.22 | 45.756 |
| | IndustrialpollutionSO$_2$ | 毫克/立方米 | 325 | 2.98 | 44.13 | 20.95 | 5.708 |
| | IndustrialpollutionPM | 毫克/立方米 | 326 | 0.77 | 13.98 | 4.18 | 1.337 |
| | Averagetem | ℃ | 365 | −4.5 | 33 | 15.28 | 10.931 |
| | Wind | 虚拟变量 | 365 | 2 | 5 | 2.58 | 0.779 |
| | Rain | 虚拟变量 | 365 | 0 | 1 | 0.20 | 0.398 |
| 邢台 | AirqualityPM2.5 | 微克/立方米 | 354 | 13 | 438 | 81.00 | 58.355 |
| | AirqualityPM10 | 微克/立方米 | 354 | 22 | 565 | 152.06 | 79.505 |
| | AirqualityNO$_2$ | 微克/立方米 | 354 | 19 | 132 | 56.66 | 20.005 |
| | AirqualitySO$_2$ | 微克/立方米 | 354 | 4 | 163 | 38.81 | 25.707 |
| | IndustrialpollutionNO$_x$ | 毫克/立方米 | 331 | 0 | 203.04 | 129.94 | 32.356 |
| | IndustrialpollutionSO$_2$ | 毫克/立方米 | 326 | 0 | 76.37 | 43.85 | 15.436 |
| | IndustrialpollutionPM | 毫克/立方米 | 336 | 0 | 17.7 | 8.39 | 1.337 |

| 城市 | 变量名 | 单位 | 样本数量 | 最小值 | 最大值 | 均值 | 方差 |
|---|---|---|---|---|---|---|---|
| 邢台 | Averagetem | ℃ | 365 | −4 | 32.5 | 15.08 | 10.463 |
| | Wind | 虚拟变量 | 365 | 2 | 5 | 2.40 | 0.624 |
| | Rain | 虚拟变量 | 365 | 0 | 1 | 0.19 | 0.392 |
| 新乡 | AirqualityPM2.5 | 微克/立方米 | 354 | 19 | 288 | 66.66 | 43.260 |
| | AirqualityPM10 | 微克/立方米 | 354 | 29 | 495 | 118.84 | 61.583 |
| | AirqualityNO$_2$ | 微克/立方米 | 354 | 16 | 110 | 49.86 | 17.992 |
| | AirqualitySO$_2$ | 微克/立方米 | 354 | 6 | 88 | 27.70 | 14.150 |
| | IndustrialpollutionNO$_x$ | 毫克/立方米 | 319 | 27.23 | 106.11 | 61.08 | 24.979 |
| | IndustrialpollutionSO$_2$ | 毫克/立方米 | 313 | 6.52 | 25.33 | 14.59 | 3.229 |
| | IndustrialpollutionPM | 毫克/立方米 | 315 | 1.94 | 16.37 | 5.94 | 1.458 |
| | Averagetem | ℃ | 365 | −1 | 32.5 | 16.42 | 10.062 |
| | Wind | 虚拟变量 | 365 | 1 | 4 | 1.94 | 0.705 |
| | Rain | 虚拟变量 | 365 | 0 | 1 | 0.25 | 0.432 |
| 阳泉 | AirqualityPM2.5 | 微克/立方米 | 354 | 14 | 271 | 63.97 | 38.646 |
| | AirqualityPM10 | 微克/立方米 | 354 | 20 | 452 | 123.57 | 58.368 |
| | AirqualityNO$_2$ | 微克/立方米 | 354 | 14 | 101 | 48.10 | 15.842 |
| | AirqualitySO$_2$ | 微克/立方米 | 354 | 3 | 270 | 49.82 | 42.068 |
| | IndustrialpollutionNO$_x$ | 毫克/立方米 | 277 | 0.3 | 450 | 128.20 | 68.293 |
| | IndustrialpollutionSO$_2$ | 毫克/立方米 | 276 | 0.02 | 942.42 | 83.20 | 109.376 |
| | IndustrialpollutionPM | 毫克/立方米 | 268 | 0.02 | 322.14 | 16.38 | 27.465 |
| | Averagetem | ℃ | 365 | −9 | 29.5 | 12.25 | 10.095 |
| | Wind | 虚拟变量 | 365 | 1 | 5 | 2.34 | 0.692 |
| | Rain | 虚拟变量 | 365 | 0 | 1 | 0.22 | 0.416 |

续表

| 城市 | 变量名 | 单位 | 样本数量 | 最小值 | 最大值 | 均值 | 方差 |
|---|---|---|---|---|---|---|---|
| 郑州 | AirqualityPM2.5 | 微克/立方米 | 354 | 14 | 327 | 71.88 | 54.353 |
| | AirqualityPM10 | 微克/立方米 | 354 | 23 | 601 | 132.65 | 71.905 |
| | AirqualityNO$_2$ | 微克/立方米 | 354 | 16 | 107 | 52.32 | 18.346 |
| | AirqualitySO$_2$ | 微克/立方米 | 354 | 5 | 56 | 20.52 | 10.814 |
| | IndustrialpollutionNO$_x$ | 毫克/立方米 | 326 | 15.15 | 266.5 | 37.57 | 18.333 |
| | IndustrialpollutionSO$_2$ | 毫克/立方米 | 329 | 1.98 | 154.67 | 88.99 | 22.464 |
| | IndustrialpollutionPM | 毫克/立方米 | 334 | 1.16 | 17.97 | 8.39 | 2.721 |
| | Averagetem | ℃ | 365 | −2.5 | 33.5 | 16.44 | 9.875 |
| | Wind | 虚拟变量 | 365 | 1 | 4 | 1.67 | 0.836 |
| | Rain | 虚拟变量 | 365 | 0 | 1 | 0.25 | 0.435 |
| 淄博 | AirqualityPM2.5 | 微克/立方米 | 354 | 14 | 274 | 66.25 | 42.276 |
| | AirqualityPM10 | 微克/立方米 | 354 | 13 | 560 | 123.85 | 64.414 |
| | AirqualityNO$_2$ | 微克/立方米 | 354 | 15 | 112 | 46.80 | 17.102 |
| | AirqualitySO$_2$ | 微克/立方米 | 354 | 9 | 125 | 40.64 | 23.270 |
| | IndustrialpollutionNO$_x$ | 毫克/立方米 | 358 | 72.94 | 110.04 | 89.16 | 6.142 |
| | IndustrialpollutionSO$_2$ | 毫克/立方米 | 357 | 9.46 | 32.73 | 17.86 | 3.812 |
| | IndustrialpollutionPM | ℃ | 365 | −4.5 | 32 | 15.00 | 10.606 |
| | Averagetem | 虚拟变量 | 365 | 2 | 4 | 2.45 | 0.541 |
| | Wind | 虚拟变量 | 365 | 0 | 1 | 0.23 | 0.422 |

# 参考文献

［1］北京大学统计科学中心，北京大学光华管理学院.空气质量评估报告——"2+31"城市 2013~2017 年区域污染状况评估［R］.2018 年.

［2］北京大学统计科学中心，北京大学光华管理学院.空气质量评估报告——京津冀 2013~2016 年区域污染状况评估［R］.2017 年.

［3］蔡皓，谢绍东.中国不同排放标准机动车排放因子的确定［J］.北京大学学报（自然科学版），2010（3）：319–326.

［4］蔡怡静，李太平.城市空气质量影响因素的实证分析［J］.环境保护与循环经济，2015（2）：65–68.

［5］柴发合，李艳萍，乔琦，等.基于不同视角下的大气污染协同控制模式研究［J］.环境保护，2014，42（2）：46–48.

［6］柴发合，李艳萍，乔琦，等.我国大气污染联防联控环境监管模式的战略转型［J］.环境保护，2013，41（5）：22–24.

［7］常纪文.域外借鉴与本土创新的统一:《关于推进大气污染联防联控工作改善区域空气质量的指导意见》之解读（上）［J］.环境保护，2010（10）：8–11.

［8］常纪文.域外借鉴与本土创新的统一:《关于推进大气污染联防联控工作改善区域空气质量的指导意见》之解读（下）［J］.环境保护，2010（11）：10–12.

［9］常杪，冯雁，郭培坤，等.环境大数据概念、特征及在环境管理中的应用［J］.中国环境管理，2015，7（6）：26–30.

［10］常杪，冯雁，解惠婷，等.大数据驱动环境管理创新［J］.环境保护，

2015，43（19）：25-29.

　　［11］陈青，郑霏，常杪．京津冀一体化背景下排污权跨区域交易的必要性与可行性分析［J］．环境污染与防治，2017，39（3）：336-341.

　　［12］陈永林，谢炳庚，杨勇．全国主要城市群空气质量空间分布及影响因素分析［J］．干旱区资源与环境，2015，29（11）：99-103.

　　［13］慈晖，张强，陈晓宏，等．1961~2010年新疆生长季节指数时空变化特征及其农业响应［J］．自然资源学报，2015，30（6），963-973.

　　［14］崔伟．智慧治理：大数据时代京津冀大气污染治理之创新［J］．知与行，2016（7）：85-88.

　　［15］丁镭．中国城市化与空气环境的相互作用关系及EKC检验［D］．北京：中国地质大学，2016：50-75.

　　［16］杜国祥．基于AQI指数的城市空气质量变化趋势及空间差异——以京津冀城市群为代表［J］．城市发展研究，2017，24（8）：49-56.

　　［17］杜雯翠，冯科．城市化会恶化空气质量吗？——来自新兴经济体国家的经验证据［J］．经济社会体制比较，2013（5）：9.

　　［18］方燕，张昕竹．机制设计理论综述［J］．当代财经，2012（7）：119-128.

　　［19］高明，吴雪萍．基于熵权灰色关联法的北京空气质量影响因素分析［J］．生态经济(中文版)，2017，33（3）：142-147.

　　［20］葛察忠，翁智雄，董战峰．环保督查制度：推动建立督政问责监管体系［J］．环境保护，2016，44（7）：24-28.

　　［21］葛察忠，翁智雄，赵学涛．环境保护督察巡视：党政同责的顶层制度［J］．中国环境管理，2016，8（1）：57-60.

　　［22］郝吉明，马广大．大气污染控制工程（第二版）［M］．北京：高等教育出版社，2002：478-496.

　　［23］郝吉明，尹伟伦，岑可法．中国大气PM2.5污染防治策略与技术途径［M］．北京：科学出版社，2016.

　　［24］何晓群．应用多元统计分析(第二版)［M］．北京：中国统计出版社，2015.

［25］河南省统计局，国家统计局河南调查总队.河南统计年鉴 2017［M］.北京：中国统计出版社，2017.

［26］胡炳清，柴发合，赵德刚，等.大气复合污染区域调控与决策支持系统研究［J］.环境保护，2015（5）：43-47.

［27］胡税根，单立栋，徐靖芮.基于大数据的智慧公共决策特征研究［J］.浙江大学学报（人文社会科学版），2015（03）：5-15.

［28］黄璜，黄竹修.大数据与公共政策研究：概念、关系与视角［J］.中国行政管理，2015（10）：25-30.

［29］贾璇，杨海真，王峰.基于机制设计理论的环境政策初探［J］.四川环境，2009（2）：78-81.

［30］江珂，滕玉华.中国环境规制对行业技术创新的影响分析——基于中国 20 个污染密集型行业的面板数据分析［J］.生态经济 ( 中文版 )，2014，30( 6 )：90-93.

［31］姜新华，薛河儒，张存厚，等.基于主成分分析的呼和浩特市空气质量影响因素研究［J］.安全与环境工程，2016，23（1）：75-79.

［32］李丽.基于数据挖掘的城市环境空气质量决策支持系统设计与实现［D］.济南：山东师范大学，2006.

［33］李茜，宋金平，张建辉，等.中国城市化对环境空气质量影响的演化规律研究［J］.环境科学学报，2013（9）：2402-2411.

［34］李文杰，张时煌，高庆先，等.京津石三市空气污染指数（API）的时空分布特征及其与气象要素的关系［J］.资源科学，2012，34（8）：1392-1400.

［35］李新，路路，穆献中，等.京津冀地区钢铁行业协同减排成本—效益分析［J］.环境科学研究，2020（09）：254-262.

［36］李新，容冰，穆献中，等.生态环保推动火电行业高质量发展的路径机制及改进对策［J］.环境保护，2019，47（02）：61-65.

［37］李云燕，王立华，马靖宇，等.京津冀地区大气污染联防联控协同机制研究［J］.环境保护，2017（17）：45-50.

［38］梁银双，孙振营，沈启霞.空气质量的变化趋势及影响因素分析——

以北京市为例［J］.中州大学学报，2015（5）：108-111.

［39］刘华军，孙亚男，陈明华.雾霾污染的城市间动态关联及其成因研究［J］.中国人口·资源与环境，2017（3）：74-81.

［40］刘峻岩.大数据时代京津冀大气污染联防联控探析［J］.中国环境管理干部学院学报，2017，27（4）：19-22.

［41］刘树成.环境在线监测态势数据融合预测分析研究［D］.济南：山东大学，2012.

［42］刘铁军，邱大庆，孙娟.城市交通拥堵与空气污染相关度的初步研究［J］.中国人口·资源与环境，2017（S2）：58-60.

［43］刘叶婷，唐斯斯.大数据对政府治理的影响及挑战［J］.电子政务，2014，（6）：20-29.

［44］刘永，郭怀成.城市大气污染物浓度预测方法研究［J］.安全与环境学报，2004，4（4）：60-62.

［45］［美］赫伯特·A.西蒙.管理行为［M］.詹正茂，译.北京：机械工业出版社，2007.

［46］［美］拉雷.N.格斯顿.公共政策的制定［M］.朱子文，译.重庆出版社，2001：7-15.

［47］［美］那格尔.政策研究百科全书［M］.林明，译.北京：科学技术文献出版社，1990.

［48］［美］斯蒂芬·罗宾斯.组织行为学［M］.孙建敏，译.北京：中国人民大学出版社，1997年。

［49］［美］威廉·N.邓恩.公共政策分析导论［M］.北京：中国人民大学出版社，2011.

［50］［美］约翰.克莱顿.公共决策中的公民参与：公共管理者的新技能与新策略［M］.孙柏英，译.北京：中国人民大学出版社，2005.

［51］［美］詹姆斯·E.安德森.公共政策制定（第五版）［M］.北京：中国人民大学出版社，2009.

［52］莫华，段飞舟，李元实，等.火电行业污染减排形势分析与展望［J］.环境保护，2014，42（6）：59-60.

［53］宁淼，孙亚梅，杨金田．国内外区域大气污染联防联控管理模式分析［J］．环境与可持续发展，2012，37（5）：11-18.

［54］牛桂敏．京津冀联手治霾需系统深化联防联控机制［J］．环境保护，2014，42（16）：41-43.

［55］任婉侠，薛冰，张琳，等．中国特大型城市空气污染指数的时空变化［J］．生态学杂志，2013，32（10）：2788-2796.

［56］山东省统计局，国家统计局山东调查总队．山东统计年鉴2017［M］．北京：中国统计出版社，2017.

［57］山西省统计局，国家统计局山西调查总队．山西统计年鉴2017［M］．北京：中国统计出版社，2017.

［58］尚宏博．论我国环保督查制度的完善［J］．中国人口·资源与环境，2014（S1）：38-41.

［59］石磊，王岐东，付明亮．应用居民出行状况估算北京市机动车污染排放量［J］．北京工商大学学报：自然科学版，2009，27（2）：12-15.

［60］石敏俊，李元杰，张晓玲，等．基于环境承载力的京津冀雾霾治理政策效果评估［J］．中国人口·资源与环境，2017，27（9）：66-75.

［61］石玉珍，徐永福，王庚辰，等．北京市夏季$O_3$、$NO_x$等污染物"周末效应"研究［J］．环境科学，2009，30（10）：2832-2838.

［62］宋国君．环境政策分析［M］．北京：化学工业出版社，2008.

［63］孙丹，杜吴鹏，高庆先，等．2001年至2010年中国三大城市群中几个典型城市的API变化特征［J］．资源科学，2012，34（8）：1401-1407.

［64］屠凤娜．京津冀区域大气污染联防联控问题研究［J］．理论界，2014（10）：64-67.

［65］汪小勇，万玉秋，姜文，等．美国跨界大气环境监管经验对中国的借鉴［J］．中国人口·资源与环境，2012，22（3）：122-127.

［66］王俭，胡筱敏，刘振山．基于BP模型的大气污染预报方法的研究［J］．环境科学研究，2002，15（5）：62-64.

［67］王金南，宁淼，孙亚梅．区域大气污染联防联控的理论与方法分析［J］．环境与可持续发展，2012，37（5）：5-10.

［68］王敏，冯相昭，杜晓林，等.黄河流域空气质量时空分布及影响因素分析［J］.环境保护，2019，47（24）：6.

［69］王斯.应用观测数据及三维空气质量模型研究灰霾污染特征及成因［D］.杭州：浙江大学，2017.

［70］王依樊.京津冀雾霾影响因素的空间相关和异质性分析［D］.北京：首都经济贸易大学：46.

［71］王跃思，刘子锐，吉东生，等.京津冀大气霾污染及控制策略思考［J］.中国科学院院刊，2013（3）：353-363.

［72］魏巍贤，王月红.跨界大气污染治理体系和政策措施——欧洲经验及对中国的启示［J］.中国人口·资源与环境，2017，27（9）：6-14.

［73］吴丹，张世秋.中国大气污染控制策略与改进方向评析［J］.北京大学学报（自然科学版），2011，47（6）：1143-1150.

［74］吴锴，康平，于雷，等.2015~2016年中国城市臭氧浓度时空变化规律研究［J］.环境科学学报，2018，38（6）：2179-2190.

［75］肖翠翠，冯相昭.我国淘汰高排放车辆政策评估——以北京为例［J］.环境工程，2016，34（9）：140-143.

［76］谢旭轩.政策效果的误读——机动车限行政策评析［J］.环境科学与技术，2010（S1）：436-440.

［77］谢玉晶.区域大气污染联动治理机制研究［D］.上海大学，2017.

［78］薛亦峰，周震，聂滕，等.2015年12月北京市空气重污染过程分析及污染源排放变化［J］.环境科学，2016，37（5）：1593-1601.

［79］杨善林，周开乐.大数据中的管理问题：基于大数据的资源观［J］.管理科学学报，2015（5）.

［80］杨阳，沈泽昊，郑天立，等.中国当前城市空气综合质量的主要影响因素分析［J］.北京大学学报（自然科学版），2016，52（6）：1102-1108.

［81］［英］阿瑟·赛西尔·庇古.《西方经济学圣经译丛》福利经济学（The Economics of Welfare）［M］.金镝，译.北京：北京华夏出版社有限公司.2013.

［82］［英］戴维·米勒，韦农·波格丹诺.布莱克维尔政治学百科全书［M］.邓正来，译.北京：中国政法大学出版社，2002年.

［83］［英］马歇尔等.经济学原理［M］.北京：北京紫图图书有限公司，2010.

［84］于溯阳，蓝志勇.大气污染区域合作治理模式研究——以京津冀为例［J］.天津行政学院学报，2014（6）：57-66.

［85］张力军.推进大气污染联防联控工作 改善人民群众生活环境质量——环境保护部副部长张力军谈《关于推进大气污染联防联控工作改善区域空气质量的指导意见》［N］.中国环境报，2010-06-22.

［86］张世秋.京津冀一体化与区域空气质量管理［J］.环境保护，2014，42（17）：30-33.

［87］张秀丽.北京市机动车污染排放控制政策研究——以高排放车辆淘汰和排污收费政策为例［D］.北京：北京大学，2012.

［88］张秀丽，吴丹，张世秋.北京市淘汰高污染排放车辆政策研究［J］.北京大学学报（自然科学版），2013（2）：297-304.

［89］张震，我国工业点源水污染物标准管理制度研究［D］.北京：中国人民大学，2015.

［90］朱京安，杨梦莎.我国大气污染区域治理机制的构建——以京津冀地区为分析视角［J］.社会科学战线，2016（5）：215-223.

［91］祖强.机制设计理论与最优资源配置的实现——2007 年诺贝尔经济学奖评析［J］.世界经济与政治论坛，2008（2）：83-87.

［92］Agnolucci, P., Arvanitopoulos, T. Industrial Characteristics and Air Emissions: Long-Term Determinants in the UK Manufacturing Sector［J］.Energy Economics, 2019, 78: 546-566.

［93］Anderson, J.E. Public Policy Making［M］.New York: Pager Publishers, 1975.

［94］Austin, E., Coull, B.A., Zanobetti, A.et al. A Framework to Spatially Cluster Air Pollution Monitoring Sites in US Based on the PM2.5 Composition［J］.Environment International, 2013, 59（3）: 244-254.

［95］Barrows, G., Ollivier, H. Cleaner Firms or Cleaner Products? How Product Mix Shapes Emission Intensity from Manufacturing［J］. Journal of Environmental

Economics and Management，2018（3）：134-158.

［96］Blackman, A., Alpizar, F., Carlsson, F., Rivera-Planter, M. A Contingent Valuation Approach to Estimating Regulatory Costs: Mexico's Day Without Driving Program［M］.Social Science Electronic Publishing，2015：15-21.

［97］Borgman, C. L., Hirsh, S.G., Hiller, J. Rethinking Online Monitoring Methods for Information Retrieval Systems: From Search Product to Search Process［J］. Journal of the Association for Information Science & Technology，1996，47（7）：568-583.

［98］Box, G.E.P., Jenkins, G.M., Reinsel, G.C. Time Series Analysis: Forecasting and Control［J］. Journal of Marketing Research，2008，14（2）.

［99］Chen, R.J., Zhou, B., Kan, H.D., Zhao, B. Associations of Particulate Air Pollution and Daily Mortality in 16 Chinese Cities: An Improved Effect Estimate After Accounting for the Indoor Exposure to Particles of Outdoor Origin［J］.Environmental Pollution，182：278-282.

［100］Davis, L.W. The Effect of Driving Restrictions on Air Quality in Mexico City［J］. Journal of Political Economy，2008，116（1）：38-81.

［101］Eskeland, G.S., Feyzioglu, T. Rationing Can Backfire: the "Day Without a Car" in Mexico City［J］.World Bank Economic Review，1997，11（3）：383-408.

［102］Esty, D.C. Good Governance At the Supranational Scale: Globalizing Administrative Law［J］. The Yale Law Journal，2006（7）：1490-1562.

［103］Fahad, M., Naqvi, S.A.A., Atir, M.et al.Energy Management in a Manufacturing Industry Through Layout Design［J］. Procedia Manufacturing，2017，8：168-174.

［104］Filonchyk, M., Yan, H., Yang, S., Hurynovich, V. A Study of PM2.5 and PM10 Concentrations in the Atmosphere of Large Cities in Gansu Province, China, in Summer Period［J］. Journal of Earth System Science，2016，125（6）：1-13.

［105］Findley, D., Monsell, B., Bell, W., Otto, M. New Capabilities and Methods of the X-12-ARIMA Seasonal-Adjustment Program［J］. Journal of Business & Economic Statistics，1998，16（2）：127-152.

［106］Gibert, K., Horsburgh, J., Athanasiadis, I., Holmes G. Environmental Data

Science [ J ] .Environmental Modelling & Software, 2018, 106: 4–12.

[ 107 ] Global Health Institute ( HEI ) . State of Global Air: A Special Report on Global Exposure to Air Pollution and Its Disease Burden [ R ], 2018.

[ 108 ] Grange, L.D., Troncoso, R. Impacts of Vehicle Restrictions on Urban Transport Flows: The Case of Santiago, Chile [ J ] . Transport Policy, 2011, 18 ( 6 ): 862–869.

[ 109 ] Guo, F., Zhao, T., Wang, Y., Wang, Y. Estimating the Abatement Potential of Provincial Carbon Intensity Based on the Environmental Learning Curve Model in China [ J ] .Natural Hazards, 2016 ( 1 ): 1–21.

[ 110 ] Hahn, R.W.An Economic Analysis of Scrappage [ J ] . Rand Journal of Economics, 1995, 26 ( 2 ), 222–242.

[ 111 ] Hamra, G.B., Guha, N., Cohen, A. et al.Outdoor Particulate Matter Exposure and Lung Cancer: A Systematic Review and Metaanalysis [ J ] . Environmental Health Perspective, 2014, 122: 906–911.

[ 112 ] Hao, Y., Peng, H., Temulun, T.et al.How Harmful is Air Pollution to Economic Development? New Evidence from PM2.5 Concentrations of Chinese Cities [ J ] . Journal of Cleaner Production, 2018, 172: 743–757.

[ 113 ] Hellebust, S., Allanic, A., O'Connor, I.P. et al. The Use of Real–Time Monitoring Data to Evaluate Major Sources of Airborne Particulate Matter [ J ] . Atmospheric Environment, 2010, 44 ( 8 ): 1116–1125.

[ 114 ] Herbert, A.S. Administrative Behavior: A Study of Decision–Making Processes in Administrative Organization [ M ] .New York: Macmillan, 1957.

[ 115 ] Huang, R.J., Zhang, Y., Bozzetti, C. et al. High Secondary Aerosol Contribution to Particulate Pollution During Haze Events in China [ J ] .Nature, 2014, 514 ( 7521 ): 218–222.

[ 116 ] Hu, J.L., Wang, Y.G., Ying, Q.et al.Spatial and Temporal Variability of PM2.5 and PM10 Over the North China Plain and the Yangtze River delta, China [ J ] . Atmospheric Environment, 2014, 95: 598–609.

[ 117 ] Hurwicz, L. The Design of Mechanisms for Resource Allocation [ J ] .

American Economic Review, 1973, 63: 1–30.

［118］Jiang, J. Particulate Matter Distributions in China During a Winter Period with Frequent Pollution Episodes［J］.Aerosol & Air Quality Research, 2014, 15（2）: 494–503.

［119］Karypis, G., Han, E.H., Kumar, V. Chameleon: Hierarchical Clustering Using Dynamic Modeling［M］.IEEE Computer Society Press, 1999.

［120］Kuai, S., Yin, C. Temporal and Spatial Variation Characteristics of Air Pollution and Prevention and Control Measures: Evidence from Anhui Province, China［J］.Nature Environment & Pollution Technology, 2017, 16（2）: 499–504.

［121］Lachapelle, U.Using an Accelerated Vehicle Retirement Program (AVRP) to Support a Mode Shift: Car Purchase and Modal Intentions Following Program Participation［J］. Journal of Transport and Land Use, 8（2）.

［122］Lavee, D., Becker, N. Cost–Benefit Analysis of an Accelerated Vehicle–Retirement Program［J］. Journal of Environmental Planning & Management, 2009, 52（6）: 777–795.

［123］Lee, S. Making the Most of the "California Effect": Costs and Effectiveness of Policy Alternatives for Transport–Related Air Pollution Management［J］.Journal of Environmental Policy and Planning, 2007, 9（2）: 119–141.

［124］Liang, X., Li, S., Zhang, S.et al.PM2.5 Data Reliability, Consistency, and Air Quality Assessment in Five Chinese Cities［J］.Journal of Geophysical Research, 2016, 121.

［125］Li, J.C., Chen, L., Xiang, Y.W.et al. Research on Influential Factors of PM2.5 Within the Beijing–Tianjin–Hebei Region in China［J］.Discrete Dynamics in Nature and Society, 2018: 1–10.

［126］Li, S., Williams, G., Guo, Y.Health Benefits from Improved Outdoor Air Quality and Intervention in China［J］.Environmental Pollution, 2016, 214: 17–25.

［127］Liu, B.H., Henderson, M., Xu, M. Spatiotemporal Change in China's Frost Days and Frost–Free Season, 1955–2000［J］.Journal of Geophysical Research Atmospheres, 2018, 113（D12）.

［128］Liu, H., Fang, C., Zhang, X. et al. The Effect of Natural and Anthropogenic Factors on Haze Pollution in Chinese Cities: A Spatial Econometrics Approach［J］. Journal of Cleaner Production, 2017.

［129］Li, X., Qiao, Y., Zhuc, J.et al. The "Apec Blue" Endeavor: Causal Effects of Air Pollution Regulation on Air Quality in China［J］.Journal of Cleaner Production, 2017, 168: 1381–1388.

［130］Li, X., Zhang, Q., Zhang, Y. et al. Source Contributions of Urban PM 2.5 in the Beijing–Tianjin–Hebei Region: Changes Between 2006 and 2013 and Relative Impacts of Emissions and Meteorology［J］.Atmospheric Environment, 2015, 123: 229–239.

［131］Li, Y., Chang, M., Ding, S. et al. Monitoring and Source Apportionment of Trace Elements in PM2.5: Implications for Local Air Quality Management［J］.Journal of Environmental Management, 2017, 196: 16.

［132］Lv, B., Zhang, B., Bai, Y. A Systematic Analysis of PM2.5 in Beijing and Its Sources from 2000 to 2012［J］.Atmospheric Environment, 2016: 98–108.

［133］Mahendra, A. Vehicle Restrictions in Four Latin American Cities: Is Congestion Pricing Possible［J］.Transport Reviews, 2008, 28 (1): 105–133.

［134］Manager, P., Ribeiro, T., Agency, E.E. Reporting on Environmental Measures: Are We Being Effective?［R］Reporting on Environmental Measures: European Environment Agency, 2001.

［135］Manski, C.F., Goldin, E. An Econometric Analysis of Automobile Scrappage［J］.Transportation Science, 1983, 17 (4), 365–375.

［136］Omidvarborna, H., Baawain, M., Al–Mamun, A. Ambient Air Quality and Exposure Assessment Study of the Gulf Cooperation Council Countries: A Critical Review［J］.Science of the Total Environment, 2018, 636: 437–448.

［137］Ottar, B. International Agreement Needed to Reduce Long–Range Transport of Air Pollutants in Europe［J］.Ambio, 1977, 6 (5): 262–269.

［138］Pan, X.F., Uddin, Md., Ai, B.W.et al. Influential Factors of Carbon Emissions Intensity in OECD Countries: Evidence from Symbolic Regression［J］.

Journal of Cleaner Production, 2019, 220: 1194–1201.

［139］Patel, S.P., Deshmukh, S.S., Rajbhar, A. et al. Geo Location Big Data Based Collaborative Crowd Sourced Data Mining Architecture for Environmental Monitoring & Vegetation Management Systems［J］.International Journal of Advanced Research in Computer Science, 2013, 04（03）.

［140］Peng, J., Zhang, Y., Xie, R.et al. Analysis of Driving Factors on China's Air Pollution Emissions from the View of Critical Supply Chains［J］.Journal of Cleaner Production, 2018, 185: 619–627.

［141］Propper, R., Wong, P., Bui, S. et al. Ambient and Emission Trends of Toxic Air Contaminants in California［J］.Environmental Science & Technology, 2015, 49（19）: 11329.

［142］Qiao, X., Ying, Q., Li, X. et al. Source Apportionment of PM2.5 for 25 Chinese Provincial Capitals and Municipalities Using a Source-Oriented Community Multiscale Air Quality Model［J］. Science of the Total Environment, 2017, 612: 462–471.

［143］Rossi, P.H., Freeman, H.E. Evaluation: A Systematic Approach［M］. Newbury Park, Calif.: Sage, 1989.

［144］Salas, C.H. Evaluating Public Policies with High Frequency Data: Evidence for Driving Restrictions in Mexico City Revisited［J］.Documentos De Trabajo, 2010, 6（3）: 247–273.

［145］Sandler, R. Clunkers or Junkers? Adverse Selection in a Vehicle Retirement Program［J］.American Economic Journal Economic Policy, 2012, 4（4）: 253–281.

［146］Song, C.B., Wu, L., Xie, Y.C. et al. Air Pollution in China: Status and Spatiotemporal Variations［J］.Environmental Pollution, 2017, 227: 334–347.

［147］Sun, C., Zheng, S., Wang, R. Restricting Driving for Better Traffic and Clearer Skies: Did it Work in Beijing［J］.Transport Policy, 2014, 32（1）: 34–41.

［148］Tai, A.P.K., Mickley, L.J., Jacob, D.J. Correlations Between Fine Particulate Matter (PM2.5) and Meteorological Variables in the United States: Implications for the Sensitivity of PM2.5 to Climate Change［J］.Atmospheric Environment,2010,44（32）:

3976–3984.

[ 149 ] Tiwari, S., Dahiya, A., Kumar N. Investigation into Relationships Among NO, $NO_2$, $NO_x$, $O_3$, and CO at an Urban Background Site in Delhi, India [ J ] . Atmospheric Research, 2015, 157: 119–126.

[ 150 ] Viard, V.B., Fu, S. The Effect of Beijing's Driving Restrictions on Pollution and Economic Activity [ J ] . Journal of Public Economics, 2015, 125 ( 8 ): 98–115.

[ 151 ] Wang, C., Zhang, Y., Shi Y. et al. Research on Collaborative Control of Hg, As, Pb and Cr by Electrostatic–Fabric–Integrated Precipitator and Wet Flue Gas Desulphurization in Coal–Fired Power Plants [ J ] .Fuel, 2017, 210: 527–534.

[ 152 ] Wang, D., Liu, Y.Analysis of the Temporal and Spatial Characteristics of Urban Air Quality Change and Its Economic and Social Factors in China [ J ] .Journal of Resources and Ecology, 2016, 7 ( 2 ): 77–84.

[ 153 ] Wang, H.B., Zhao, L.J. A Joint Prevention and Control Mechanism for Air Pollution in the Beijing Tianjin–Hebei Region in China Based on Long–Term and Massive Data Mining of Pollutant Concentration [ J ] .Atmospheric Environment, 2018, 174: 25–42.

[ 154 ] Wang, L.T., Wei, Z., Yang. J. et al.The 2013 Severe Haze Over Southern Hebei, China: Model Evaluation, Source Apportionment, and Policy Implications [ J ] . Atmospheric Chemistry & Physics, 2014, 14 ( 11 ): 28395–28451.

[ 155 ] Wang, L., Xu, J., Qin, P. Will a Driving Restriction Policy Reduce Car Trips? The Case Study of Beijing, China [ J ] .Transportation Research Part A, 2014, 67 ( 67 ): 279–290.

[ 156 ] Wang, M.Q. Examining Cost Effectiveness of Mobile Source Emission Control Measures [ J ] .Transport Policy, 2004, 11 ( 2 ): 155–169.

[ 157 ] Wang, Q., Yuan, B.L. Air Pollution Control Intensity and Ecological Total–Factor Energy Efficiency: The Moderating Effect of Ownership Structure [ J ] .Journal of Cleaner Production.2018, 186: 373–387.

[ 158 ] Wang, S.J., Zhou, C.S., Wang, Z.B. et al. The Characteristics and Drivers of Fine Particulate Matter (PM2.5) Distribution in China [ J ] .Journal of Cleaner

Production，2017，142（4）：1800-1809.

［159］Wang, W.X., Yu, B., Yao, X.L. et al. Can Technological Learning Significantly Reduce Industrial Air Pollutants Intensity in China?—Based on a Multi-Factor Environmental Learning Curve［J］.Journal of Cleaner Production，2018，185：137-147.

［160］Wang, W., Yu, J., Cui, Y. et al.Characteristics of Fine Particulate Matter and Its Sources in an Industrialized Coastal City, Ningbo, Yangtze River Delta, China［J］. Atmospheric Research，2018，203：105-117.

［161］Wang, Y.G., Ying, Q., Hu, J.L. et al. Spatial and Temporal Variations of Six Criteria Air Pollutants in 31 Provincial Capital Cities in China During 2013-2014［J］. Environment International，2014，73：413-422.

［162］Wang, Y., Liu, H., Mao, G. et al.Inter-Regional and Sectoral Linkage Analysis of Air Pollution in Beijing-Tianjin-Hebei (Jing-Jin-Ji) Urban Agglomeration of China［J］.Journal of Cleaner Production，2017：165.

［163］Wang, Z., Jia, H., Xu, T. Manufacturing Industrial Structure and Pollutant Emission：An Empirical Study of China［J］.Journal of Cleaner Production，2018，197，Part 1：462-471.

［164］Wu, X., Chen, Y., Guo, J. et al. Spatial Concentration, Impact Factors and Prevention-Control Measures of PM 2.5, Pollution in China［J］.Natural Hazards，2016，86（1）：1-18.

［165］Xiao, C.C., Chang, M., Guo, P.K. et al. Comparison of the Cost-Effectiveness of Eliminating High-Polluting Old Vehicles and Imposing Driving Restrictions to Reduce Vehicle Emissions in Beijing［J］.Transportation Research Part D Transport and Environment，2019，67：291-302.

［166］Xiao, D., Fang, F., Zheng, J., Pain, C.C., Navond, I.M. Machine Learning-Based Rapid Response Tools for Regional Air Pollution Modelling［J］.Atmospheric Environment，2019，199：463-473.

［167］Xu, B., Lin, B.Regional Differences of Pollution Emissions in China：Contributing Factors and Mitigation Strategies［J］.Journal of Cleaner Production，

2015, 112（4）: 1454–1463.

［168］Xue, J., Zhao, L., Fan, L. An Interprovincial Cooperative Game Model for Air Pollution Control in China［J］.Air Repair, 2015, 65（7）: 818–827.

［169］Xu, F., Xiang, N., Higano, Y.How to Reach Haze Control Targets by Air Pollutants Emission Reduction in the Beijing–Tianjin–Hebei region of China?［J］. Plos One, 2017, 12（3）.

［170］Yang, L., Tang, K., Wang, Z. Regional Eco–Efficiency and Pollutants' Marginal Abatement Costs in China: A Parametric Approach［J］.Journal of Cleaner Production, 2017, 167: 619–629.

［171］Yu, S., Agbemabiese, L., Zhang, J. Estimating the Carbon Abatement Potential of Economic Sectors in China［J］.Applied Energy, 2016, 165: 107–118.

［172］Yu, S.W., Hu, X., Fan, J.L. et al. Convergence of Carbon Emissions Intensity Across Chinese Industrial Sectors［J］.Journal of Cleaner Production, 2018, 194: 179–192.

［173］Zhang, L., Adom, P.K., An, Y. Regulation–Induced Structural Break and the Long–Run Drivers of Industrial Pollution Intensity in China［J］.Journal of Cleaner Production, 2018, 198: 121–132.

［174］Zhang, Q.Y., Yan, R.C., Fan, J.W. et al. A Heavy Haze Episode in Shanghai in December of 2013: Characteristics, Origins and Implications［J］.Aerosol and Air Quality Research, 2015, 15: 1881–1893.

［175］Zhang, X.L., Shi, M.J., Li, Y.J. et al. Correlating PM2.5, Concentrations with Air Pollutant Emissions: A Longitudinal Study of the Beijing–Tianjin–Hebei Region［J］.Journal of Cleaner Production, 2018, 179: 103–113.

［176］Zhang, X., Shi, M., Li, Y. Correlating PM2.5, Concentrations with Air Pollutant Emissions: A Longitudinal Study of the Beijing–Tianjin–Hebei Region［J］. Journal of Cleaner Production, 2018.

［177］Zhao, D., Chen, H., Li, X. et al. Air Pollution and its Influential Factors in China's Hot Spots［J］.Journal of Cleaner Production, 2018.

［178］Zhong, B., Gan, C., Luo, H. Ontology–Based Framework for Building

Environmental Monitoring and Compliance Checking Under BIM Environment [J]. Building & Environment, 2018, 141.

[179] Zhou, G., Feng, B., Yin, W.J. Numerical Simulations on Air Flow-Dust Diffusion Rules with the Use of Coal Cutter Dust Removal Fans and Related Engineering Applications in a Fully-Mechanized Coal Mining Face [J].Powder Technology, 2018, 339: 354-367.

[180] Zhu, L., Gan, Q.M., Liu, Y. et al. The Impact of Foreign Direct Investment on SO2, Emissions in the Beijing-Tianjin-Hebei Region: A Spatial Econometric Analysis [J]. Journal of Cleaner Production, 2017: 166, 189-196.